计算机辅助设计——SolidWorks

宋成芳　魏　峥　主编

清华大学出版社

北　京

内 容 简 介

本书注重实践、强调实用，向读者介绍了利用 SolidWorks 进行机械零件设计、装配体设计和工程图设计等多方面知识和应用技术。

本书通过在机械设计中有关的典型范例，介绍了 SolidWorks 在机械产品设计中的零件建模思路、设计方法、操作步骤和技巧点评，最后进行知识总结并提供了大量习题以供实战练习。

为了使读者掌握本书中的有关操作和技巧，本书配套光盘中根据章节内容制作了有关的视频教程，与本书相辅相成、互为补充。直观、熟练的操作过程，将最大限度地帮助读者快速掌握本书内容。

本书适合国内机械设计和生产企业的工程师阅读，也可以作为 SolidWorks 培训机构的培训教材、SolidWorks 爱好者和用户的自学用书以及在校大中专相关专业学生学习 SolidWorks 的教材。

图书在版编目(CIP)数据

计算机辅助设计——SolidWorks/宋成芳，魏峥主编. —北京：清华大学出版社，2010.6（2025.2重印）
(高职高专计算机辅助设计与制造专业规划教材)
ISBN 978-7-302-22369-6

Ⅰ. ①计… Ⅱ. ①宋… ②魏… Ⅲ. ①计算机辅助设计—应用软件，SolidWorks—高等学校：技术学校—教材 Ⅳ. ①TP391.72

中国版本图书馆 CIP 数据核字(2010)第 056489 号

责任编辑：孙兴芳　张丽娜
装帧设计：杨玉兰
责任校对：王　晖
责任印制：宋　林

出版发行：清华大学出版社
　　　　网　　　址：https://www.tup.com.cn，https://www.wqxuetang.com
　　　　地　　　址：北京清华大学学研大厦 A 座　　　　邮　　编：100084
　　　　社 总 机：010-83470000　　　　邮　　购：010-62786544
　　　　投稿与读者服务：010-62776969，c-service@tup.tsinghua.edu.cn
　　　　质量反馈：010-62772015，zhiliang@tup.tsinghua.edu.cn
　　　　课件下载：https://www.tup.com.cn，010-62791865
印 装 者：三河市铭诚印务有限公司
经　　销：全国新华书店
开　　本：185mm×260mm　　印　张：27.25　　字　数：658 千字
　　　　　（附 DVD 1 张）
版　　次：2010 年 6 月第 1 版　　　　印　次：2025 年 2 月第 5 次印刷
印　　数：7001～7200
定　　价：58.00 元

产品编号：032474-02

前　言

　　功能强大、易学易用和技术创新是 SolidWorks 的三大特点，这三大特点使得 SolidWorks 成为领先的、主流的三维 CAD 解决方案。SolidWorks 具有强大的建模能力、虚拟装配能力及灵活的工程图设计能力，其理念是帮助工程师设计伟大的产品，使设计师更关注产品的创新而非 CAD 软件。

　　本书详细介绍了 SolidWorks 的草图绘制方法、特征命令操作、零件建模思路、零件设计、装配体设计以及工程图设计等方面的内容，注重实际应用和技巧训练相结合。各章主要内容如下。

　　第 1 章　SolidWorks 设计基础

　　介绍 SolidWorks 的特点、工作环境、操作方法和三维建模流程。

　　第 2 章　二维草图绘制

　　通过案例，介绍点、直线、构造线、矩形、圆及圆弧、文字等几何图形的绘制以及几何约束，综合学习利用各种草图工具和几何约束关系绘制草图实体。

　　第 3 章　基准特征的创建

　　掌握基准面、基准轴、参考点、坐标系的建立方法；对于复杂零件的设计，理解基准特征创建的重要性。

　　第 4 章　拉伸、旋转、扫描和放样特征建模

　　理解拉伸特征、旋转特征、扫描特征、放样特征的概念，并熟练掌握这四大特征的操作方法和应用场合；理解如何建立参数化零件模型；根据不同零件的外在特点，把握零件建模思路，从而灵活地设计机械零件；熟练掌握特征的编辑及错误修改。

　　第 5 章　使用附加特征

　　介绍圆角特征、倒角特征、筋特征、抽壳特征、孔特征、异型孔特征、圆顶特征、包覆特征等的建立方法，并综合运用这些附加特征完善实体造型。

　　第 6 章　使用操作特征工具

　　介绍线性阵列、圆周阵列、镜向特征、草图驱动的阵列、表格驱动的阵列、曲线驱动的阵列等，掌握特征的压缩和解压缩方法，综合应用操作特征工具去更方便地设计产品。

　　第 7 章　系列化零件设计

　　介绍配置、系列零件设计表、设计库、测量、质量特性等知识点的运用。

　　第 8 章　工程图设计

　　介绍工程图模板及图纸格式的建立方法、建立各种视图以及添加尺寸、注解等，并介绍利用多配置模型的视图去快捷方便地进行系列化零件的图纸设计。

　　第 9 章　装配体设计

　　熟悉各种装配约束类型，讲解自底向上和自顶向下的装配体设计方法并比较其优劣性以及装配体设计常用工具，如零部件的干涉检查、生成装配体爆炸图和 1/4 剖切图、装配

计算机辅助设计——SolidWorks

体运动模拟和装配体工程图。

本书各章后面的习题不仅起到巩固所学知识和实战演练的作用，而且对深入学习 SolidWorks 有引导和启发作用，读者可参考本书提供的答案对自己做出测评。为方便读者学习，本书还提供了大量实例的素材和操作视频。

本书在写作过程中，充分吸取了 SolidWorks 授课经验，同时，与 SolidWorks 爱好者展开了良好的交流，充分了解他们在应用 SolidWorks 过程中所急需掌握的知识内容，做到理论和实践相结合。

本书由宋成芳、魏峥主编，参与本书编写的人员还有张砚龙、申科伟、石向忻、斌强、柳扬、吴金宝、李玉超等。

本书虽经再三审阅，但由于作者水平有限，仍有可能存在不足和错误，恳请各位读者批评指正！

编　者

目　　录

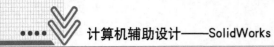

第 1 章 SolidWorks 设计基础

SolidWorks 作为 Windows 平台下的三维机械设计软件，秉承了 Windows 软件使用方便和操作简单的特点，其强大的设计功能完全可以满足机械产品的设计需要。

1.1 零 件 设 计

1.1.1 案例介绍及知识要点

建立如图 1-1 所示的零件 O 型圈。

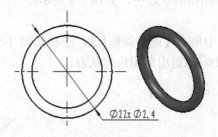

图 1-1 O 型圈

知识点：

- 了解用户界面。
- 掌握零件设计的基本操作。
- 理解 FeatureManager 设计树和 PropertyManager 属性管理器。

1.1.2 操作步骤

(1) 新建零件。

启动 SolidWorks，单击【标准】工具栏中的【新建】按钮，建立一个 SolidWorks 新文件。

(2) 选择模板。

系统自动激活【新建 SolidWorks 文件】对话框，选择【零件】模板，如图 1-2 所示，单击【确定】按钮。

(3) 保存文件。

按 Ctrl+S 组合键保存文件，如图 1-3 所示，将文件命名为"O 型圈"，然后单击【保存】按钮，系统将自动添加文件后缀".sldprt"。

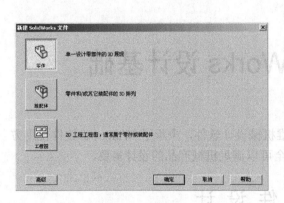

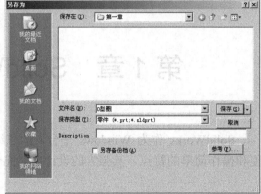

图 1-2　选择模板　　　　　　　　　　　　图 1-3　保存文件

（4）进入草图绘制状态。

在 FeatureManager 设计树中单击【上视基准面】选项◇，在关联工具栏中单击【草图绘制】按钮❏，系统进入草图绘制状态中，如图 1-4 所示。

（5）绘制草图。

按 S 键，在 S 工具栏中单击【圆】按钮⊘，绘制如图 1-5 所示的草图并进行尺寸标注。然后单击【确定】按钮✔，退出草图绘制状态。

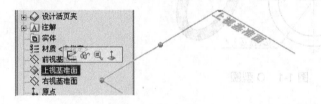

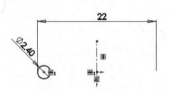

图 1-4　进入草绘状态　　　　　　　　　　图 1-5　绘制草图

（6）建立旋转基体特征。

按 S 键，在 S 工具栏中单击【旋转凸台/基体】按钮⊕，激活【旋转】属性管理器对话框，保持默认选项，如图 1-6 所示。然后单击【确定】按钮✔。

（7）完成模型。

至此，完成"O 型圈"的建模，如图 1-7 所示，然后按 Ctrl+S 组合键保存文件。

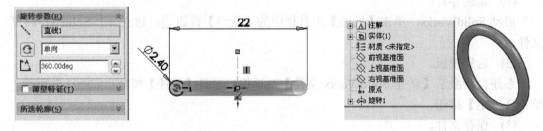

图 1-6　建立旋转特征　　　　　　　　　　图 1-7　完成模型

1.1.3　知识总结

1. 用户界面

SolidWorks 是 Windows 操作系统下开发的应用程序，其用户界面以及许多操作和命令都与 Windows 应用程序非常相似，无论用户是否对 Windows 有使用经验，都会发现 SolidWorks 的界面和命令工具是非常容易学习与掌握的。

SolidWorks 2008 的用户界面进行了重新的设计，比以前的 SolidWorks 版本有了较大的改进，新用户界面最大限度地扩大了用户的设计空间，使用户的操作更加方便和快捷，极大地提升了用户的应用效率，如图 1-8 所示。

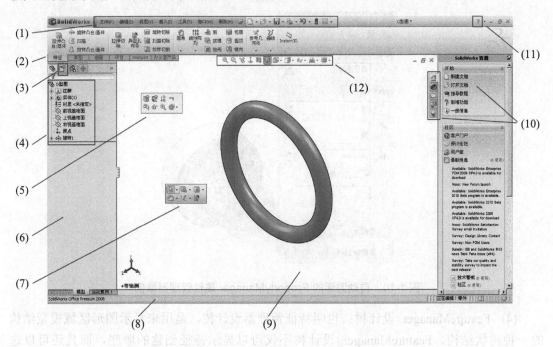

图 1-8　SolidWorks 的用户界面

(1) 菜单栏：SolidWorks 默认隐藏了主菜单，当用户单击菜单栏时，将显示 SolidWorks 菜单，主菜单中包含了几乎所有的 SolidWorks 命令。

(2) SolidWorks 工具栏和命令管理器：SolidWorks 把某些相似的工具进行了分类，并利用弹出式下拉工具栏将工具进行了归类。如图 1-8 的序号 2 所示，这是在打开零件时的命令管理器形式。

在命令管理器中，当用户需要使用草图工具时，单击底部的【草图】标签，即可显示【草图】工具栏，如图 1-9 所示。

用户可以自定义命令管理器控制区域显示的工具栏类型，显示或增加默认的命令管理器中没有包含的工具栏，如增加焊接工具栏、钣金工具栏等。

(3) PropertyManager 属性管理器：用户可以把属性管理器看作是一个对话框，在建立特征时通过属性管理器设定特征的各种属性或参数。当用户在图形区域中选择了某些项目时，属性管理器将自动激活，从而允许用户快速修改这些项目的属性，如图 1-10 所示。

图 1-9　切换命令管理器中的工具栏

图 1-10　自动激活的 PropertyManager 属性管理器举例

（4）FeatureManager 设计树：也叫特征管理器设计树，是用来显示图形区域模型结构的一种树状结构。FeatureManager 设计树不仅可以显示特征创建的顺序，而且还可以选择、查找、查询特征，在 FeatureManager 设计树中选择特征可以完成相关的操作，如改变特征顺序、编辑或修改特征等。如图 1-11 所示，FeatureManager 设计树中显示的项目与图形区域具有一一对应的关系。

（5）关联工具栏：关联工具栏是 SolidWorks 2008 用户界面的另一大改进，当用户在图形区域或 FeatureManager 设计树中选择某对象(如基准面、模型表面、边线、特征)时，系统将自动弹出关联工具栏，从而可以使用户非常方便地确定所选对象的操作。

（6）文件窗口的左侧区域：每个文件窗口中，除了包含图形区域外，在文件窗口的左侧为 SolidWorks 文件的管理区域，也称为左侧区域。左侧区域包括 FeatureManager 设计树、PropertyManager 属性管理器、ConfigurationManager 配置管理器和其他插件管理器(如 PhotoWorks 渲染管理器)，用户可以通过左侧窗口顶部的标签进行切换。

（7）S 工具栏：由于 S 工具栏是通过按 S 键打开的，因此称为 S 工具栏。当用户处于不同的工作环境，例如，在零件、装配体、工程图或草图绘制状态下，按下 S 键以弹出 S

工具栏。S 工具栏为用户提供了最常见的操作命令，可以大大提高设计效率。

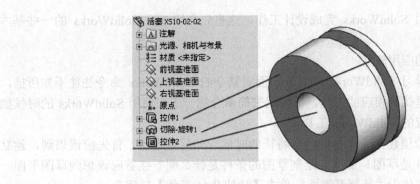

图 1-11　特征和设计树的对应关系

(8) SolidWorks 状态栏：提示当前的操作状态，并提示操作步骤。如在草图的编辑状态中，可以显示草图为欠定义、完全定义或者过定义。

(9) SolidWorks 文件窗口和图形区域：SolidWorks 是多窗口操作软件，可以分别打开不同文件进行操作。用户的大部分操作是在图形区域完成的。

默认情况下，在图形区域的左下角显示参考三重轴，这是便于用户了解当前模型摆放位置的参考，如图 1-12 所示。在图形区域的右上角，有一个确认角落，这个角落为用户提供了一些快速操作的按钮，如【确定】、【取消】按钮等。确认角落在特征的编辑或修改状态下才显示。

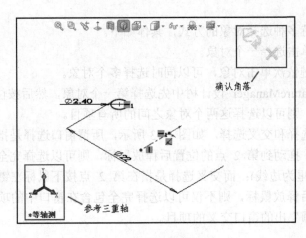

确认角落

参考三重轴

图 1-12　图形区域

(10) 任务窗格和切换按钮：任务窗格是与管理 SolidWorks 文件有关的一个工作窗口。通过任务窗格，用户可以查找和使用 SolidWorks 文件。

(11) 帮助和弹出式工具栏：单击按钮 打开 SolidWorks 帮助文件，单击按钮 显示 SolidWorks 的【帮助】主菜单。SolidWorks 提供了一种弹出式的工具栏，如果一个工具按钮旁边有下箭头形式的按钮，则单击下箭头可弹出一组工具，以便于用户选择使用。

(12) 前导视图工具栏：位于文件窗口的顶部居中位置，为用户提供了常用的操纵视图的工具栏，如放大、缩小、视图方位等。

2. 基本操作

为了更好地利用 SolidWorks 完成设计工作，这里先介绍一下 SolidWorks 的一些基本操作和技巧。

1) 面向对象的应用软件

很多初学者在学习 SolidWorks 的时候，面对繁杂的 SolidWorks 命令往往不知所措，尤其不知道该从哪里找到相应的工具，下面就来简单介绍一下在使用 SolidWorks 的时候如何去查找和使用相应的 SolidWorks 工具。

举例来说，当希望建立一个拉伸凸台特征的时候应如何考虑呢？首先应该想到，建立拉伸凸台特征的条件是草图！那么，绘制草图的条件是什么呢？接着应该想到草图平面。因此上面的思考就转化为"选择基准面，单击【拉伸凸台/基体】按钮"。

再例如，对某个边线倒圆角该如何操作呢？最高效的方式是选择模型边线，然后再单击【圆角】按钮。

上面的两个例子都说明了一个基本事实，即"先选择对象，然后确定操作方式"是 Windows 应用程序，也是 SolidWorks 软件操作的最理想的方式。

SolidWorks 2008 有关联工具栏，当用户选择了对象时，在关联工具栏中将依据选择的对象显示所关联的工具按钮，因此，很多操作情况下，建议用户先选择对象，然后通过关联工具栏或 S 工具栏选择操作工具按钮。

2) 选择和取消选择

下面介绍一下在 SolidWorks 中选择对象和取消选择对象的方法。

(1) 选择对象。

SolidWorks 支持多种选择对象的方式，具体如下。

- 在对象上单击选择一个对象。
- 按住 Ctrl 键依次单击对象，可以同时选择多个对象。
- 可以在 FeatureManager 设计树中先选择第一个对象，然后按住 Shift 键再选择另一个对象，则可以选择这两个对象之间的所有项目。
- 使用窗口选择和交叉选择。如图 1-13 所示，所谓窗口选择是指在第 1 点按下鼠标左键不放，拖动到第 2 点的位置后释放鼠标，则可以选择完全包含在窗口中的某些项目(这里为边线)；而交叉选择是指在第 2 点按下鼠标左键不放，拖动到第 1 点的位置后释放鼠标，则不仅可以选择完全包含在窗口中的项目，也可以同时选择与所"画"出的窗口交叉的项目。

(2) 取消选择。

取消选择是选择的逆操作。在 SolidWorks 里，这个操作和一般的 Windows 应用程序相同，即再次选择已经被选择的对象视为取消选择该对象。

一般来说，SolidWorks 图形区域总是保持处于选择对象的状态，因此，用户可以随时单击某些对象以便选中它。

除了再次选择对象取消选择外，用户还可以使用如下方法取消已经选中的对象。

- 未打开对话框时，按 Esc 键取消所有选中的对象。
- 在 PropertyManager 属性管理器的已经选中的列表框中右击已经选择的对象，从弹出的快捷菜单中确定取消选择的对象，如图 1-14 所示。

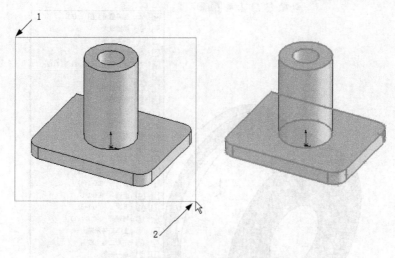

图 1-13　窗口选择和交叉选择

(3) 逆转选择。

如果需要选择的元素比较多，可以利用逆转选择的方法来实现，即选中被排除选择的项目，然后使用【逆转选择】命令。如图 1-15 所示，在绘制草图时，如果希望选择除中间大圆以外的所有草图实体，可以右击中间的大圆，从弹出的快捷菜单中选择【逆转选择】命令，则草图中除了大圆以外的所有草图实体均被选择。

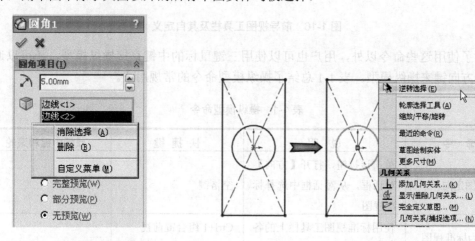

图 1-14　在对话框中取消选择　　　　　　图 1-15　逆转选择

3) 操纵模型

除了使用标准的视图方式观察模型以外，用户还可以对模型进行缩放、旋转和平移，以便更好地观察模型和选择对象。

大部分操纵模型的命令可以通过前导视图工具栏来完成。如图 1-16 所示，通过自定义前导视图工具栏，用户可以将常用的操纵模型的命令显示在图形区域的顶部位置。

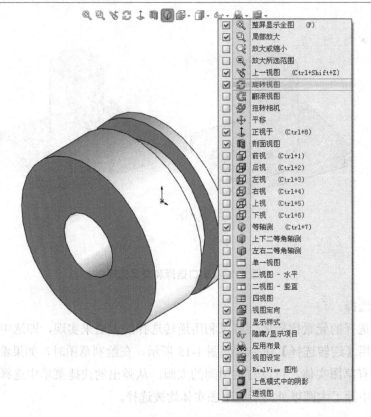

图 1-16　前导视图工具栏及其自定义

除了使用这些命令以外，用户也可以使用三键鼠标的中键直接操纵模型，还可以通过键盘的方向键来操纵模型。表 1-1 总结了操纵模型命令的常规用法。

表 1-1　操纵模型命令

命　令	说　明	快　捷　键	鼠标中键和滚轮
视图定向	单击该按钮，打开【方向】对话框，从对话框中选择标准视图	空格键	—
定向为标准视图	使用标准视图工具栏上的各个按钮	Ctrl+1 组合键前视 Ctrl+2 组合键后视等	—
整屏显示全图	单击该按钮，在屏幕上显示完整模型	F 键	—
局部放大	单击该按钮，然后在屏幕上选择要放大的区域，可以使所选择的区域放大显示	按 Z 键逐级缩小模型； 按 Shift+Z 组合键逐级放大模型	移动光标到放大区域，向内滚动中键滚轮；反之，向外滚动滚轮为缩小模型

续表

命　令	说　明	快　捷　键	鼠标中键和滚轮
动态放大/缩小	单击该按钮，向内拖动鼠标为动态放大；向外拖动鼠标为动态缩小	—	直接向内或向外滚动滚轮，可以放大或缩小模型； 也可以按住 Shift 键和鼠标中键移动鼠标
放大所选范围	先选择一个对象，然后单击该按钮，即可将所选的对象放大到屏幕显示	—	—
旋转	单击该按钮，然后拖动鼠标，可以使模型旋转	—	按住中键移动鼠标
绕某条边线或轴线旋转模型	单击该按钮，然后在模型中选择一条直边，移动鼠标，即可沿所选的直线为轴进行旋转	—	先在直线上单击鼠标中键，然后按住中键移动鼠标
以一定角度水平或竖直旋转	—	方向键	—
水平或竖直旋转 90°	—	Shift+方向键	—
沿垂直屏幕的轴顺时针或逆时针旋转	—	Alt+左或右方向键	—
平移	单击该按钮，然后拖动鼠标，可以使模型上、下、左、右移动	—	按住 Ctrl 键和鼠标中键移动鼠标
上一视图	返回到前一次的视图方向	Ctrl+Shift+Z 组合键	—

4) 模型的显示样式

用户还可以利用不同的方式显示模型，如线框模型、上色模型等。

SolidWorks 前导工具栏中的有关下拉工具栏中，有专门控制视图显示方式的命令按钮，如图 1-17 所示，相应的工具也可以从主菜单【视图】|【显示】中找到。图 1-18 列出了几种常见的视图显示样式。

5) 隐藏/显示项目

为了使图形区域突出显示模型的主要方面，用户可以暂时隐藏不需要的参考项目，如基准面、基准轴等，从而使图形区域只显示所需要的内容，使图形界面更加清晰直观。如图 1-19 所示，用户可以通过前导视图工具栏的【隐藏/显示项目】下拉工具栏显示或者隐藏相应的项目。

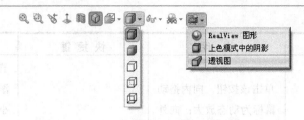

图 1-17　模型的显示样式工具

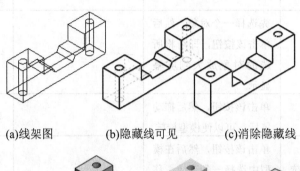

(a)线架图　　　　(b)隐藏线可见　　　(c)消除隐藏线

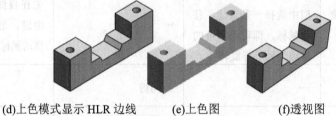

(d)上色模式显示 HLR 边线　　(e)上色图　　　(f)透视图

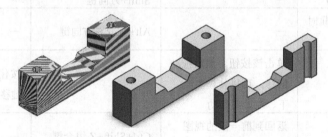

(g)斑马条纹　　(h)上色模式中的阴影　　(i)剖面视图

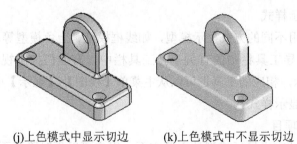

(j)上色模式中显示切边　　(k)上色模式中不显示切边

图 1-18　常见的视图显示样式

6)　自定义视图

除了 SolidWorks 提供的标准视图以外，用户还可以对模型添加任意位置的视图。如

图 1-20 所示，将模型放置到一个合适的观察位置，按空格键打开【方向】对话框，单击【新视图】按钮，给定视图的名称即可定义视图。

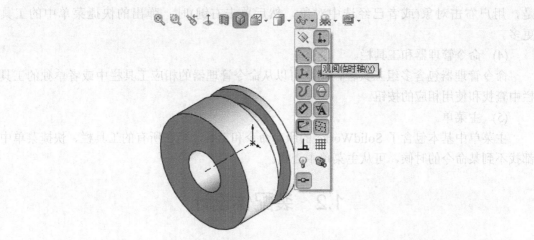

图 1-19　隐藏/显示项目

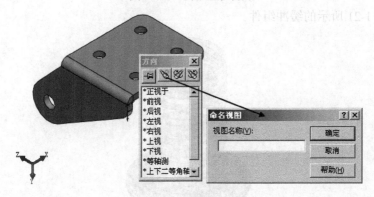

图 1-20　自定义视图

7)　查找和使用工具

为了高效快速地应用 SolidWorks 完成设计，建议用户按照 S 工具栏→关联工具栏→快捷菜单→命令管理器和工具栏→主菜单的顺序查找和使用工具。也就是首先考虑使用 S 工具栏，其次选择其他工具栏，必要时根据自己的工作特点和使用习惯定制工具栏按钮和命令管理器。

(1)　S 工具栏。

预选对象和不预选对象都可以按 S 键，弹出 S 工具栏。S 工具栏出现在用户按 S 键时光标位置附近，便于选择工具按钮。按 S 键的目的就是想选择一个工具，告诉 SolidWorks "我想做什么"。这是用户在工作中最先应该想到使用的工具栏。

(2)　关联工具栏。

当用户选择了某个或某些对象时，SolidWorks 根据用户可能的操作在鼠标附近出现工具栏，它在询问用户"你想干什么"。选择对象后，该工具栏在图形区域将自动显示，用户可以直接单击其中的按钮。

（3）快捷菜单。

快捷菜单就是"右键快捷键"，一般说来，快捷菜单中包含关联工具栏。所不同的是，用户右击对象(或者已经选中对象，然后单击右键)时，弹出的快捷菜单中的工具更多。

（4）命令管理器和工具栏。

命令管理器包含多组工具栏，用户可以从命令管理器的相应工具栏中或者单独的工具栏中查找和使用相应的按钮。

（5）主菜单。

主菜单中基本包含了 SolidWorks 的所有命令和工具。当在所有的工具栏、快捷菜单中都找不到某命令的时候，可从主菜单中查找。

1.2 装配体设计

1.2.1 案例介绍及知识要点

装配如图 1-21 所示的缓冲组件。

图 1-21 缓冲组件

知识点：

掌握装配体设计基本操作。

1.2.2 操作步骤

（1）新建零件。

启动 SolidWorks，单击【标准】工具栏中的【新建】按钮 ，建立一个 SolidWorks 新文件。

（2）选择模板。

系统自动激活【新建 SolidWorks 文件】对话框，选择【装配体】模板，如图 1-22 所示，然后单击【确定】按钮。

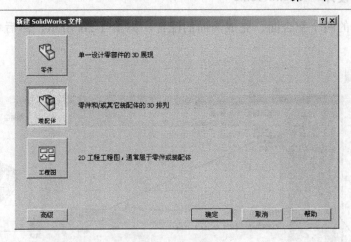

图 1-22　选择模板

(3) 插入第一个零部件。

在激活的【开始装配体】属性管理器对话框中单击【浏览】按钮，如图 1-23 所示。打开本书配套光盘中的"第 1 章\模型\尾堵"零件，在图形区域不要单击鼠标，单击【确定】按钮，完成第一个零件的调入。

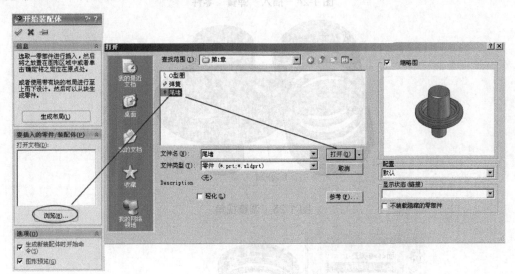

图 1-23　插入第一个零部件

(4) 插入"弹簧"零件。

按 S 键，在 S 工具栏中单击【插入零部件】按钮，激活【插入零部件】属性管理器对话框。单击【浏览】按钮，打开"弹簧"零件，如图 1-24 所示，在图形区域中单击完成零件的插入。

(5) 调整"弹簧"合适视角。

为了便于选择两个配合面，旋转"弹簧"至如图 1-25 所示的大致位置。

(6) 添加"重合"配合。

按 S 键，在 S 工具栏中单击【配合】按钮，激活【配合】属性管理器对话框。选择

计算机辅助设计——SolidWorks

如图 1-25 所示的两个配合面，完成两面的配合，如图 1-26 所示，然后单击【确定】按钮 。

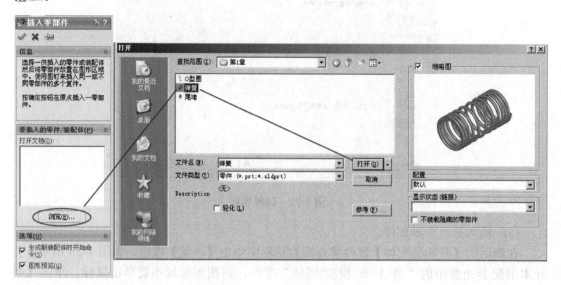

图 1-24　插入"弹簧"零件

图 1-25　调整视角

图 1-26　添加"重合"配合

(7)　添加"同轴心"配合。

在【标准配合】选项组下，单击【同轴心】按钮◎，选择如图 1-27 所示的基准轴和面，单击【确定】按钮✔。再次单击【确定】按钮✔。

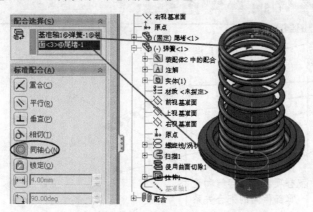

图 1-27　添加"同轴心"配合

(8)　保存文件。

至此，完成了零件的装配，如图 1-28 所示，然后按 Ctrl+S 组合键保存文件，并命名装配体文件为"缓冲组件"。

图 1-28　完成装配

1.2.3　知识总结

1. 装配体设计基本操作

新建装配体与新建零件相同，首先需要选择装配体模板文件。

单击【标准】工具栏中的【新建】按钮，建立一个 SolidWorks 新文件。系统自动激活【新建 SolidWorks 文件】对话框，选择【装配体】模板，单击【确定】按钮，进入装配体窗口，如图 1-29 所示，弹出【插入零部件】属性管理器对话框，单击【取消】按钮✖。

装配体设计的基本操作步骤如下。

(1)　设定装配体的第一个零部件，其位置设置为固定，即为固定零部件。建议用户设定第一个零部件的三个默认基准面和装配体的三个默认基准面重合。

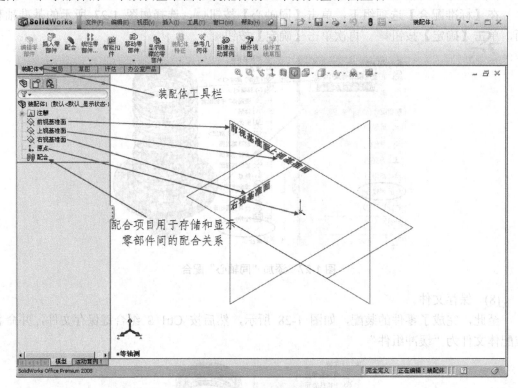

图 1-29　装配体窗口

(2)　将其他零部件调入装配体环境，这些零部件未指定装配关系，可以随意移动和旋转，即为浮动零部件。

(3)　为浮动零部件添加配合关系。

(4)　保存装配体文件，扩展名为.sldasm。

2. SolidWorks 文件类型

与大多数三维设计软件一样，SolidWorks 文件分为以下三类。

- 零件文件：是机械设计中单独零件的文件，文件后缀为".sldprt"。
- 装配体文件：是机械设计中用于虚拟装配的文件，后缀为".sldasm"。
- 工程图文件：用标准图纸形式描述零件和装配的文件，后缀为".slddrw"。

这三种不同的文件类型，在 FeatureManager 设计树中显示的内容是不同的，如图 1-30 所示。

- 零件文件：包含实体或曲面，FeatureManager 设计树中显示的是该零件的特征和相关设计信息。
- 装配体文件：包含多个零件或子装配，FeatureManager 设计树中显示的是零件或子装配，进一步可以显示零件的设计信息。
- 工程图文件：显示的是工程图中的视图名称和相关设计信息。在每个视图中，包含了该视图描述的模型信息。

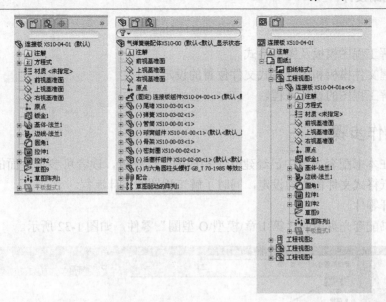

图 1-30　不同文件类型的 FeatureManager 设计树

1.3　工程图设计

1.3.1　案例介绍及知识要点

设计如图 1-31 所示的 O 型圈图纸。

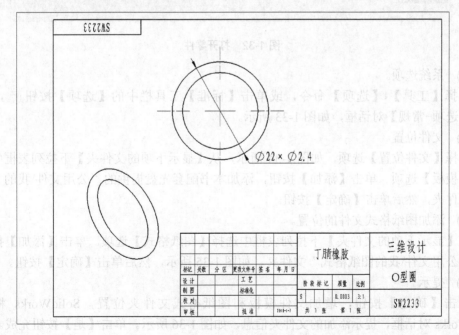

图 1-31　O 型圈图纸

知识点：

- 了解工程图模板及图纸格式。
- 掌握文件模板和图纸格式文件位置的设定。
- 了解工程图的设计流程。

1.3.2　操作步骤

说明：在本书配套光盘中已经建立了相应的文件模板，读者可参考下面的步骤完成文件模板和图纸格式文件位置的设定，同时了解工程图的设计流程。

(1)　打开零件。

打开本书配套光盘中的"第 1 章\模型\O 型圈"零件，如图 1-32 所示。

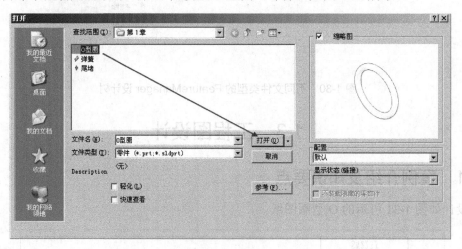

图 1-32　打开零件

(2)　系统选项。

选择【工具】|【选项】命令，或单击【标准】工具栏中的【选项】按钮，打开【系统选项-常规】对话框，如图 1-33 所示。

(3)　文件位置。

选择【文件位置】选项，如图 1-34 所示，从【显示下项的文件夹】下拉列表框中选择【文件模板】选项。单击【添加】按钮，添加本书配套光盘提供的"公用文件\我的文件模板"文件夹，然后单击【确定】按钮。

(4)　添加图纸格式文件的位置。

从【显示下项的文件夹】下拉列表框中选择【图纸格式】选项。单击【添加】按钮，添加"公用文件\我的图纸格式"文件夹，如图 1-35 所示，然后单击【确定】按钮。

(5)　提示。

单击【确定】按钮，增加文件模板和图纸格式文件夹位置，SolidWorks 将弹出SolidWorks 对话框，提示添加的文件夹信息，如图 1-36 所示。单击【是】按钮完成。

图 1-33　【系统选项-常规】对话框

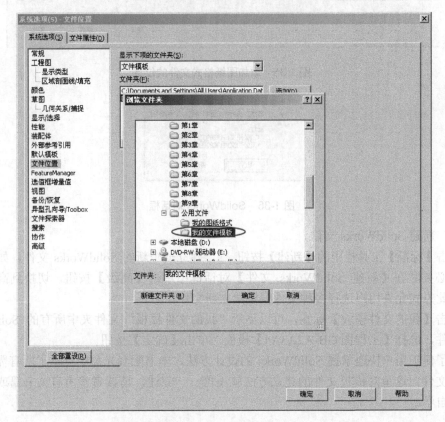

图 1-34　添加文件模板的位置

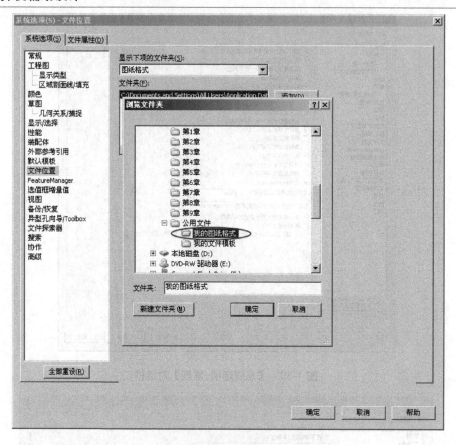

图 1-35　添加图纸格式文件的位置

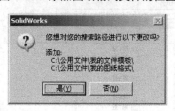

图 1-36　SolidWorks 对话框

（6）新建 SolidWorks 文件。

单击【标准】工具栏中的【新建】按钮 □，建立一个新的 SolidWorks 文件，如图 1-37 所示。必要时在【新建 SolidWorks 文件】对话框中单击【高级】按钮，切换到高级应用方式，此方式允许用户选择多种文件模板建立新文件。

单击【我的文件模板】标签，可以显示"我的文件模板"文件夹中所有的 SolidWorks 模板文件，选择【工程图 GB-A2A3A4】模板，单击【确定】按钮。

为了便于用户快速掌握 SolidWorks 的设计方法，本书配套光盘中提供了所有需要用到的模板文件。这里对模板文件的建立方法就不再一一叙述，请读者参考有关书籍或帮助文件进行自学。

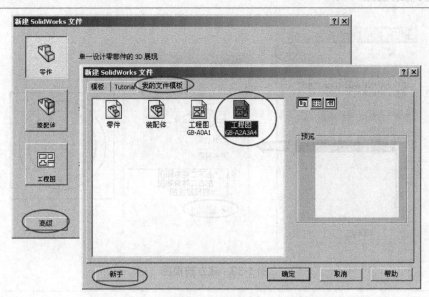

图 1-37　【新建 SolidWorks 文件】对话框

(7)　选择图纸格式。

SolidWorks 自动激活【图纸格式/大小】对话框，选择【标准图纸大小】列表框中的【GB-A4-横向】图纸格式，如图 1-38 所示。然后单击【确定】按钮。

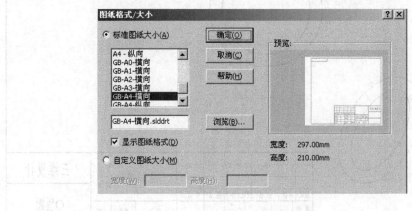

图 1-38　选择图纸格式

(8)　建立模型视图。

SolidWorks 自动激活【模型视图】对话框，单击【下一步】按钮，在【标准视图】选项组下单击【前视】按钮，选中【预览】复选框，如图 1-39 所示。移动鼠标至合适位置单击，完成视图的建立，然后单击【确定】按钮。

(9)　建立等轴测视图。

在命令管理器中切换到【视图布局】工具栏，单击【模型视图】按钮，激活【模型视图】对话框，单击【下一步】按钮，在【标准视图】选项组下单击【等轴测】按钮，选中【预览】复选框，移动鼠标至合适位置单击，完成等轴测视图的建立，如图 1-40 所示。单击【确定】按钮，并单击【重建模型】按钮。

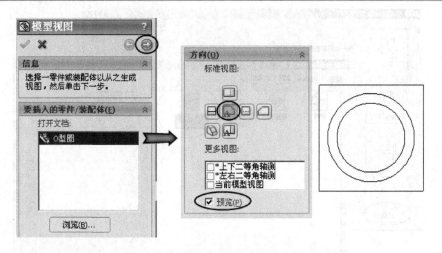

图 1-39　建立前视图

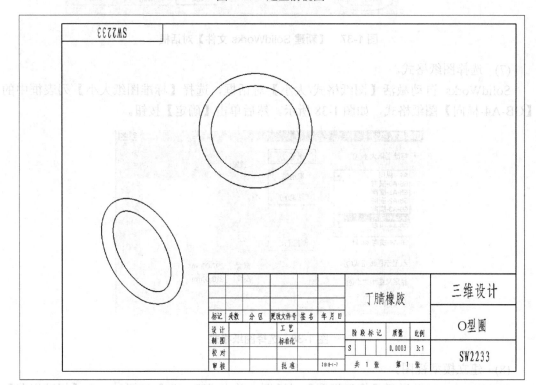

图 1-40　建立等轴测视图

(10) 自动标注尺寸。

选择【插入】|【模型项目】命令，保持默认设置，单击【确定】按钮 ✅。在弹出的对话框中单击【是】按钮，SolidWorks 将自动标注尺寸，手工调整尺寸于合适处，如图 1-41 所示。

(11) 中心符号线。

选择【插入】|【注解】|【中心符号线】命令，激活【中心符号线】属性管理器对话

框，保持默认设置。单击大圆的边线，如图 1-42 所示，再单击【确定】按钮 ✅ 。

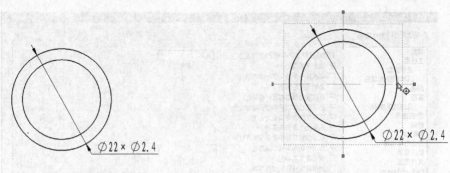

图 1-41 自动标注尺寸   图 1-42 添加中心符号线

(12) 保存文件。

至此，完成了工程图设计，如图 1-43 所示，然后按 Ctrl+S 组合键保存文件。

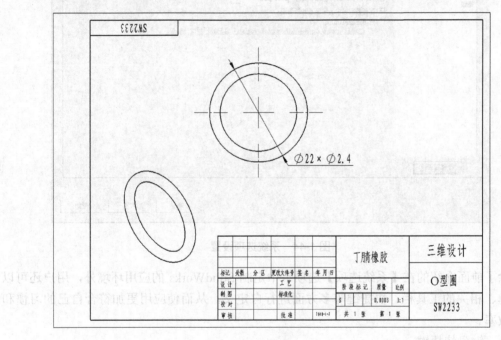

图 1-43 保存文件

1.3.3 知识总结

1. 系统选项

系统选项脱离文件本身保存在注册表中，对系统选项的更改会影响当前和以后的文件，可以认为这是对 SolidWorks 工作环境的设定。用户可以通过选择【工具】|【选项】命令，在【系统选项】选项卡中进行设置，如图 1-44 所示。

当在【系统选项】选项卡中修改设置并保存后，这个修改将会影响所有的 SolidWorks 文档。系统选项设置允许用户控制和自定义工作环境，如设定背景颜色、草图和特征的显示颜色，设定某些特定文件的位置等。

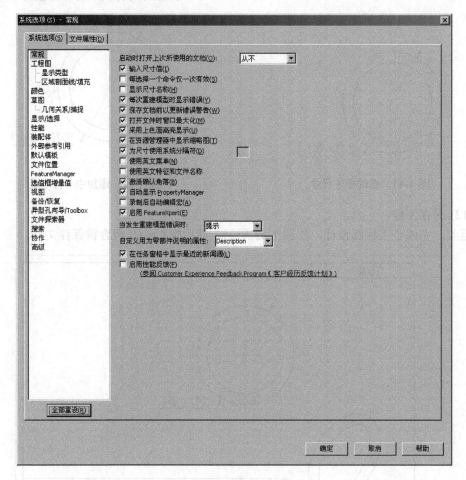

图 1-44　系统选项设置

除了前面介绍的在【系统选项】选项卡中定制 SolidWorks 的应用环境外，用户还可以对菜单、相关的工具栏、快捷键等多方面进行自定义，从而使应用更加符合自己的习惯和提高效率。

1)　键盘快捷键

利用键盘快捷键，用户可以直接实现某些命令操作，这些快捷键的作用和单击按钮的作用相同，例如，Ctrl+Z 组合键(按住 Ctrl 键，然后再按 Z 键)表示撤销操作，Ctrl+C 组合键表示复制选中的对象，而 Ctrl+V 组合键表示粘贴对象，这些快捷键的定义和 Windows 的其他应用程序相同。

在 SolidWorks 中，Ctrl+B 组合键表示重建模型，因此，用户可以不参考上面的方法建立多个【重建模型】按钮，而直接使用 Ctrl+B 组合键。

SolidWorks 提供了一些默认的快捷键，表 1-2 列出了一些常用的快捷键。

表 1-2 SolidWorks 提供的常用的键盘快捷键

快 捷 键	功能说明
S	打开快捷工具栏
Ctrl+Tab	在当前打开的窗口中进行切换
Shift+方向键	以 90° 的增量来旋转视图
Alt+左或右方向键	绕垂直于屏幕的轴线旋转
Ctrl+1/2/3/4/5/6	正视/后视/左视/右视/俯视/仰视
Ctrl+7	等轴测
Ctrl+B	重建模型
Ctrl+C/Ctrl+V	复制/粘贴
Ctrl+S	保存文件

2) 自定义用户界面

用户可以根据自己从事的工作以及个人喜好自定义工作界面，例如，将自己常用的按钮分别放置在相应的工具栏或命令管理器中。

选择【工具】|【自定义】命令，弹出【自定义】对话框，用户可以对 SolidWorks 命令、菜单、工具栏、快捷键进行相关的自定义，如图 1-45 所示。选中【任务窗格】复选框，表示添加【任务窗格】工具栏。

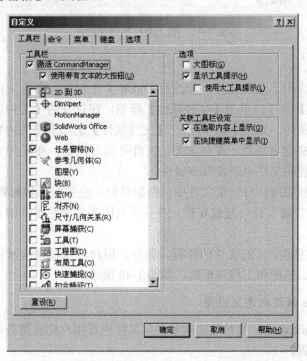

图 1-45 【自定义】对话框

如图 1-46 所示，在命令管理器的【特征】工具栏中添加【组合】按钮的方法是：按住

【组合】按钮，拖到【特征】工具栏的适当位置后放开。如需去除【组合】按钮，只需按住【组合】按钮，拖回到【自定义】对话框中即可。

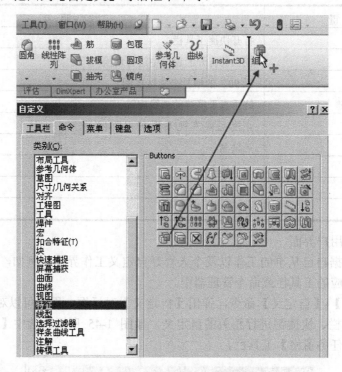

图 1-46　在工具栏中添加按钮

2．文件属性

文件属性只能应用于当前文件，修改后可以随文件保存。在有文件打开的情况下，选择【工具】|【选项】命令，单击【文件属性】标签，在打开的【文件属性】选项卡中可以设置和修改文件的属性，如图 1-47 所示。【文件属性】选项卡中的内容依据文件类型的不同而有所不同，有些选项仅对于某些类型的文件可用。例如：在零件文件中的属性有"材料"属性，而在工程图文件中则没有该属性。

某些设置可以被应用到每一个文件中。例如单位、绘图标准和材料属性(密度、剖面线类型)，这些属性可以随文件一起被保存，并且不会因为文件在不同的系统环境中打开而发生变化。

文件模板是预先定义好的文件的样板。例如，用户可以根据国家标准和企业的要求定制符合标准的零件、装配和工程图模板，如图 1-48 所示。

3．SolidWorks 其他自定义设置

用户除了对 SolidWorks 的系统选项和文件属性进行用户化设置外，还可以进行如下一些方面的用户化设置。

1)　SolidWorks 图纸格式和各种表格模板

SolidWorks 工程图图纸格式和各种表格模板，是建立一个完善的工程图不可或缺的文件。在本书配套的光盘中已经包含了部分图纸格式和表格模板，用户可以借鉴使用。

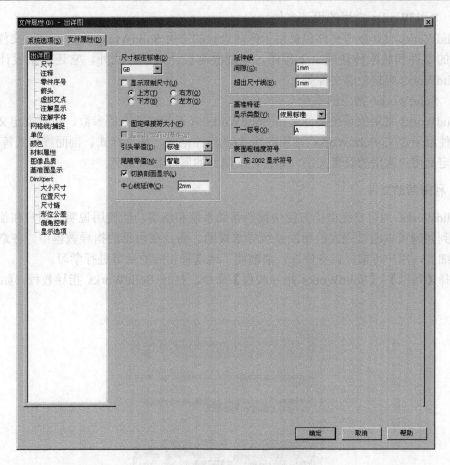

图 1-47 设置文件属性

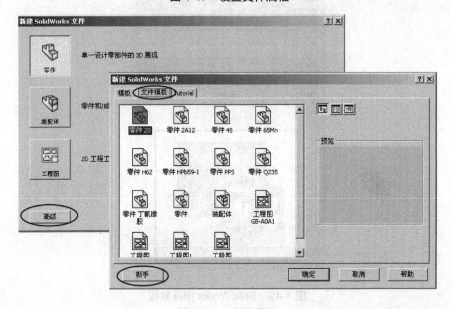

图 1-48 文件模板

2) SolidWorks 常用的设计文件

SolidWorks 设计参考文件包括用于产品设计的常用 SolidWorks 文件，这些文件应用于设计中的零件和装配体建模、工程图，以便提高设计效率。此外，它还包括设计库文件夹、SolidWorks 焊接轮廓文件等。

3) SolidWorks 常用的系统文件

SolidWorks 常用的系统文件是指 SolidWorks 在运行时读取的参数、设置或定义文件，这些文件用于定义 SolidWorks 常用的格式(孔标注格式、线型样式、剖面线样式等)，也可以用来定义用户常用的设置文字，如自定义属性的属性名称文字。

4．利用帮助文件

SolidWorks 为用户提供了方便快捷的帮助系统和新增功能使用说明，用户在使用过程中若遇到问题可以通过强大的帮助系统寻求援助，而且在附带的指导教程中，各章节的分类更加细致，用户可根据自身情况，清晰明了地选择相应的章节进行学习。

选择【帮助】|【SolidWorks 指导教程】命令，打开 SolidWorks 指导教程，如图 1-49 所示。

图 1-49　SolidWorks 指导教程

选择【帮助】|【SolidWorks 帮助】命令，弹出【SolidWorks 2008 在线使用指南】窗

口，如图 1-50 所示，该教程左侧的目录区包括【目录】、【索引】、【搜索】3 个选项卡，目录按照 SolidWorks 的基本功能模块板进行组织，索引按照字母的次序对帮助主题进行排序，搜索提供 AND、OR、NEAR、NOT 4 种方式在帮助系统中查找帮助主题。

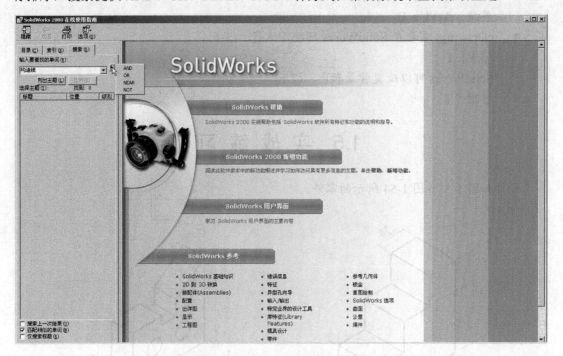

图 1-50　【SolidWorks 2008 在线使用指南】窗口

1.4　理 论 练 习

1. SolidWorks 是基于_____原创的三维实体建模软件。
   A. UNIX
   B. Windows
   C. Linux
   D. DOS
   答案：B

2. 可以按住_____键在 FeatureManager 设计树上选择多个特征。
   A. Enter
   B. Shift
   C. Insert
   D. Alt
   答案：B

3. 欲重复上一命令，可以_____。
   A. 按回车键
   B. 按空格键

C. 选择【编辑】|【重复上一命令】命令

D. 右击图形区域，然后从弹出的快捷菜单中选择【最近的命令】命令，从下级
菜单中选择一个命令作为下一命令

答案：A、C、D

4. eDrawings 需要在 SolidWorks 环境下运行。(T/F)

答案：F

5. SolidWorks 可以改变背景颜色。(T/F)

答案：T

1.5 实 战 练 习

设计如图 1-51～图 1-54 所示的零件。

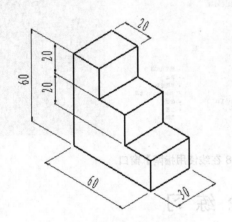

图 1-51 零件 1

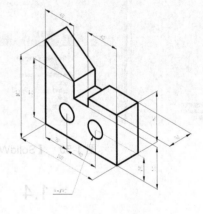

图 1-52 零件 2

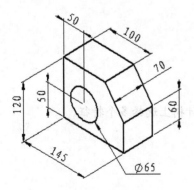

图 1-53 零件 3

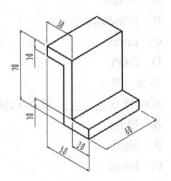

图 1-54 零件 4

第 2 章 二维草图绘制

绘制草图是三维零件建模的开始，掌握灵活的绘图技巧是全面掌握三维设计的基础。草图实体是由点、直线、圆弧等基本几何元素构成的几何形状。

草图包括草图实体、几何关系和尺寸标注等信息。草图是和特征紧密相关的，是为特征服务的，甚至可以为装配体或工程图服务。

草图绘制的方法相对比较简单，但是为了提高设计效率和设计质量，需要灵活掌握草图绘制的先后顺序，以及原点在草图中的定位关系。

草图绘制分为以下两种方法。

- 精确定位法：绘制每段线条后输入尺寸值或约束几何关系，以保证每段线条的正确形状，为后续线条绘制提供精确的位置或形状参考。
- 模糊定位法：先大致绘制全部或主要的线条，然后使用尺寸或几何关系去驱动整个图形的正确位置或形状。

2.1 草 图 设 计

2.1.1 案例介绍及知识要点

使用精确定位法绘制如图 2-1 所示的法兰草图。

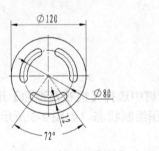

图 2-1 法兰草图

知识点：

- 理解原点在草图中的定位关系。
- 熟练掌握草图绘制实体的方法。
- 熟练掌握草图的绘制工具。
- 熟练掌握草图的尺寸标注方法。

2.1.2　草图分析

由图 2-1 可知：

(1)　三个长圆弧孔围绕大圆的圆心成圆周分别排列，于是把草图原点定位在大圆的圆心处。

(2)　三个长圆弧孔只要绘制出其中一个，然后使用【圆周草图阵列】命令即可完成。

(3)　长圆弧孔只要绘制出中心线，就可以使用【等距实体】命令完成。

于是，采用以下分解思路，如图 2-2 所示。

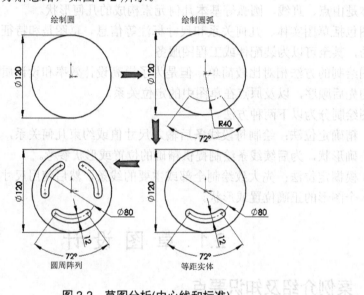

图 2-2　草图分析(中心线和标准)

2.1.3　操作步骤

(1)　新建零件。

新建零件"法兰草图"。

(2)　进入草图绘制状态。

在 FeatureManager 设计树中选择【前视基准面】选项◇，在关联工具栏中单击【草图绘制】按钮✏，系统进入草图绘制状态，如图 2-3 所示。

(3)　绘制圆。

按 S 键，在 S 工具栏中单击【圆】按钮⊙，圆心捕捉原点位置，拖动鼠标至任意位置并单击，如图 2-4 所示。

图 2-3　进入草绘状态

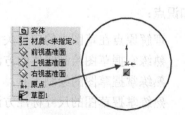

图 2-4　绘制圆

(4) 尺寸标注 1。

按 S 键，在 S 工具栏中单击【智能尺寸】按钮◇，单击圆的边线并拖动至合适位置，在打开的【修改】对话框中输入数值"120"并回车，完成尺寸标注，如图 2-5 所示，然后按键盘上的 Esc 键退出尺寸标注。

(5) 绘制辅助圆弧。

按 S 键，在 S 工具栏中单击【切线弧】┌╎右侧的下拉按钮▾，在弹出的下拉菜单中选择【圆心/起/终点画弧】命令⌒，捕捉原点，拖动至合适位置单击，如图 2-6 所示。单击【确定】按钮✓，并在图形区域单击以取消圆弧被选中。

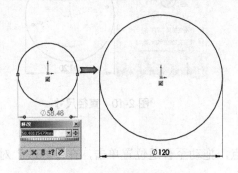

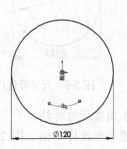

图 2-5　尺寸标注(1)　　　　　　　　　　　　　　　　　　图 2-6　绘制圆弧

(6) 添加"水平"约束。

单击【草图】工具栏中的【显示/删除几何关系】⬥的下拉按钮▾，从弹出的下拉菜单中选择【添加几何关系】命令⌐，激活【添加几何关系】属性管理器对话框。在激活的【所选实体】列表框中选择如图 2-7 所示的两点，在【添加几何关系】选项组中选择【水平】选项，完成"水平"约束的添加，然后单击【确定】按钮✓。

(7) 转换成构造线。

选择如图 2-8 所示的箭头所指圆弧，激活【圆弧】属性管理器对话框，在【选项】选项组中选中【作为构造线】复选框，完成构造线的转换，然后单击【确定】按钮✓。

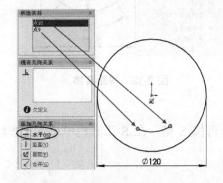

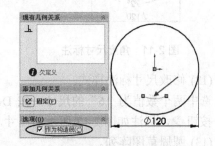

图 2-7　添加"水平"约束　　　　　　　　　　　　　　　　图 2-8　转换成构造线

(8) 尺寸标注 2。

按 S 键，在 S 工具栏中单击【智能尺寸】按钮◇，单击圆弧边线并拖动至合适位置，如图 2-9 所示，在【修改】对话框中输入数值"40.00"并回车，完成尺寸标注。

(9) 直径尺寸。

单击尺寸"R40"，激活【尺寸】属性管理器对话框，单击【引线】标签，切换到【引线】选项卡。在【尺寸界线/引线显示】选项组中单击【直径】按钮◎，如图 2-10 所示，然后单击【确定】按钮✓。

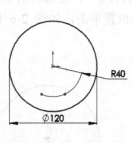

图 2-9 尺寸标注(2)

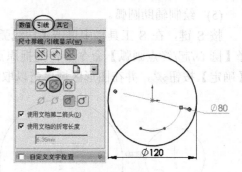

图 2-10 直径尺寸

(10) 角度尺寸标注。

按照序号次序单击如图 2-11 所示的 3 个点，拖动至合适位置单击，在【修改】对话框中输入数值"72"并回车，完成角度尺寸标注。

(11) 等距实体。

选中圆弧，按 S 键，在 S 工具栏上单击【等距实体】按钮⌐，激活【等距实体】属性管理器对话框。在【参数】微调框中输入数值"6.00mm"并回车，选中【双向】和【顶端加盖】复选框，并选中【圆弧】单选按钮，如图 2-12 所示，然后单击【确定】按钮✓。

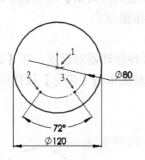

图 2-11 角度尺寸标注

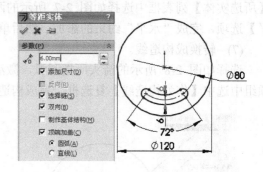

图 2-12 等距实体

(12) 修改尺寸标注样式。

选中两个数值为"6"的尺寸，按 Delete 键，再按 S 键，在 S 工具栏中单击【智能尺寸】按钮❖，标注如图 2-13 所示的尺寸。

(13) 圆周草图阵列。

在【草图】工具栏中单击【线性草图阵列】▦的下拉按钮▾，从弹出的下拉菜单中选择【圆周草图阵列】命令，激活【圆周草图阵列】属性管理器对话框。在【数量】微调框中输入数值"3"并回车，在激活的【要阵列的实体】列表框中选择如图 2-14 箭头所示的草图实体捕捉原点，然后单击【确定】按钮✓。

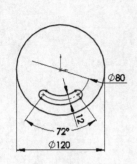

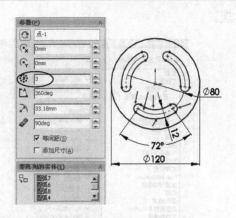

图 2-13　修改尺寸样式　　　　　　　　图 2-14　圆周草图阵列

(14) 完全定义草图。

选择【标准】工具栏中的【工具】|【标注尺寸】|【完全定义草图】命令，激活【完全定义草图】属性管理器对话框，如图 2-15 所示。选中【几何关系】复选框，取消选中【尺寸】复选框，其他保持默认，单击【计算】按钮，草图由欠定义状态变为完全定义状态，单击【确定】按钮✔。

(15) 绘制中心线。

按 S 键，在 S 工具栏中单击【直线】的下拉按钮，从弹出的下拉菜单中选择【中心线】命令，绘制如图 2-16 所示的中心线，然后单击【确定】按钮✔。

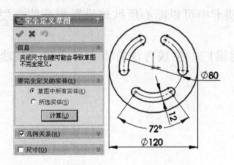

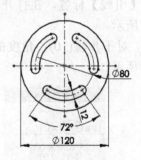

图 2-15　完全定义草图　　　　　　　　图 2-16　绘制中心线

(16) 完成草图。

按 S 键，在 S 工具栏中单击【退出草图】按钮，完成草图的设计，如图 2-1 所示，按 Ctrl+S 组合键保存文件。

2.1.4　步骤点评

(1) 对于步骤(2)：零件的设计状态分为两种，一种是草图绘制状态，另一种是特征编辑状态。这两种状态的相互切换就是通过进入草图绘制或退出草图绘制来完成的。

(2) 对于步骤(3)：默认选项中，草图可以捕捉中心点、中点等，如图 2-17 所示。

(3) 对于步骤(4)：任意绘制圆，然后输入尺寸进行驱动，这就是参数化设计的具体体现。

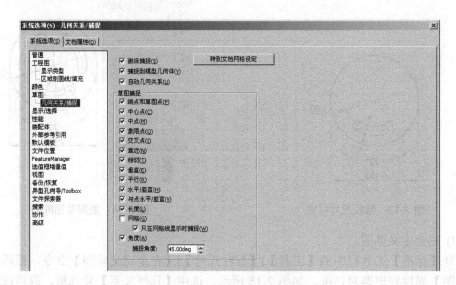

图 2-17　几何关系/捕捉

(4) 对于步骤(6)：添加两点的"水平"几何约束，使用几何约束进行草图的驱动，这是参数化设计的另一体现。

(5) 对于步骤(7)：构造线或中心线不参与特征的生成，只作为绘图的参考。

(6) 对于步骤(9)：尺寸的引线显示可以修改，单击相应的尺寸，在左侧的属性管理器中单击【引线】标签，在打开的【引线】选项卡中可以随心所欲地设置想要的类型，如图 2-18 所示。

(7) 对于步骤(10)：角度的尺寸标注应用很广，生成方法有点点、点线、线线，如图 2-19 所示。

图 2-18　尺寸标注样式

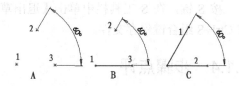

图 2-19　角度尺寸标注

(8) 对于步骤(11)：创建长孔的方法较多，步骤(11)的方法较简便。

(9) 对于步骤(13)：【草图】工具栏中的【圆周草图阵列】命令和【特征】工具栏中的【圆周阵列】命令的功能一样，建议读者尽可能使用【特征】工具栏中的【圆周阵列】

命令。

(10) 对于步骤(14)：由于使用【圆周草图阵列】命令后，草图还处于欠定义状态，使用【完全定义草图】命令可以自动添加缺少的几何关系或尺寸，从而使草图完全定义。建议用户在进行草图绘制时，完成的草图应处于完全定义状态，这样可以避免以后不必要的麻烦。

(11) 对于步骤(16)：退出草图表示由草图绘制状态切换到特征编辑状态。

2.1.5 知识总结

1. 草图概述

草图有 2D 草图和 3D 草图之分。2D 草图是在一个平面上绘制的，绘制 2D 草图时必须确定一个绘图平面；而 3D 草图是位于空间的点、线的组合。3D 草图一般用于特定的工作场合，本书中除非特别注明，"草图"一词均指 2D 草图。

1) 草图基准面和方位

既然 2D 草图都必须绘制在一个平面上，那么绘制的平面可以使用以下几种。

- 三个默认的基准面(前视基准面、右视基准面或上视基准面)，如图 2-20(a)所示，在上视基准面上绘制草图。
- 用户建立的参考基准面，如图 2-20(b)所示。
- 模型中的平面表面，如图 2-20(c)所示。

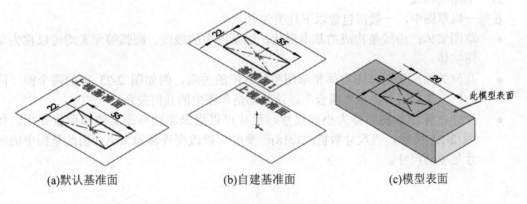

(a)默认基准面   (b)自建基准面   (c)模型表面

图 2-20 草图基准面

模型的显示方位与基体特征的建立方法有关，基体特征就是用户在建立模型时特征设计树中的第一个特征。

选择不同基准面作为草图平面时，将对所建模型的方向有完全不同的影响。图 2-21(a)、图 2-21(b)、图 2-21(c)所示分别为将此草图绘制在"前视"、"上视"、"右视"基准面时形成的不同形式的模型等轴测视图。尽管不同的基准面对模型的正确性不会产生根本的影响，但可能对用户在建立装配、工程图等方面造成效率上的影响，因此用户在建立基体特征时，绘制草图前应注意考虑第一个草图的基准面的选择。

2) 模型原点和草图原点

当处于草图绘制状态时，系统使用红色显示模型原点，这就是草图的原点。新建的草图原点默认与模型原点形成正投影关系，如图 2-22 所示。

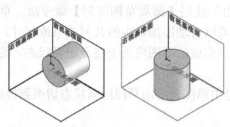

(a)在前视基准面建立的模型　　　　(b)在上视基准面建立的模型

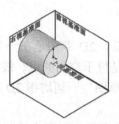

(c)在右视基准面建立的模型

图 2-21　草图方位

用户在绘制第一个特征的草图时，应该与草图原点建立某种定位关系，从而确定模型的空间位置。

3)　草图的构成

在每一幅草图中，一般都包含以下几类信息。

- 草图实体：由线条构成的基本形状，如草图中的线段、圆弧等元素均可以称为草图实体。
- 几何关系：表明草图实体和草图实体之间的关系，例如图 2-23 中的两个圆"同心"，其圆心与原点"重合"，这些都是草图中的几何关系。
- 尺寸：标注草图实体大小的尺寸，尺寸可以用来驱动草图实体和形状变化。如图 2-23 所示，当尺寸数值(如ϕ18)改变时可以改变外圆的大小，因此草图中的尺寸是驱动尺寸。

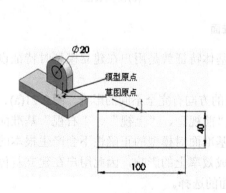

图 2-22　草图原点和模型原点

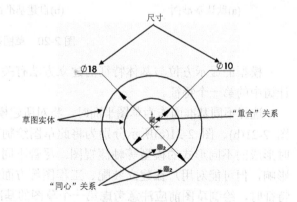

图 2-23　草图的构成

从图 2-23 中可以看出，通过几何体(两个圆)、几何关系(同心、重合)、尺寸(ϕ18、

ϕ10)，形成了一个完整的草图。因此说，草图并不仅仅是草图实体，还包括几何关系和尺寸。

另外，用户在绘制草图时还可以使用构造线、点等参考元素来构建模型，以便确定模型的设计意图。

如图 2-24(a)所示，为了保持两个圆关于某个位置对称，可以使用一条中心线(构造线)作为参考，使这两个圆关于此中心线对称；如图 2-24(b)所示，为了标注ϕ6 圆的圆周位置，用户可以绘制一条中心线圆，并使ϕ6 圆与圆周重合。

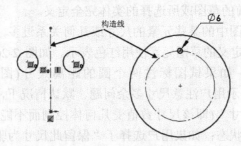

(a)保持两个圆关于某个位置对称　　(b)标注ϕ6 圆的圆周位置

图2-24　构造线

在建立特征时，构造线只作为绘图的参考而不参与建立特征。如图 2-25(a)所示，当利用图示草图建立拉伸凸台特征时，如果中间的ϕ10 为构造线，则形成实心模型。

选中草图实体后，在 PropertyManager 属性管理器中选中【作为构造线】复选框，就可以将其转换为构造线，如图 2-25(b)所示。

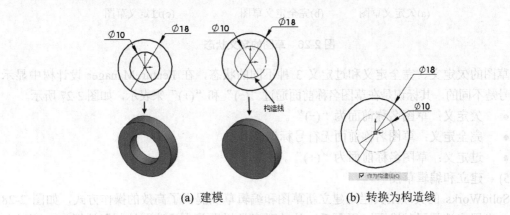

(a) 建模　　　　　　　　　　(b) 转换为构造线

图2-25　构造线不参与特征建立

4)　草图的定义状态

一般说来，草图可以处于欠定义、完全定义、过定义 3 种状态。

● 欠定义：是指草图中某些元素的尺寸或几何关系没有定义。欠定义的元素使用蓝色表示。拖动这些欠定义的元素，可以改变它们的大小或位置。如图 2-26(a)所示，如果没有标注外部圆的尺寸，则该圆显示为蓝色。当用户使用鼠标拖动圆周移动时，由于圆的大小没有明确给定，因此可以改变圆的大小。

- 完全定义：是指草图中所有元素都已经通过尺寸或几何关系进行了约束。完全定义的草图中所有元素都使用黑色表示。如图 2-26(b)所示，在此状态下，两个圆的大小($\phi18$、$\phi14$)和位置(圆心与原点重合)均已经完全定义，因此两个圆均显示为黑色，草图已经完全定义。一般说来，用户不能拖动完全定义草图实体来改变其大小。

  说明：有些场合，使用完全定义草图非常方便，完全定义草图是 SolidWorks 的一个自动化应用工具，即用户可以对当前的草图通过系统计算自动添加几何关系和(或)尺寸，使当前的草图或所选择的实体完全定义。

- 过定义：是指草图中的某些元素的尺寸或几何关系过多，导致对一个元素有多种冲突的约束。过定义的草图元素使用红色表示。如图 2-26(b)所示，由于当前草图已经完全定义，如果试图标注两个圆的距离尺寸(图 2-26(c)中所示为 4)，SolidWorks 将提示用户注意尺寸多余问题。默认情况下，用户可以将多余的尺寸设置为"从动尺寸"(即该尺寸数值受几何体控制而不能驱动几何体)，草图可以保持为完全定义状态；如果用户选择了"保留此尺寸为驱动"，则草图将出现错误，即"过定义"草图。

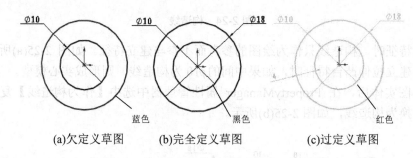

(a)欠定义草图　　　(b)完全定义草图　　　(c)过定义草图

图 2-26　草图的定义状态

草图的欠定义、完全定义和过定义 3 种不同的状态，在 FeatureManager 设计树中显示的符号是不同的，其标识是在草图名称前面通过"(-)"和"(+)"来表示，如图 2-27 所示。

- 欠定义：草图名称前面为"(-)"。
- 完全定义：草图名称前面无符号标识。
- 过定义：草图名称前面为"(+)"。

5) 建立和编辑草图

SolidWorks 的关联工具栏为建立新草图和编辑草图提供了高效的操作方式，如图 2-28 所示，当用户选择了基准面、平面后，从关联工具栏中单击【草图绘制】按钮，可以在选择的基准面上新建一幅草图并进入草图绘制状态。

当用户选择了草图特征或草图中的元素，从关联工具栏中单击【编辑草图】按钮，切换到特征的草图编辑状态，可以对草图实体、尺寸和几何关系进行重新编辑。

6) 草图绘制状态

在处于草图绘制状态下，相关的草图绘制工具、菜单被激活，以便用户绘制和编辑草图。如图 2-29 所示，在草图绘制状态下，在图形区域的右上角出现【退出草图】和【取消草图】按钮区域，S 工具栏中显示了最常用的草图绘制工具，在 FeatureManager 设计树中，特征退回到当前被编辑草图的位置。

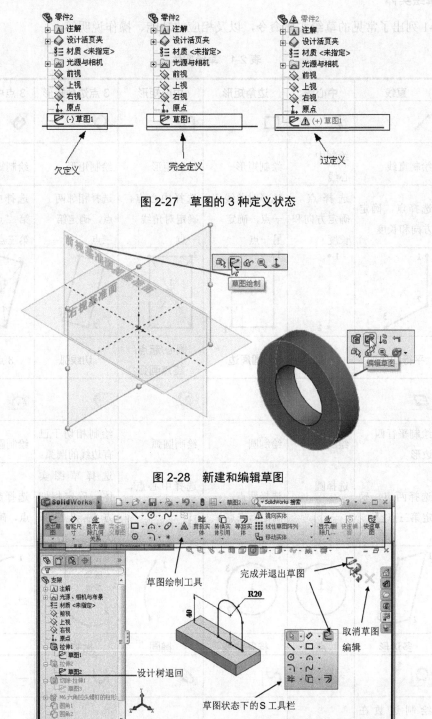

欠定义　　　　　　完全定义　　　　　　过定义

图 2-27　草图的 3 种定义状态

图 2-28　新建和编辑草图

图 2-29　草图绘制状态

2. 草绘实体

表 2-1 列出了常见的草绘实体命令，以及相应的功能、操作说明等。

表 2-1 草绘实体

命令	直线	中心线	边角矩形	中心矩形	3 点边角矩形	3 点中心矩形
命令按钮						
功能	绘制直线	绘制中心线	绘制矩形	绘制矩形	绘制矩形	绘制矩形
操作说明	选择点，确定方向和长度	选择点，确定方向和长度	选择对角线一点，确定另一点	选择中心点，确定对角线一点	选择相邻两点，确定第三点	选择中心点和第二点，确定第三点
图例说明						

命令	平行四边形	圆	圆周边	圆心/起点/终点画弧	切线弧	3 点圆弧
命令按钮						
功能	绘制平行四边形	绘制圆	绘制圆	绘制圆弧	绘制相切于已有边线的圆弧	绘制圆弧
操作说明	选择两点，确定第三点	选择圆心，确定半径	选择两点，确定第三点	选择中心点，确定圆弧的起点和终点	选择草图实体，确定相切方法和圆弧大小	选择起点、终点，确定中点
图例说明						

命令	多边形	点	样条曲线	椭圆	抛物线	—
命令按钮						—
功能	绘制边数在 3~40 之间的等边多边形	绘制点	绘制样条曲线	绘制椭圆	绘制抛物线	—

命令	多边形	点	样条曲线	椭圆	抛物线	3 点中心矩形
操作说明	选择中心点，确定边数、外接圆或内切圆以及圆的大小	单击交点或选择两条边线	选择起点、中间点和终点	选择椭圆中心，确定其他两点	选择焦点、焦距，确定起点和终点	—
图例说明						—

下面介绍几种常用的草图绘制实体命令。

1) 【直线】和【中心线】

绘制直线和中心线的操作方法完全相同，只不过直线工具完成的结构是实线，可以用来构建特征；而中心线工具则形成中心线，是辅助线或构造线。如图 2-30 所示，单击【直线】按钮或【中心线】按钮，在直线的起点上单击鼠标，移动光标到直线结束点，再次单击鼠标，即可完成第一段直线。此时命令还没有结束，如果用户需要继续绘制直线，再在下一点单击鼠标可继续绘制直线，直到完成，最后按 Esc 键退出命令。

2) 【圆】

绘制圆的工具比较简单，即单击【圆】按钮，第一次单击鼠标确定圆心位置，然后移动光标确定圆的半径，再次单击鼠标即可完成圆的绘制，如图 2-31 所示。

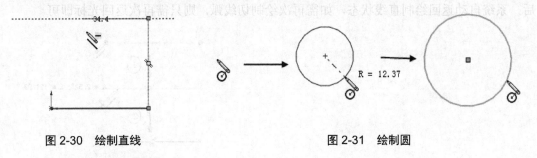

图 2-30　绘制直线　　　　　　　　　　　　图 2-31　绘制圆

3) 【三点圆弧】

绘制"三点圆弧"需要单击鼠标三次，即确定起点、终点和圆弧位置大小，如图 2-32 所示。

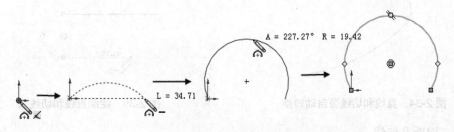

图 2-32　绘制"三点圆弧"

4) 【切线弧】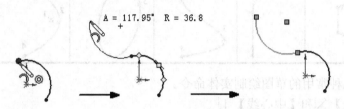

在实际设计过程中，用户会经常需要绘制直线和切弧的过渡。也就是说，在绘制直线后希望马上绘制一条与当前直线相切的圆弧；同时，绘制完切线弧以后，又希望再绘制直线。这里介绍三种方法。

(1) 单击命令按钮。

绘制切线弧必须从一条直线或圆弧的端点开始。如图 2-33 所示，单击【切线弧】按钮 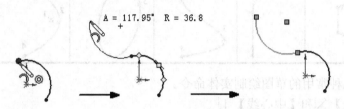，从圆弧的端点开始单击鼠标，移动光标到合适的位置单击鼠标即可完成切线弧。

图 2-33　绘制切线弧

(2) 使用 A 键。

SolidWorks 为这个操作过程提供了快捷和简便的操作方式，即在绘制直线的过程中，可以按键盘上的 A 键，在画直线与画切线弧之间进行切换，如图 2-34 所示的草图。

(3) 移动光标。

如图 2-35 所示，用户首先单击【直线】按钮 绘制直线，如果此时需要继续绘制直线的切线弧，只需沿直线往回移动光标，当再次返回时则激活切线弧功能。绘制切线弧完成后，系统自动返回绘制直线状态，如需再次绘制切线弧，则只需再次返回光标即可。

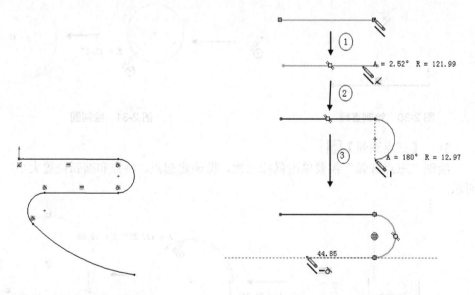

图 2-34　直线和切线弧自动转换　　　　图 2-35　绘制直线和切线弧

5) 构造几何线

用户可将草图或工程图中的草图实体转换为构造几何线。【构造几何线】命令仅用来协助生成最终会被包含在零件中的草图实体或其他元素(如尺寸标注)。当草图被用来生成特征时，构造几何线被忽略。构造几何线使用与中心线相同的线型。

运用【构造几何线】的操作步骤如下。

(1) 在图形区选择草图实体。

(2) 在激活的属性管理器中，选中【选项】选项组中的【作为构造线】复选框，如图 2-36 所示，该实线变为构造几何线。

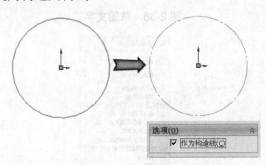

图 2-36 转化构造线

6) 【多边形】

利用多边形工具，用户可以绘制边数为 3~40 之间的任意正多边形。绘制多边形时，用户需要在 PropertyManager 属性管理器中指定多边形的边数和相关参数(可参考圆外接或内切)，如图 2-37 所示。

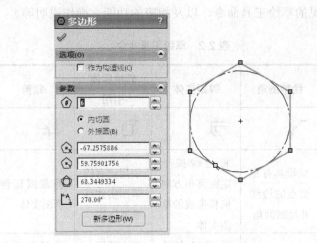

图 2-37 指定多边形的参数

7) 【草图文字】

用户可以在零件的表面添加文字，以及拉伸和切除文字，文字可以添加在任何连续曲线或边线组中，包括由直线、圆弧或样条曲线组成的圆或轮廓，如图 2-38 所示。

草图文字拉伸后生成漂亮的字体，但有的复杂文字由于线条交叉无法拉伸，解决办法是：右击文字，在弹出的快捷菜单中选择【解散草图文字】命令，如图 2-39 所示，然后再次建立拉伸特征。

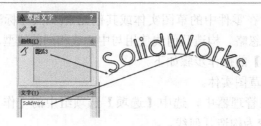

图 2-38 草图文字

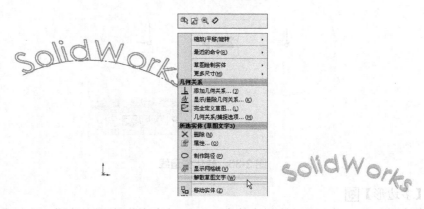

图 2-39 选择【解散草图文字】命令

3. 草绘工具

表 2-2 列出了常见的草绘工具命令，以及相应的功能、操作说明等。

表 2-2 草绘工具命令

命令	绘制圆角	绘制倒角	等距实体	转换实体引用	裁剪	镜向
命令按钮						
功能	编辑具有相交点的边线并绘制圆角	编辑具有相交点的边线并绘制倒角	将边线按一定距离和方向偏移生成的草图实体	引用已有的草图实体或模型边线	剪裁或延伸草图实体	镜向已有的草图实体
操作说明	选择两个倒圆角实体点	选择两个倒角实体或点	选择已有边线，确定距离和偏移方向	进入草图，选择需要转换的边线	选择要剪裁或延伸的草图实体	选择要镜向的实体，确定镜向线
图例说明						

1)　【绘制圆角】

绘制圆角工具是在两个草图实体的交叉处剪裁掉角部，从而生成一个切线弧，此工具在二维和三维草图中均可使用。倒圆角后系统自动标注圆角的尺寸，SolidWorks 提供了两种生成圆角的方法。

(1)　选择点，如图 2-40 所示。

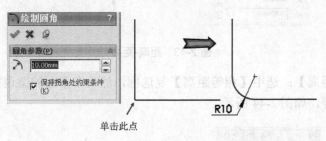

图 2-40　选择点

(2)　选择两条边线，如图 2-41 所示。

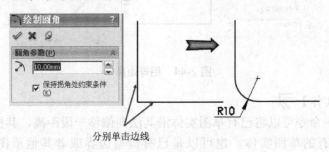

图 2-41　选择边线

2)　【绘制倒角】

绘制倒角与绘制圆角工具的操作方法一样，在二维和三维草图中均可使用。倒角后系统自动标注倒角的尺寸，SolidWorks 提供了三种设置参数的方法。

(1)　【角度距离】：选中【角度距离】单选按钮，然后在下面的微调框中分别输入距离和角度，如图 2-42 所示。

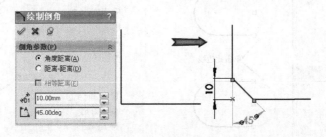

图 2-42　角度距离

(2)　【距离-距离】：选中【距离-距离】单选按钮，然后在下面的微调框中分别输入两个距离，如图 2-43 所示。

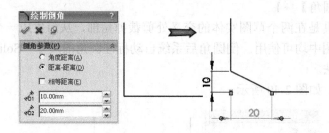

图 2-43　距离-距离

(3)　【相等距离】：选中【相等距离】复选框，然后在下面的微调框中输入距离，倒角的两边距离相等，如图 2-44 所示。

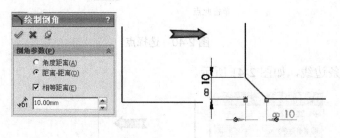

图 2-44　相等距离

3)　【等距实体】

【等距实体】命令可以将已有草图实体沿其法向偏移一段距离，其操作对象既可以是同一个草图中已有的草图实体，也可以是已有模型边界或者其他草图中的草图实体。SolidWorks 会在每个原始实体和对应的草图实体之间生成边线上的几何关系，如果在重建模型时原始实体改变，则等距实体也会随之变化，即形成关联关系。

等距实体的参数设置有以下几种方法。

(1)　绘制等距实体，如图 2-45 所示。

(2)　绘制链等距实体，如图 2-46 所示。

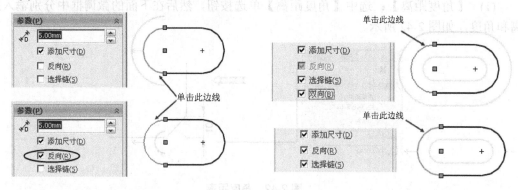

图 2-45　等距实体　　　　　　　　　图 2-46　链等距实体

(3)　顶端加盖等距实体，如图 2-47 所示。

4)　【转换实体引用】

转换实体引用时通过将边线、环、面、曲线、外部草图轮廓线、一组边线或一组草图曲线投影到草图基准面上，在该绘图平面上生成草图实体，并和原有的线条形成关联关系。

注意此功能只有在草图状态下才有效，如图 2-48 所示。

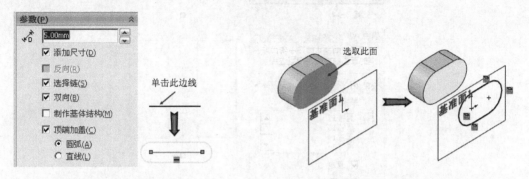

图 2-47　顶端加盖等距实体　　　　　　　　图 2-48　转换实体引用

5)　【剪裁实体】　和【延伸实体】

延伸实体工具和剪裁实体工具都可以将草图实体进行延伸和剪裁，这两个命令基本上可以达到相同的操作，但侧重点有所不同：延伸实体侧重于将实体延长，而剪裁实体侧重于将实体缩短。

剪裁实体工具用于将草图中多余的草图实体缩短，或将相交叉的草图实体的某一部分删除。SolidWorks 提供了"强劲剪裁"、"边角"、"在内剪除"、"在外剪除"和"剪裁到最近端" 5 种剪裁方式，比较常用的方式为"强劲剪裁"，即按住鼠标左键，移动到要剪裁的草图实体上即可剪除相应的草图实体，如图 2-49 所示。

延伸实体工具用于将选择的草图实体沿其方向延伸，直至最近的草图实体。如图 2-50 所示，单击【延伸实体】按钮，移动光标到所选的直线上，直线的左端可自动延伸至左侧的圆弧上。

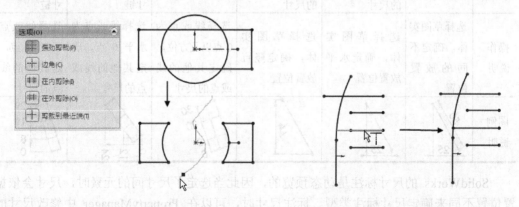

图 2-49　使用强劲剪裁　　　　　　　　　　图 2-50　延伸实体

6) 【镜向实体】⚠️

【镜向实体】命令可以为选择的草图实体自动完成沿中心线对称的另一侧草图实体。如图 2-51 所示，镜向形成的草图实体与原来的实体自动建立了对称几何关系，因此，当一侧的草图实体变化时，另一侧的草图实体也将发生相应的变化。

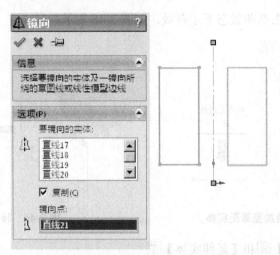

图 2-51 镜向草图实体

4. 尺寸标注

表 2-3 列出了尺寸标注命令，以及相应的功能、操作说明等。

表 2-3 尺寸标注

命令	智能尺寸	水平尺寸	垂直尺寸	尺寸链	水平尺寸链	垂直尺寸链
命令按钮	◇	Ⱶ	Ɨ	◈	ꝟ	Ɨ
功能	标注尺寸	标注水平方向的尺寸	标注垂直方向的尺寸	标注尺寸链	标注水平尺寸链	标注竖直尺寸链
操作说明	选择草图实体，确定不同的放置位置	选择草图实体，确定水平放置位置	选择草图实体，确定竖直放置位置	选择线或点为 0 点以及方位，确定其他的线或点的尺寸	选择线或点为水平 0 点，确定其他的线或点的尺寸	选择线或点为竖直 0 点，确定其他的线或点的尺寸
图例说明						

SolidWorks 的尺寸标注是动态预览的，因此当选定了尺寸间的元素时，尺寸会依据放置位置不同来确定尺寸标注类型。标注尺寸时，可以在 PropertyManager 中修改尺寸的公差形式、公差值、尺寸箭头的符号以及尺寸文本，如图 2-52 所示。

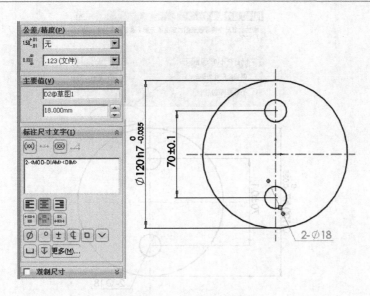

图 2-52　修改尺寸样式

1)　驱动尺寸和从动尺寸

SolidWorks 的尺寸包括两大类，即驱动尺寸和从动尺寸。

- 驱动尺寸是指能够改变几何体形状或大小的尺寸，改变尺寸的数值将引起几何体的变化，如图 2-53 所示。

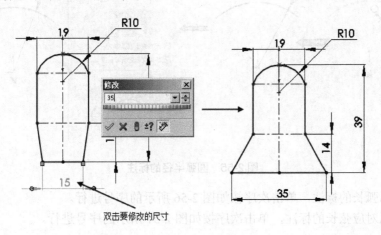

图 2-53　驱动尺寸

- 从动尺寸是指尺寸的数值是由几何体来确定的，它不能用来改变几何体的大小，如图 2-54 所示。

2)　圆弧的尺寸标注

圆弧的尺寸标注应用很广，不同的场合使用不同的标注类型。以下介绍几种常用的圆弧尺寸标注。

(1)　圆弧半径的标注，如图 2-55 所示。

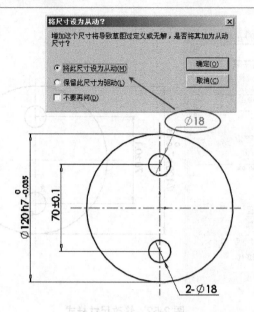

图 2-54　从动尺寸

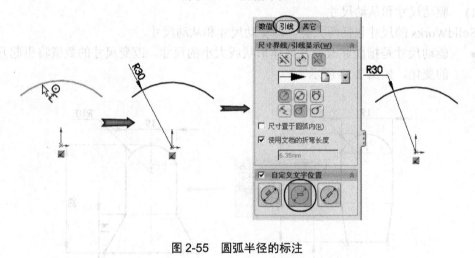

图 2-55　圆弧半径的标注

(2) 圆弧弧长的标注，单击次序按如图 2-56 所示的序号进行。

(3) 圆弧对应弦长的标注，单击次序按如图 2-57 所示的序号进行。

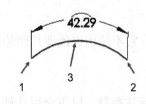

图 2-56　圆弧弧长的标注

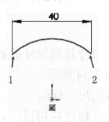

图 2-57　圆弧对应弦长的标注

(4) 圆尺寸标注，如图 2-58 所示。

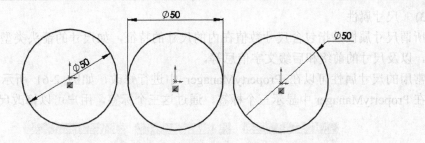

图 2-58　圆尺寸标注

(5) 中心距尺寸的标注。

如果用户选择一条直线和一个圆弧(或两个圆弧)标注尺寸，则可能出现三种情况：通过圆心、圆弧的最大尺寸和圆弧的最小尺寸标注，如图 2-59 所示。默认情况下，SolidWorks 使用圆心进行标注。

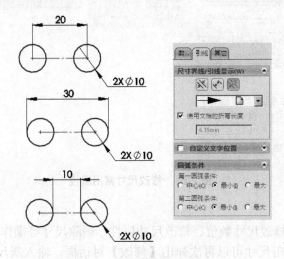

图 2-59　圆弧标注的条件设置

在标注的过程中，用户也可以直接确定圆弧标注的最大/最小条件：按住 Shift 键选择圆弧，可以直接使用圆弧的最大(在标注尺寸的外侧单击圆弧)或最小条件(在标注尺寸的内侧单击圆弧)，如图 2-60 所示。

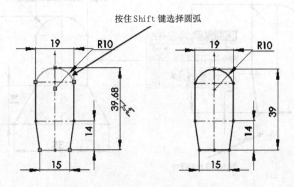

图 2-60　按住 Shift 键标注圆弧尺寸

3) 尺寸属性

所谓尺寸属性是指包含尺寸数值在内的尺寸的特征，如尺寸的箭头类型、公差、显示精度，以及尺寸的前缀和后缀文字信息等。

常用的尺寸属性可以在 PropertyManager 中进行修改，如图 2-61 所示，选择了尺寸后，在 PropertyManager 中显示三个标签，通过这三个标签，用户可以修改尺寸的属性。

图 2-61   修改尺寸常用属性

4) 尺寸的编辑

尺寸的编辑包括修改尺寸数值、修改尺寸属性、删除尺寸等操作。如图 2-62 所示，在草图绘制状态下，双击尺寸可以再次弹出【修改】对话框，输入新尺寸数值后，单击【完成】按钮即可改变现有的尺寸数值，并对当前的草图进行重算，使用新的数值重建草图和特征。

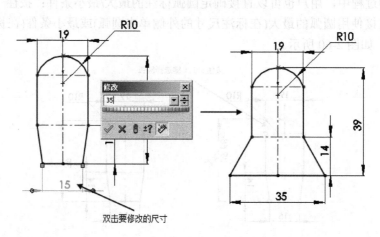

图 2-62   修改尺寸数值

删除尺寸：要删除某个尺寸，在选中该尺寸后，按 Delete 键即可。

2.2　草图设计

2.2.1　案例介绍及知识要点

使用模糊定位法绘制如图 2-63 所示的 V 型槽草图。

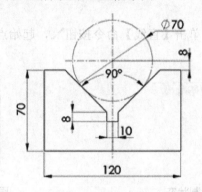

图 2-63　V 型槽草图

知识点：

- 理解草图推理线的概念。
- 熟练掌握草图的几何约束关系。

2.2.2　草图分析

通过图 2-63 可知：

(1) 圆与 V 型槽两边紧密接触，且圆中心与 V 型槽草图的对称面重合。

(2) 标注全部尺寸，草图也无法完全定义，也就是草图所有线条无法变成黑色。

(3) 需要添加相应的几何约束关系，即圆与 V 型槽两条边线添加相切的几何关系。

因此，可采用如图 2-64 所示的分解思路。

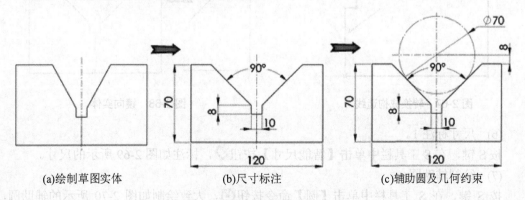

(a)绘制草图实体　　　　　(b)尺寸标注　　　　　(c)辅助圆及几何约束

图 2-64　草图分析

2.2.3 操作步骤

(1) 新建零件。

新建零件"V型槽草图"。

(2) 进入草图绘制状态。

在 FeatureManager 设计树中单击【前视基准面】选项◈，在关联工具栏中单击【草图绘制】按钮┗，系统进入草图绘制状态，如图 2-65 所示。

(3) 绘制直线。

按 S 键，在 S 工具栏中单击【直线】命令按钮＼，起始点捕捉原点位置，绘制如图 2-66 所示的大致草图。

图 2-65　进入草图绘制状态

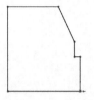

图 2-66　绘制直线

(4) 转化成构造线。

单击如图 2-67 箭头所示的线段，激活【线条属性】属性管理器对话框，在【选项】选项组中选中【作为构造线】复选框，然后单击【确定】按钮✔。

(5) 镜向实体。

框选所有的草图实体，在【草图】工具栏中单击【镜向实体】按钮△，然后单击【确定】按钮✔，完成草图的镜向，如图 2-68 所示。

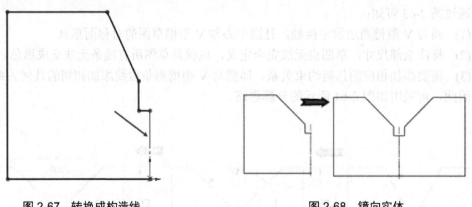

图 2-67　转换成构造线

图 2-68　镜向实体

(6) 尺寸标注 1。

按 S 键，在 S 工具栏中单击【智能尺寸】按钮◇，标注如图 2-69 所示的尺寸。

(7) 绘制辅助圆。

按 S 键，在 S 工具栏中单击【圆】命令按钮⊙，大致绘制如图 2-70 所示的辅助圆，在【圆】的属性管理器对话框中选中【作为构造线】复选框，然后单击【确定】按钮✔。

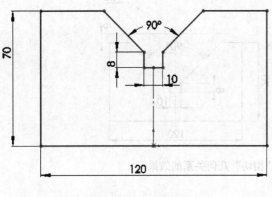

图 2-69　尺寸标注 1

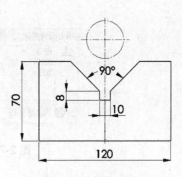

图 2-70　绘制辅助圆

(8) 尺寸标注 2。

按 S 键，在 S 工具栏中单击【智能尺寸】按钮 ，标注如图 2-71 所示的尺寸。

(9) 添加"相切"几何关系。

单击【草图】工具栏中的【显示/删除几何关系】 的下拉按钮 ，从弹出的下拉菜单中选择【添加几何关系】命令 ，激活【添加几何关系】属性管理器对话框。在激活的【所选实体】列表框中选择如图 2-72 所示的圆弧和直线，在【添加几何关系】选项组中选择【相切】选项，完成"相切"约束的添加，然后单击【确定】按钮 。

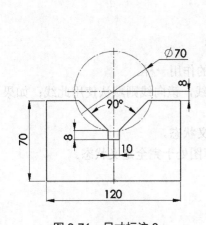

图 2-71　尺寸标注 2

图 2-72　添加"相切"几何关系

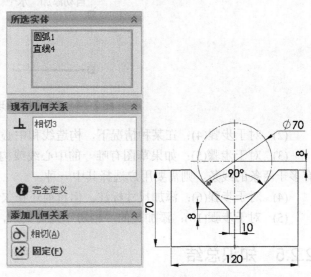

(10) 完成"相切"几何关系。

同理，添加圆弧与另一侧直线的相切关系，完成后的效果如图 2-73 所示。

(11) 完成草图。

按 S 键，在 S 工具栏中单击【退出草图】按钮 ，完成草图的设计，如图 2-63 所示。按 Ctrl+S 组合键保存文件。

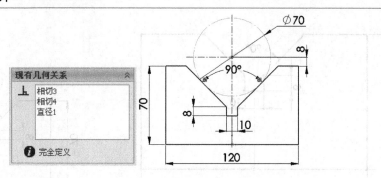

图 2-73 完成"相切"几何关系的效果

2.2.4 步骤点评

(1) 对于步骤(3)：在绘制直线时，充分利用推理线，可以提高绘图效率，如图 2-74 所示。

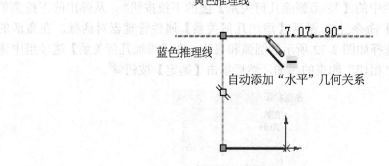

图 2-74 充分利用推理线

(2) 对于步骤(4)：在某种情况下，构造线和中心线的作用一样。

(3) 对于步骤(5)：如果草图有唯一的中心线或构造线，镜向线则默认使用此线；如果有多于两条的线条，则需要用户选择其中一种。

(4) 对于步骤(6)：添加尺寸标注，但目前还在欠定义状态。

(5) 对于步骤(10)：添加圆的"相切"几何关系，草图处于完全定义状态。

2.2.5 知识总结

1. 推理线和反馈光标

推理线和反馈光标是 SolidWorks 提供的辅助绘图工具，同时也是在草图绘制过程中建立自动几何关系的直观显示，因此在绘制草图过程中用户应该注意观察反馈光标和推理线，从而判断在草图中自动添加的几何关系。

如图 2-75 所示，在绘制直线的过程中，系统显示反馈光标提醒用户绘制的直线为水平(➖)或竖直(▮)的，直线绘制后，将自动添加"水平"或"竖直"几何关系。

推理线是为用户提供绘图的方便或显示要添加的几何关系。如图 2-75 所示，推理线有

蓝色和黄色之分；黄色的推理线可以自动添加几何关系(图 2-75 中显示将自动添加"垂直"几何关系)；而蓝色推理线则提供了一种绘图引导，并不自动添加几何关系(但激活【自动添加几何关系】可以捕捉添加几何约束关系(选择【工具】|【草图设定】|【自动添加几何关系】命令)。

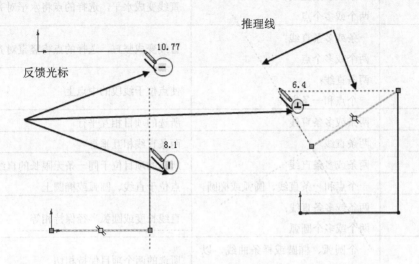

图 2-75　推理线和反馈光标

在绘制草图的过程中，光标移动到特定的实体上时会自动捕捉相应的实体，如捕捉圆心和中点。这些捕捉可以建立自动几何关系，从而使绘图过程更加简单。如图 2-76 所示，当需要绘制一个同心圆时，移动光标到现有圆形边线上，则系统出现圆心符号并且在一定时间内不消失。捕捉到圆心开始绘图，则绘制的实体点与圆心建立"重合"几何关系。

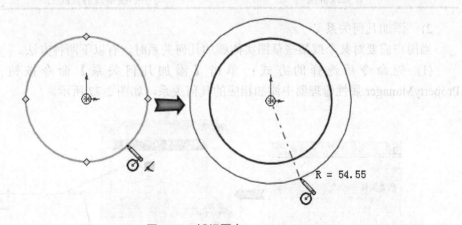

图 2-76　捕捉圆心

2. 几何关系

1)　常见的几何关系类型

表 2-4 列出了常见的几何关系类型，以及这些几何关系的产生所需要选择的草图实体。

表2-4　常见的几何关系类型

几何关系	所选实体	几何关系特点
水平	一条或多条直线； 两个或多个点	直线变成水平，选择的点将水平对齐
竖直	一条或多条直线； 两个或多个点	直线变成竖直，选择的点将竖直对齐
中点	两条直线； 一个点和一条直线	使点位于线段的中点上
平行	两条或多条直线	所选的项目相互平行
垂直	两条直线	两条直线相互垂直
共线	两条或多条直线	所选的项目位于同一条无限长的直线上
重合	一个点和一条直线、圆弧或椭圆	点位于直线、圆弧或椭圆上
相等	两条或多条直线； 两个或多个圆弧	直线长度或圆弧半径保持相等
相切	一个圆弧、椭圆或样条曲线，以及一条直线或圆弧	所选的两个项目保持相切
同心	两个或多个圆弧； 一个点和一个圆弧	所选的圆弧共用同一圆心
全等	两个或多个圆弧	圆或圆弧共用相同的圆心和半径
对称	一条中心线和两个点、直线、圆弧或椭圆	项目保持与中心线相等的距离，并位于一条与中心线垂直的直线上

2)　添加几何关系

当用户需要对某个或某些草图实体添加几何关系时，有以下两种方法。

(1) 先命令后选择的方式：单击【添加几何关系】命令按钮，在激活的 PropertyManager 属性管理器中添加相应的几何关系，如图2-77所示。

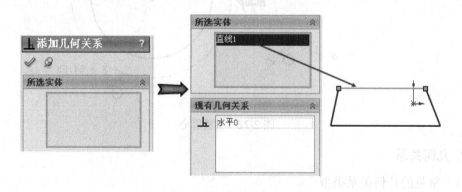

图2-77　添加几何关系(1)

(2) 先选择，后命令的方式：选择多个草图实体，在 PropertyManager 属性管理器或关联工具栏中选择相应的几何关系进行添加，如图 2-78 所示。

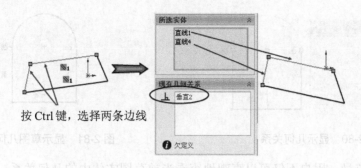

按 Ctrl 键，选择两条边线

图 2-78　添加几何关系(2)

相对来说，先选择，后命令的方式更简便。如图 2-79 所示，同时选择左侧的直线和圆弧，从关联工具栏中单击【使相切】按钮，则为直线和圆弧建立"相切"几何关系；同时选择两条直线，从关联工具栏中单击【使竖直】按钮，可以使选择的直线建立"竖直"几何关系。

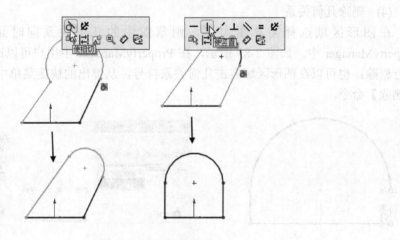

图 2-79　建立几何关系

3)　检查和显示几何关系

由于绘图过程中操作的不确定性，尽管有推理线和光标反馈的帮助，但用户仍然不能确定是否已经添加了正确的几何关系。因此，对绘制的草图进行几何关系检查是很必要的，这有助于用户进行下一步添加几何关系的操作。

在 SolidWorks 中，常用如下几种方法检查或查看草图中存在的几何关系。

(1)　单独查看某个草图实体的几何关系。

在图形区域双击某个草图实体，则与该草图实体有关的几何关系符号会出现在图形区域，如图 2-80 所示。在图形区域中双击圆弧，则该圆弧中已经存在的几何关系符号显示在图形区域中。另外，在图形区域中选择草图实体后，在 PropertyManager 中的【现有几何关系】列表框中也同时显示已经存在的几何关系。

(2)　显示草图几何关系。

选择【视图】|【草图几何关系】命令，可以在图形区域显示全部草图实体中存在的几

何关系符号，如图 2-81 所示。

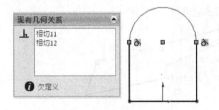

图 2-80　显示几何关系

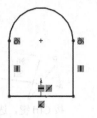

图 2-81　显示草图几何关系

利用这些符号，用户不仅可以直观地查看当前草图实体中的几何关系，也可以对几何关系进行删除和压缩等操作。

(3) 拖动欠定义的草图实体。

由于当前的草图并没有完全定义，所以拖动未完全定义的草图实体移动，也可以检验草图中是否已经建立了正确的几何关系。如图 2-82 所示，拖动一下圆弧，可以检验圆弧是否和两条直线相切。

(4) 删除几何关系

在图形区域选择某草图实体，则草图中的几何关系同时显示在图形区域或 PropertyManager 中。如图 2-83 所示，在 PropertyManager 中用户可以选择相应的几何关系进行删除；也可以在图形区域右击几何关系符号，从弹出的快捷菜单中选择【几何关系】|【删除】命令。

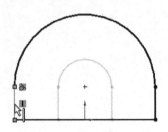

图 2-82　拖动检查几何关系

图 2-83　删除几何关系

2.3　理 论 练 习

1. 当编辑草图时，草图线条完全变黑是_____。
   A. 欠定义状态　　　　　　　　　B. 完全定义状态
   C. 过定义状态　　　　　　　　　D. 绘图状态
   答案：B
2. 当镜向草图实体时，_____几何关系被添加。
   A. 对称　　　　　　　　　　　　B. 镜向
   C. 共线　　　　　　　　　　　　D. 相等
   答案：A

3. SolidWorks 在草图中提供的倒角形式有_____。

　　A. 角度距离　　　　　　　　　B. 不等距离

　　C. 线性距离　　　　　　　　　D. 相等距离

　　答案：A、B、D

4. 2D 中草图的绘制模式有_____。

　　A. 单击-拖动　　　　　　　　　B. 单击-单击

　　C. 拖动-单击　　　　　　　　　D. 双击-拖动

　　答案：A、B

5. 在 SolidWorks 中，同一个草图能够被多个特征共享。(T/F)

　　答案：T

2.4　实　战　练　习

绘制如图 2-84～图 2-91 所示的二维草图。

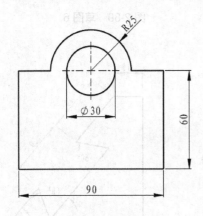

图 2-84　草图 1

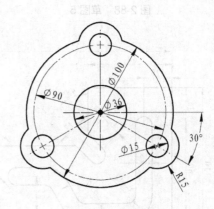

图 2-85　草图 2

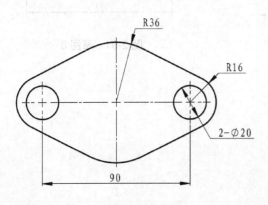

图 2-86　草图 3

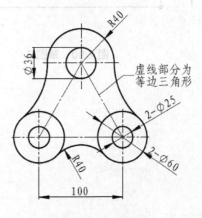

图 2-87　草图 4

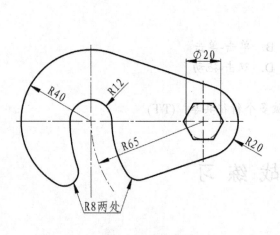

图 2-88　草图 5

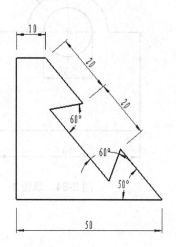

图 2-89　草图 6

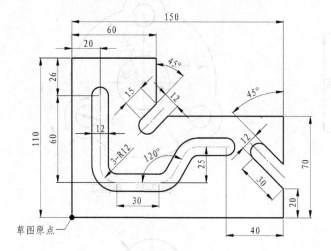

图 2-90　草图 7

图 2-91　草图 8

第 3 章　基准特征的创建

基准特征也叫参考几何体，是 SolidWorks 的一种重要工具，在设计过程中作为参考基准。基准特征包括基准面、基准轴、坐标系和点。使用基准特征可以定义曲面或实体的位置、形状或组成，如扫描、放样、镜向使用的基准面，圆周阵列使用的基准轴等。

3.1　基　准　面

3.1.1　案例介绍及知识要点

设计如图 3-1 所示的卡盘零件。

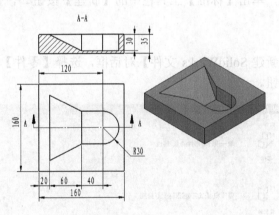

图 3-1　卡盘

知识点：

- 掌握特征基准面的建立方法。
- 了解拉伸的终止条件。

3.1.2　模型分析

通过图 3-1，发现模型具有以下几个特点。

(1) 模型为四方体，可以采用【拉伸】命令实现。

(2) 中间挖空的部分可以采用拉伸切除的方式，对于切除的斜面，可采用拉伸切除到一面的终止条件。为了达到这一目的，考虑建立一个基准面，这个基准面就是切除的终止条件。于是，可以通过以下分解思路完成，如图 3-2 所示。

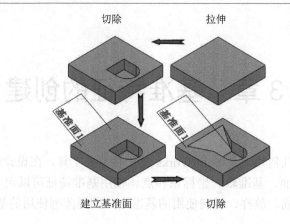

图 3-2　模型分析

3.1.3　操作步骤

(1)　新建零件。

启动 SolidWorks，单击【标准】工具栏中的【新建】按钮，建立一个 SolidWorks 新文件。

(2)　选择模板。

系统自动激活【新建 SolidWorks 文件】对话框，选择【零件】模板，如图 3-3 所示，然后单击【确定】按钮。

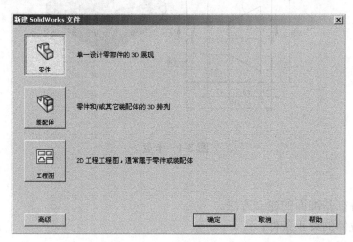

图 3-3　选择模板

(3)　保存文件。

按 Ctrl+S 组合键保存文件，如图 3-4 所示，将其命名为"卡盘"。单击【保存】按钮，系统将自动添加文件后缀".sldprt"。

(4)　进入草图绘制状态。

在 FeatureManager 设计树中单击【上视基准面】选项，在关联工具栏中单击【草图绘制】按钮，系统进入草图绘制状态，如图 3-5 所示。

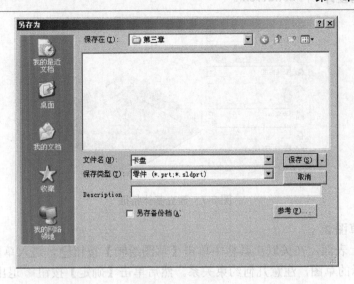

图 3-4　保存文件

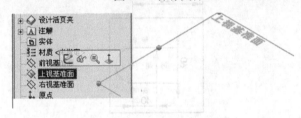

图 3-5　进入草绘绘制状态

(5) 绘制草图 1。

按 S 键，在 S 工具栏中单击【边角矩形】□下拉按钮 *，从弹出的下拉菜单中选择【中心矩形】命令□，绘制如图 3-6 所示的草图。定义两条相邻的边为"相等"几何约束关系。按 S 键，在 S 工具栏中单击【智能尺寸】按钮◇进行草图尺寸的标注，然后单击【确定】按钮✓，退出草图。

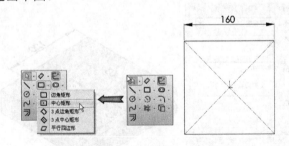

图 3-6　绘制草图 1

(6) 建立基体特征。

按 S 键，在 S 工具栏中单击【拉伸凸台/基体】按钮，激活【拉伸】属性管理器对话框。在【深度】文本框中输入"35.00mm"并回车，其他保持默认设置，如图 3-7 所示，然后单击【确定】按钮✓。

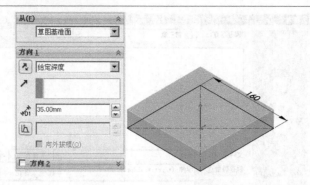

图 3-7　建立基体特征

(7)　绘制草图 2。

单击模型上表面，在关联工具栏中单击【草图绘制】按钮，进入草图绘制状态，绘制如图 3-8 所示的草图，注意几何约束关系。然后单击【确定】按钮退出草图。

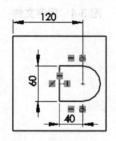

图 3-8　绘制草图 2

(8)　建立拉伸切除特征。

按 S 键，在 S 工具栏中单击【拉伸切除】按钮，激活【拉伸切除】属性管理器对话框，在【深度】文本框中输入"30.00mm"并回车，其他保持默认设置，如图 3-9 所示，然后单击【确定】按钮。

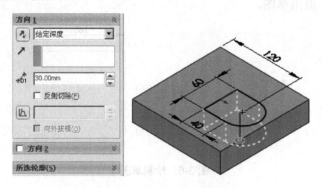

图 3-9　建立拉伸切除特征

(9)　建立辅助草图。

单击模型上表面，在关联工具栏中单击【草图绘制】按钮，进入草图绘制状态，绘制如图 3-10 所示的草图，注意几何约束关系。然后单击【确定】按钮退出草图。

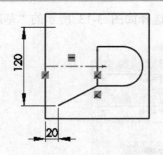

图 3-10   建立辅助草图

(10) 建立基准面。

按 S 键，在 S 工具栏中单击【参考几何体】按钮 ，选择【基准面】命令 ，激活【基准面】属性管理器对话框，在激活的【参考实体】列表框中选择如图 3-11 所示的实体边线和点，然后单击【确定】按钮 。

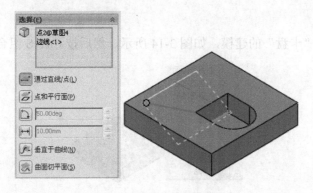

图 3-11   建立基准面

(11) 转化实体引用。

单击模型上表面，在关联工具栏中单击【草图绘制】按钮 ，进入草图绘制状态，利用【转化实体引用】命令 、【镜向实体】命令 、【直线】命令 绘制如图 3-12 所示的草图，注意几何约束关系。然后单击【确定】按钮 退出草图。

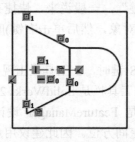

图 3-12   转化实体引用

(12) 建立拉伸切除。

按 S 键，在 S 工具栏中单击【拉伸切除】按钮 ，激活【拉伸切除】属性管理器对话框，单击【终止条件】 下拉按钮 ，从弹出的下拉列表中选择【成形到一面】选项，在激活的【面/平面】 列表框中选择如图 3-13 所示的"基准面 1"，其他保持默认，然后单击【确定】按钮 。

图 3-13　建立拉伸切除

(13) 完成模型。

至此，完成了"卡盘"的建模，如图 3-14 所示，然后按 Ctrl+S 组合键保存文件。

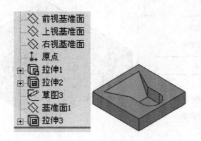

图 3-14　完成模型

3.1.4　步骤点评

(1) 对于步骤(4)：关联工具栏是在图形区域或 FeatureManager 设计树中单击项目时出现的一个工具栏，提供与该项目相关联的经常使用的一些命令。

而快捷菜单就是"右键快捷键"，一般说来，快捷菜单中包含关联工具栏。所不同的是，用户右击对象(或者已经选中对象，然后单击右键)时弹出快捷菜单，该快捷菜单中的工具更多。

(2) 对于步骤(5)：当用户按 S 键时，S 工具栏出现在光标位置附近，非常便于选择工具按钮，大大提高了设计效率。S 工具栏是 SolidWorks 2008 才有的新工具栏。

(3) 对于步骤(6)：基体特征是 FeatureManager 设计树中用户建立的第一个特征，此时已经确定了用户建立的模型的空间方位。因此建议用户在建立模型前认真考虑使用哪个默认基准面建立草图，等轴测效果更佳，如图 3-15 所示。

(4) 对于步骤(9)：草图不仅仅为了建立特征，还可以作为参考点或参考线为建立后续特征服务，甚至可以为将来零件装配提供定位参考。

(5) 对于步骤(10)：基准面的建立往往应用于不规则的实体或特征，尤其为复杂的模型提供了思路。

(6) 对于步骤(11)：在草图中，利用转化实体引用或等距实体命令提高了建模效率，另外，它形成的关联关系为参数的修改提供了便利。

(7) 对于步骤(12)：建立此特征的方法有很多，相比利用拉伸特征是一种较简单的方法。

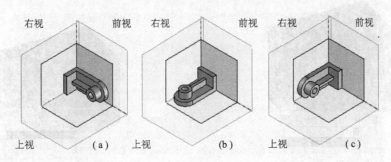

图 3-15 空间方位

3.1.5 知识总结

基准面是参考几何体的一种，应用相当广泛，比如草图的绘制平面、镜向特征、拔模中性面、生成剖面视图等。

草图需要绘制在平面上，SolidWorks 草图平面可以是系统提供的 3 个默认基准面、模型中的平面以及用户自建的基准面。如果用户在建立草图时没有合适的平面，可以手工建立适合自己的基准面。基准面的建立方法有以下 6 种。

(1)【通过直线/点】：通过空间三个点，或者一条直线和不在其上的空间点生成基准面，如图 3-16 所示。

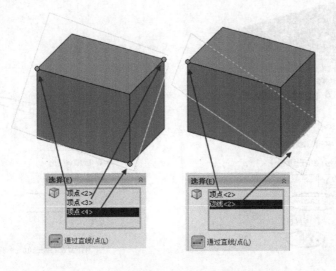

图 3-16 【通过直线/点】生成基准面

(2)【点和平行面】：通过一个空间点并平行于一个面生成基准面，如图 3-17 所示。

(3) 【两面夹角】 ：通过一条直线并与一个平面成指定的角度生成基准面，如图 3-18 所示。

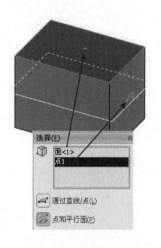

图 3-17　【点和平行面】生成基准面　　　　图 3-18　【两面夹角】生成基准面

(4) 【等距距离】：平行于已知平面生成等距面，可以同时生成多个等距面，如图 3-19 所示。

(5) 【垂直于曲线】：垂直于曲线生成基准面，如图 3-20 所示。此方法应用于弹簧的建立等。

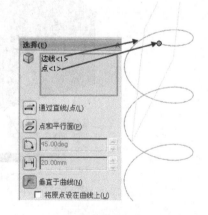

图 3-19　【等距距离】生成基准面　　　　图 3-20　【垂直于曲线】生成基准面

(6) 【曲面切平面】：生成相切于已知曲面的基准面，如图 3-21 所示。此方法应用于键槽的建立等。

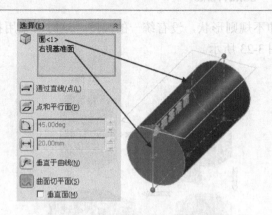

图 3-21 【曲面切平面】生成基准面

3.2 基 准 轴

3.2.1 案例介绍及知识要点

设计如图 3-22 所示的星形块零件。

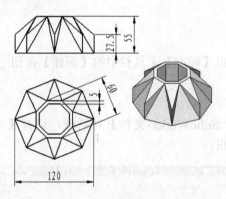

图 3-22 星形块

知识点：

- 理解零件建模思路。
- 掌握基准轴的建立方法。

3.2.2 模型分析

通过图 3-22 可知：

(1) 模型为星形体，周边的三角形实体围绕模型的轴心成圆周分布，那么采用方式为：设计一个三角形实体，然后采用圆周阵列的方法完成。

(2) 三角形实体为不规则形状，常规方法是采用放样或建立曲面等方法实现，这里使用一种简单的方法——【拉伸】命令来实现。

(3) 建立拉伸特征需要满足 3 个要求：草绘基准面、建立草图和拉伸高度。前两者不难实现，但由于是拉伸不规则形状，没有统一的高度，这时可采用拉伸终止条件里的【成形到一面】选项，如图 3-23 所示。

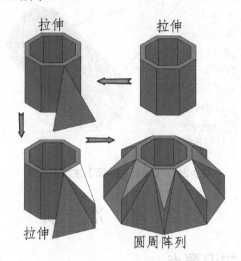

图 3-23　模型分析

3.2.3　操作步骤

(1) 建立零件。

启动 SolidWorks，单击【标准】工具栏中的【新建】按钮，建立一个 SolidWorks 新文件。

(2) 选择模板。

系统自动激活【新建 SolidWorks 文件】对话框，选择【零件】模板，如图 3-24 所示，然后单击【确定】按钮。

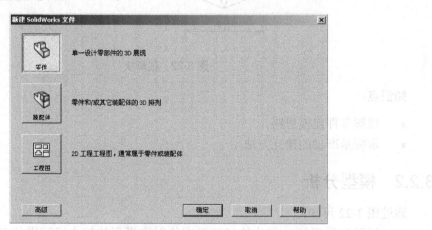

图 3-24　选择模板

(3) 保存文件。

按 Ctrl+S 组合键保存文件，如图 3-25 所示，命名为"星形块"，单击【保存】按钮，系统将自动添加文件后缀".sldprt"。

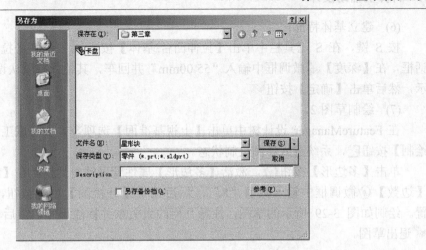

图 3-25　保存文件

（4）进入草图绘制状态。

在 FeatureManager 设计树中单击【上视基准面】选项◇，在关联工具栏中单击【草图绘制】按钮 ，系统进入草图绘制状态，如图 3-26 所示。

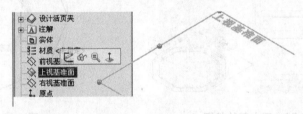

图 3-26　进入草绘状态

（5）绘制草图 1。

单击【多边形】按钮 ，激活【多边形】属性管理器对话框，在【参数】选项组中的【边数】微调框 中输入数值"8"并回车，选中【外接圆】单选按钮，其他保持默认设置。绘制如图 3-27 所示的草图，并标注尺寸，然后单击【确定】按钮 退出草图。

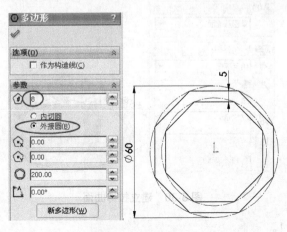

图 3-27　绘制草图 1

(6) 建立基体特征。

按 S 键，在 S 工具栏中单击【拉伸凸台/基体】按钮，激活【拉伸】属性管理器对话框，在【深度】微调框中输入"55.00mm"并回车，其他保持默认设置，如图 3-28 所示，然后单击【确定】按钮。

(7) 绘制草图 2。

在 FeatureManager 设计树中单击【上视基准面】选项，在关联工具栏中单击【草图绘制】按钮，系统进入草图绘制状态。

单击【多边形】按钮，激活【多边形】属性管理器对话框，在【参数】选项组中的【边数】微调框中输入数值"8"，然后选中【外接圆】单选按钮，其他保持默认设置。绘制如图 3-29 所示的草图，注意几何约束关系并标注尺寸，最后单击【确定】按钮退出草图。

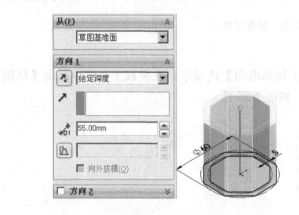

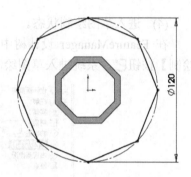

图 3-28　建立基体特征　　　　　　　　　图 3-29　绘制草图 2

(8) 建立拉伸曲面。

切换到【曲面】命令管理器中，单击【拉伸曲面】按钮，激活【拉伸曲面】属性管理器对话框。在【深度】微调框中输入"27.50mm"并回车，其他保持默认设置，如图 3-30 所示，然后单击【确定】按钮。

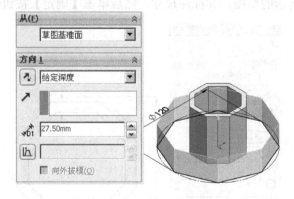

图 3-30　建立拉伸曲面

(9) 建立基准面 1。

按 S 键，在 S 工具栏中单击【参考几何体】按钮，选择【基准面】命令，激活【基准面】属性管理器对话框，在【参考实体】列表框中选择如图 3-31 所示的实体边线和点，然后单击【确定】按钮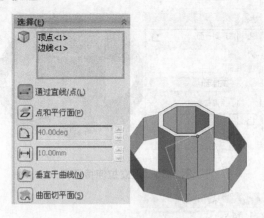。

图 3-31　建立基准面 1

(10) 绘制草图 3。

在 FeatureManager 设计树中单击【上视基准面】选项 ，在关联工具栏中单击【草图绘制】按钮 ，系统进入草图绘制状态。

按 S 键，在 S 工具栏中单击【直线】按钮 ，绘制如图 3-32 所示的草图，然后单击【确定】按钮 退出草图。

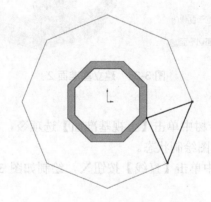

图 3-32　绘制草图 3

(11) 建立拉伸特征 1。

按 S 键，在 S 工具栏中单击【拉伸凸台/基体】按钮 ，激活【拉伸】属性管理器对话框。单击【终止条件】 下拉按钮 ，从弹出的下拉列表中选择【成形到一面】选项，在激活的【面/平面】 列表框中选择如图 3-33 所示的基准面，取消选中【合并结果】复选框，其他保持默认设置，然后单击【确定】按钮 。

(12) 建立基准面 2。

按 S 键，在 S 工具栏中单击【参考几何体】按钮 ，从关联工具栏中选择【基准面】命令 ，激活【基准面】属性管理器对话框。在【参考实体】列表框中选择如图 3-34 所示的实体边线和点，然后单击【确定】按钮 。

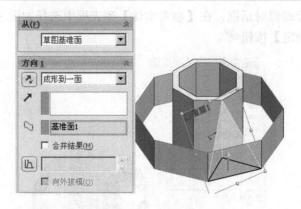

图 3-33   建立拉伸特征 1

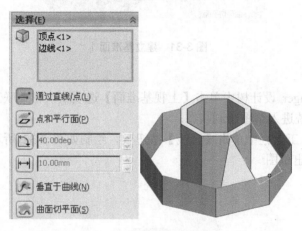

图 3-34   建立基准面 2

(13) 绘制草图 4。

在 FeatureManager 设计树中单击【上视基准面】选项◇，在关联工具栏中单击【草图绘制】按钮 ，系统进入草图绘制状态。

按 S 键，在 S 工具栏中单击【直线】按钮╲，绘制如图 3-35 所示的草图，然后单击【确定】按钮 退出草图。

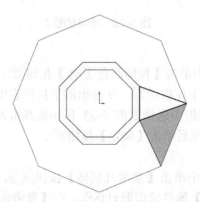

图 3-35   绘制草图 4

(14) 建立拉伸特征 2。

按 S 键，在 S 工具栏中单击【拉伸凸台/基体】按钮，激活【拉伸】属性管理器对话框。单击【终止条件】下拉按钮，从弹出的下拉菜单中选择【成形到一面】选项，激活【面/平面】列表框并选择如图 3-36 所示的基准面，取消选中【合并结果】复选框，其他保持默认设置，然后单击【确定】按钮。

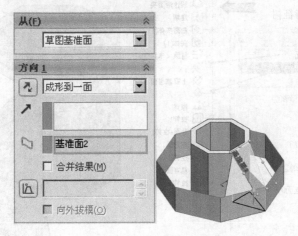

图 3-36　建立拉伸特征 2

(15) 隐藏辅助面。

在前导视图工具栏中，单击【隐藏/显示项目】按钮，在其下拉菜单中单击【观阅基准面】按钮，使基准面隐藏。

在 FeatureManager 设计树中单击【曲面实体】前的图标，展开文件夹，单击【曲面-拉伸】选项，在关联工具栏中单击【隐藏】按钮，如图 3-37 所示。

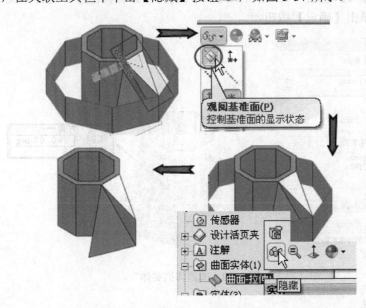

图 3-37　隐藏辅助面

(16) 建立基准轴。

按 S 键，在 S 工具栏中单击【参考几何体】按钮，选择【基准轴】命令，激活【基准面】属性管理器对话框。单击如图 3-38 所示的图标，展开特征树，在【参考实体】列表框中选择【前视基准面】和【右视基准面】选项，然后单击【确定】按钮。

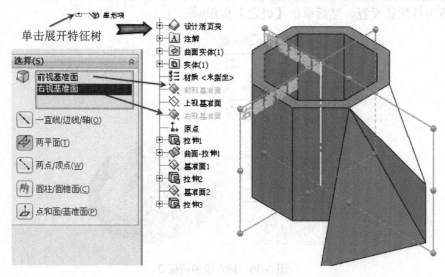

图 3-38　建立基准轴

(17) 圆周阵列实体。

单击【特征】命令管理器中的【线性阵列】下拉按钮，从弹出的下拉列表中选择【圆周阵列】选项，激活【圆周阵列】属性管理器对话框。激活【阵列轴】列表框，选择【基准轴1】选项，在激活的【要阵列的实体】列表框中选择如图 3-39 所示的两个实体，然后单击【确定】按钮。

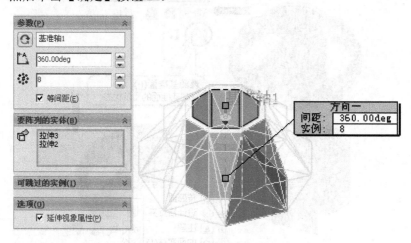

图 3-39　圆周阵列实体

(18) 组合实体。

单击【标准】工具栏中的【插入】|【特征】|【组合】按钮，激活【属性】属性管

理器对话框。选中【操作类型】选项组中的【添加】单选按钮，在激活的【要组合的实体】列表框 中选择如图 3-40 中的箭头所指的 17 个实体，然后单击【确定】按钮 。

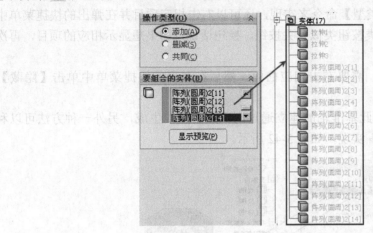

图 3-40 组合实体

(19) 完成模型。

至此，完成了模型的建立，如图 3-41 所示，然后按 Ctrl+S 组合键保存文件。

图 3-41 完成模型

3.2.4 步骤点评

(1) 对于步骤(8)：建立拉伸曲面仅仅用作参考，为后续建立的特征提供了相应的空间点或线。

(2) 对于步骤(10)：捕捉已有的空间点，绘制的三角形线条变黑，说明草图完全定义。建议草图的状态为完全定义，这样可以减少不必要的麻烦。

(3) 对于步骤(11)：取消选中【合并结果】复选框，可以把新建的特征转变为实体状态，SolidWorks 的多实体功能非常强大而且操作简单。如果此步骤和步骤(14)保持默认合并结果，后续的圆周阵列特征会遇到小小的麻烦。

(4) 对于步骤(15)：如果要隐藏基准面、基准轴或者草图等，有多种方法可以实现，可以借助前导工具栏中的【隐藏/显示项目】按钮，也可以通过选择【标准】工具栏中的【视图】|【隐藏所有类型】命令来实现，还可以右击相应项目并在弹出的快捷菜单中单击【隐藏】按钮。此类按钮类似开关按钮，换句话说，如果想显示相应的项目，再次单击该按钮即可实现。

但是对于隐藏曲面，需要右击相应曲面，然后在弹出的快捷菜单中单击【隐藏】按钮。

(5) 对于步骤(16)：此基准轴的建立通过两平面的交线生成，另外一种方法可以利用【点和面/基准面】选项实现，如图 3-42 所示。

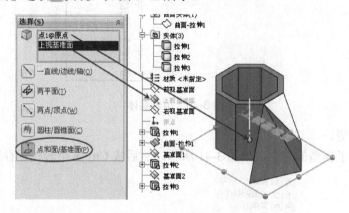

图 3-42 基准轴的建立

(6) 对于步骤(17)：【圆周阵列】命令可以阵列特征、面或实体，针对不同的场合使用不同的选项。在此如果使用阵列特征的选项，注定失败。

(7) 对于步骤(18)：根据此零件的特点，最后需要把多个实体组合为单个实体。根据不同的零件设计要求，有的零件为单实体，有的零件为多实体，如图 3-43 所示的密封圈为多实体零件，因为此零件由两种材料组成。

钢骨架　　　　橡胶碗

图 3-43 多实体零件

【组合】命令有 3 种操作方式，【添加】选项相当于布尔运算的并集，【删除】选项相当于布尔运算的减集，【共同】选项相当于布尔运算的交集。

3.2.5　知识总结

1. 基准轴

和基准面一样，基准轴是一种参考几何体，主要服务于其他特征(如圆周阵列)或建模中的某些特殊用途(如弹簧的中心轴线)，如图 3-44 所示。圆柱和圆锥面都含有一条轴线，在建立圆柱或圆锥时系统会自动生成基于圆柱或圆锥的临时轴线，这个轴线称为临时轴。

基准轴和临时轴的作用相同，用户可以通过如下几种方法建立基准轴。

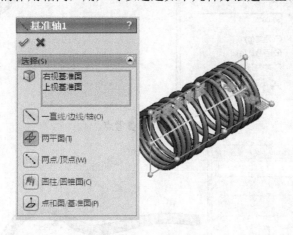

图 3-44　基准轴

(1)　【一直线/边线/轴】：通过一条草图直线、边线或轴建立基准轴。

(2)　【两平面】：通过两个平面，即两个平面的交线建立基准轴。

(3)　【两点/顶点】：通过两个点或模型顶点，也可以使用中点建立基准轴。

(4)　【圆柱/圆锥面】：通过圆柱面/圆锥面的轴线建立基准轴。

(5)　【点和面/基准面】：通过一个点和一个面(或基准面)，即通过点并垂直于给定的面或基准面建立基准轴。

2. 点

点是最基本的空间几何对象，通过点可以辅助生成线和面，另外，点也可以用作空间定位。创建参考点的方式有 5 种，如图 3-45 所示。

(1)　【圆弧中心】：在所选圆弧或圆的中心生成参考点。

(2)　【面中心】：选择平面或非平面，在所选面的引力中心生成一个参考点。

(3)　【交叉点】：在两个所选实体的交点处生成一个参考点。

(4)　【投影】：生成一个从一个实体投影到另一个实体的参考点。

(5)　【沿曲线距离或多个参考点】：沿边线、曲线或草图线段生成一组参考点。

3. 坐标系

坐标系可以与测量、质量属性工具一同使用，还可以用作表格驱动阵列的基准。建立坐标系的方法非常简单，如图 3-46 所示。

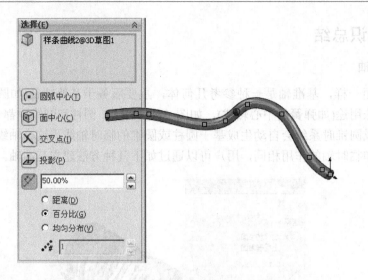

图 3-45 参考点

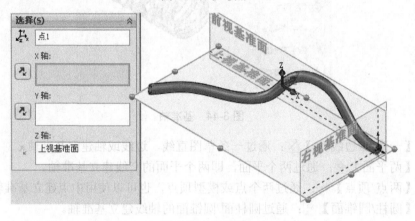

图 3-46 坐标系

3.3 理论练习

1. 每一个圆柱和圆锥体都有一条轴线。下列选项中_____是由模型中的圆锥和圆柱隐含生成的。

    A. 基准轴　　　　　　　　　　　　　　B. 线性轴

    C. 临时轴　　　　　　　　　　　　　　D. 参考轴

    答案：C

2. SolidWorks 中按住_____键选择已有基准面，拖动鼠标即可完成等距基准面的生成。

    A. Ctrl　　　　　　B. Alt　　　　　　C. Shift　　　　　　D. Tab

    答案：A

3. 以下_____可以定义基准轴。

A. 两点/顶点　　　　　　　　　B. 原点

C. 两平面　　　　　　　　　　D. 圆柱/圆锥面

答案：A、C、D

4. 根据所生成的几何体或模型几何体边界框的大小，生成的基准面和基准轴将自动调整大小。(T/F)

答案：T

3.4　实战练习

1. 在图 3-47 所示的模型中建立参考点、基准轴和基准面。

2. 在图 3-48 所示的模型中建立参考点、基准轴和基准面。

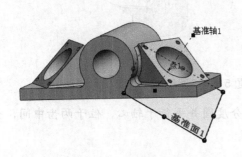

图 3-47　习题 1 图

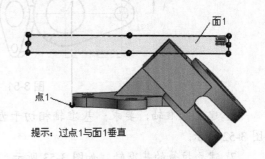

提示：过点1与面1垂直

图 3-48　习题 2 图

3. 在图 3-49 所示的模型中建立参考点、基准轴和基准面。

4. 建立如图 3-50 所示的模型。

提示：投影点

图 3-49　习题 3 图

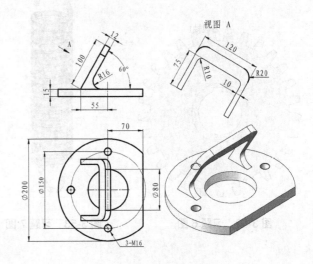

图 3-50　习题 4 图

5. 建立如图 3-51 所示的模型。

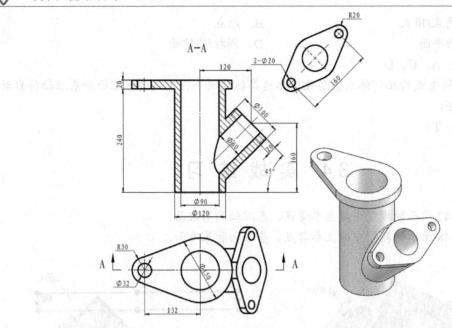

图 3-51　习题 5 图

6. 建立基准轴，要求：基准轴相切于齿轮分度圆并平行于轴心，位于两齿中间，如图 3-52 所示。

7. 建立拉簧的基准轴，如图 3-53 所示。

8. 建立底板的坐标系，如图 3-54 所示。

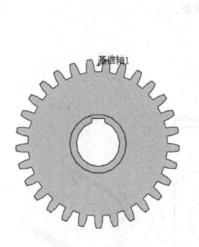

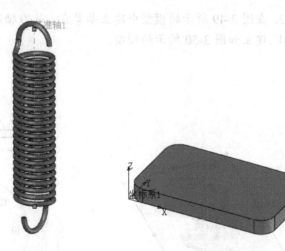

图 3-52　习题 6 图　　　　图 3-53　习题 7 图　　　　图 3-54　习题 8 图

第4章 拉伸、旋转、扫描和放样特征建模

拉伸、旋转、扫描和放样是 SolidWorks 三维设计中比较常用的 4 个特征命令。本章主要介绍这 4 个特征的概念和操作方法、如何建立参数化零件模型、零件的建模思路以及如何进行特征的编辑和修改。

4.1 拉　　伸

4.1.1 案例介绍及知识要点

利用拉伸特征建立如图 4-1 所示的导向座。

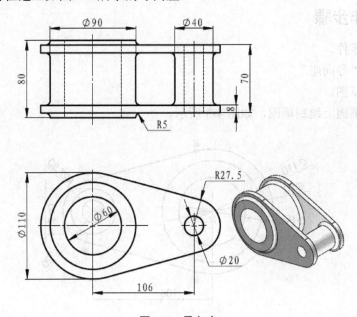

图 4-1　导向座

知识点：

- 了解拉伸特征各选项的功能。
- 掌握拉伸特征的操作方法。

4.1.2　模型分析

通过图 4-1，发现模型具有以下几个特点。

(1) 对主视图，模型成上下对称分布。

(2) 模型分解为 4 个特征：两个柱体和两个板体。

(3) 这 4 个特征均可采用拉伸特征完成。

于是，采用以下分解思路，如图 4-2 所示。

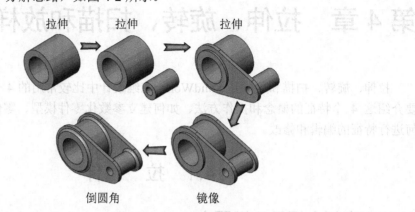

图 4-2　模型分析

4.1.3　操作步骤

(1) 新建零件。

新建零件"导向座"。

(2) 绘制草图。

在前视基准面上绘制草图，如图 4-3 所示。

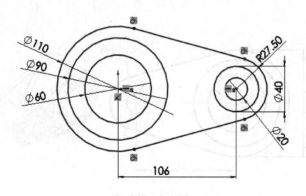

图 4-3　绘制草图

(3) 建立基体特征。

单击【特征】命令管理器，使【草图】工具栏切换到【特征】工具栏，单击【拉伸凸台/基体】按钮 ，激活【拉伸】属性管理器对话框，此时鼠标附近出现【共享草图】图示 。在激活的【所选轮廓】列表框中选择如图 4-4 箭头所示的草图区域，在【终止条件】下拉列表框中选择【两侧对称】选项，在【深度】微调框 中输入"80.00mm"并回车，如图 4-4 所示，然后单击【确定】按钮 。

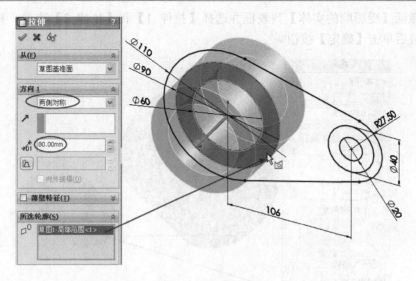

图 4-4　建立基体特征

(4) 显示共享"草图 1"。

单击 FeatureManager 设计树中基体特征【拉伸 1】前的图示⊞，显示出共享"草图 1"。单击【草图 1】，在关联工具栏中单击【显示】按钮，使隐藏的草图显示出来，如图 4-5 所示。

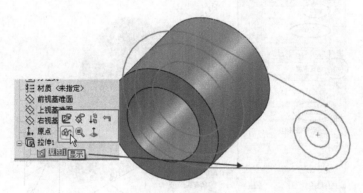

图 4-5　共享草图

(5) 建立拉伸特征 1。

单击【草图 1】，使草图成启动状态，按 S 键，在 S 工具栏中单击【拉伸凸台/基体】按钮，激活【拉伸】属性管理器对话框，选择如图 4-6 箭头所示的草图区域，并设置相应的参数。然后单击【确定】按钮。

(6) 建立拉伸特征 2。

单击【草图 1】，按 S 键，在 S 工具栏中单击【拉伸凸台/基体】按钮，激活【拉伸】属性管理器对话框。选择如图 4-7 箭头所示的草图区域，在【开始条件】下拉列表框中选择【等距】选项，在【输入等距值】微调框中输入数值"35.00mm"并回车，在【终止条件】下拉列表框中选择【给定深度】选项，在【深度】微调框中输入数值"8.00mm"并回车。如有必要，单击【反向】按钮，在【特征范围】选项组中选中【所选实体】单选按钮，激活【受影响的实体】列表框并选择【拉伸 1】和【拉伸 2】选项，其他保持默认设置，最后单击【确定】按钮。

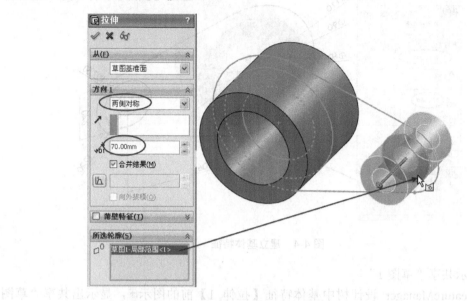

图 4-6　建立拉伸特征 1

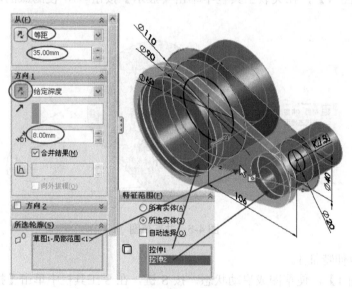

图 4-7　建立拉伸特征 2

(7) 镜向特征。

在【特征】命令管理器中单击【镜向】按钮，激活【镜向】属性管理器对话框。手动展开 FeatureManager 设计树，激活【镜向面/基准面】列表框并选择【前视基准面】选项，激活【要镜向的特征】列表框并选择【拉伸 3】选项，如图 4-8 所示，然后单击【确定】按钮。

单击【草图 1】，在关联工具栏中单击【隐藏】按钮，使显示的草图 1 再次隐藏。

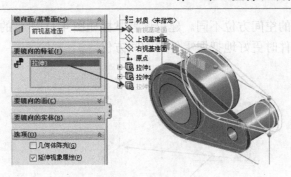

图 4-8   镜向特征

(8) 生成圆角。

在【特征】命令管理器中单击【圆角】按钮 ，激活【圆角】属性管理器对话框。在【半径】微调框 中输入数值 "5.00mm" 并回车，在激活的【边线、面、特征和环】列表框 中选择如图 4-9 所示的面和边线，其他保持默认设置，然后单击【确定】按钮 。

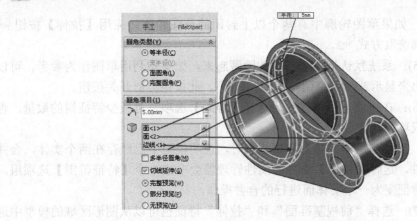

图 4-9   生成圆角

(9) 完成模型。

至此，完成 "导向座" 的建模，如图 4-10 所示，然后按 Ctrl+S 组合键保存文件。

图 4-10   完成模型

4.1.4 步骤点评

(1) 对于步骤(2)：零件设计的第一个草图基准面相当重要。因为选择不同的基准面绘制相同的草图，模型的空间方位不同。建议读者掌握如图 4-11 所示的 3 个默认基准面的空间位置，以便设计零件时更好地把握零件的空间方位。

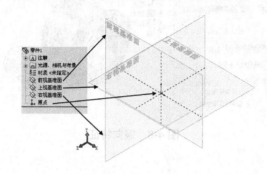

图 4-11　基准面空间位置

(2) 对于步骤(4)：在拉伸终止条件处，选择【两侧对称】选项，是设计对称零件的方法之一。

【所选轮廓】：如果草图轮廓中有两个以上封闭的草图轮廓，应用【拉伸】按钮后，鼠标显示为轮廓选取方式。

(3) 对于步骤(5)：系统默认把特征的草图隐藏起来，如果想利用草图作为参考，可以把隐藏的草图显示出来显示或隐藏草图都使用按钮，此按钮类似开关按钮。

(4) 对于步骤(6)：在拉伸开始条件处，选择【等距】选项，可减少特征树的数量，否则需要建立基准面或草图。

【特征范围】：当两个拉伸特征为分离状态时，说明模型中已经存在两个实体，合并操作会有多种可能性，这时【拉伸】命令的属性管理器会多出一个【特征范围】选项组，设定新产生的拉伸特征变为一个实体而进行的合并操作。

(5) 对于步骤(7)：选择"前视基准面"和"拉伸"特征也可以从图形区域的模型中选择，但有时候从特征树中选择更方便。

此零件为对称零件，可采用草图两侧对称拉伸和镜向特征的思路。这里总结一下针对对称零件的设计方法。

● 草图层次：利用原点设定为草图中点或者对称约束。

● 特征层次：草图两侧对称拉伸或镜向。

(6) 对于步骤(8)：圆角可以在线、面、环、特征上生成。

(7) 对于步骤(9)：对于完成的草图或者特征，可以再次编辑，如图 4-12 所示。

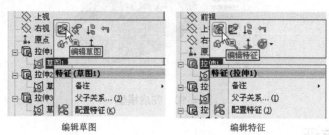

图 4-12　草图或特征的编辑

4.1.5　知识总结

拉伸特征是将整个草图或草图中的某个草图轮廓沿一定方向延伸一段距离后所形成的特征。拉伸特征是 SolidWorks 模型中最常见的类型，具有相同截面、有一定长度的实体，如方体、圆柱体等都可以由拉伸特征来形成。

1)　拉伸特征的类型

用户可以建立拉伸的凸台、切除、拉伸的薄壁和拉伸曲面，如图 4-13 所示。

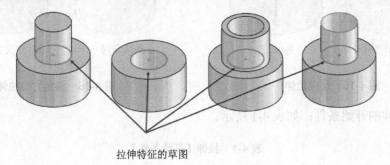

拉伸特征的草图

图 4-13　拉伸特征的类型

2)　【拉伸】属性管理器对话框

在【拉伸】属性管理器对话框中可以编辑或修改拉伸的各个选项参数，如图 4-14 所示。

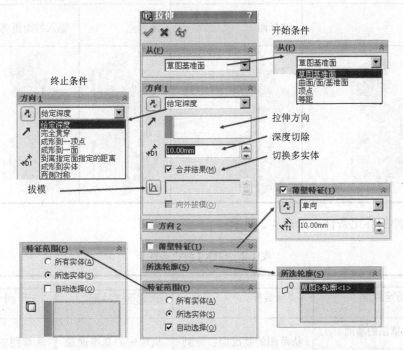

图 4-14　【拉伸】属性管理器对话框

3)　拉伸特征选项的设置

(1)　【反向】：与目前所示的方向成相反的方向，如图 4-15 所示。

(2) 【拉伸方向】：对图形区域中指定方向向量进行拉伸，如图 4-16 所示。

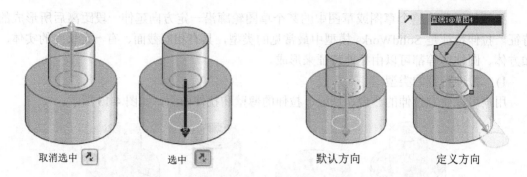

取消选中	选中	默认方向	定义方向

图 4-15 反向拉伸　　　　　　　　图 4-16 指定方向拉伸

(3) 拉伸的开始条件：如表 4-1 所示。

表 4-1 拉伸【开始条件】

开始条件	草图基准面	曲面/面/基准面	顶点	等距
功能	从草图的基准面开始拉伸	从曲面/面/基准面开始拉伸	从顶点开始拉伸	从与当前草图基准面等距开始拉伸
操作说明		选择面	选择点	输入等距距离
图例说明				

(4) 拉伸的终止条件：如表 4-2 所示。

表 4-2 拉伸【终止条件】

结束条件	给定深度	完全贯穿	成形到下一面	成形到一顶点
功能	从草图的基准面拉伸到指定的距离	从草图的基准面拉伸到贯穿所有现有的几何体	从草图的基准面拉伸到相邻的下一面	从草图的基准面拉伸到一指定的点
操作说明	输入深度值		选择基准面的相邻面	选择点

图例说明			
结束条件	成形到一面	到离指定面指定的距离 ▼	成形到实体	两侧对称
功能	从草图的基准面拉伸特征到一个要拉伸到的面或基准面	从草图的基准面拉伸特征到一个面或基准面指定距离平移处	从草图的基准面拉伸特征到指定的实体	从草图的基准面开始沿正负两个方向拉伸特征
操作说明	选择面	选择面并输入距离	选择实体	选择【两侧对称】
图例说明			

(5)　【拔模】：用于给定拉伸特征的拔模斜度，如图 4-17 所示。

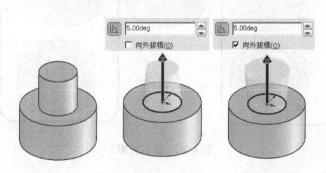

图 4-17　拔模

(6) 【反侧切除】：移除轮廓外所有材料，如图 4-18 所示。

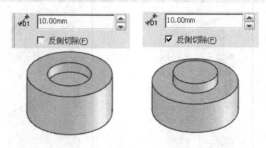

图 4-18   反侧切除

(7) 【薄壁特征】：拉伸的薄壁体，如图 4-19 所示。

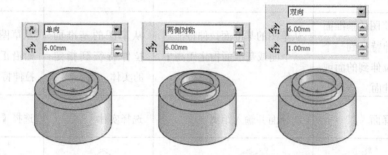

图 4-19   薄壁特征

(8) 【所选轮廓】 $\square^0$：允许使用部分草图生成拉伸特征，如图 4-20 所示。

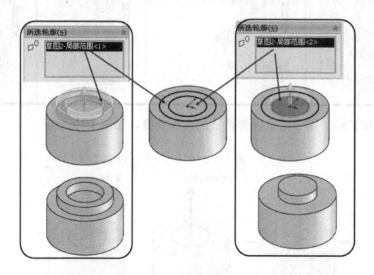

图 4-20   选取轮廓

(9) 【特征范围】：模型中存在至少两个实体时，此选项组被启动，用于设定新产生的拉伸特征和其他的实体发生作用的操作，如图 4-21 所示。

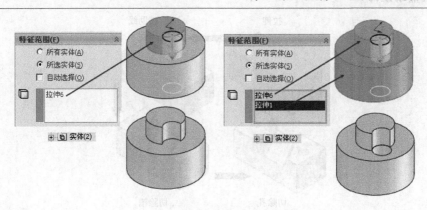

图 4-21 特征范围的选取

4.2 拉 伸 切 除

4.2.1 案例介绍及知识要点

设计如图 4-22 所示的 V 型滑座。

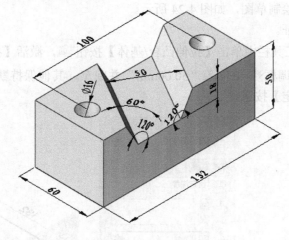

图 4-22 V 型滑座

知识点：

● 掌握拉伸方向的用法。

● 了解辅助草图的作用。

4.2.2 模型分析

通过图 4-22，发现模型具有以下几个特点。

(1) 模型为四方体，可以采用【拉伸】命令实现。

(2) 切除部分可以用【拉伸切除】命令来实现，对于切除斜的 V 型槽部分可利用【拉伸方向】选项来完成，如图 4-23 所示。

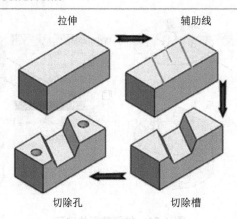

图 4-23　模型分析

4.2.3　操作步骤

（1）新建零件。

新建零件"V 型滑座"。

（2）绘制草图。

在上视基准面上绘制草图，如图 4-24 所示。

（3）建立基体特征。

按 S 键，在 S 工具栏中单击【拉伸凸台/基体】按钮 ，激活【拉伸】属性管理器对话框，在【深度】微调框 D1 中输入"50.00mm"并回车，其他保持默认设置，如图 4-25 所示。然后单击【确定】按钮 。

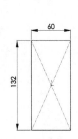

图 4-24　绘制草图

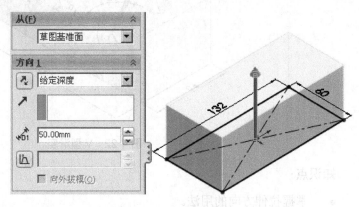

图 4-25　建立基体特征

（4）建立辅助草图。

单击模型上表面，在关联工具栏中单击【草图绘制】按钮 ，进入草图绘制状态，绘制如图 4-26 所示的草图，注意三条线相互平行且距离相等。然后单击【确定】按钮 退出草图。

（5）绘制草图 1。

单击模型右表面，在关联工具栏中单击【草图绘制】按钮 ，进入草图绘制状态，绘制如图 4-27 所示的草图，注意草图实体为左右对称。然后单击【确定】按钮 ✅ 退出草图。

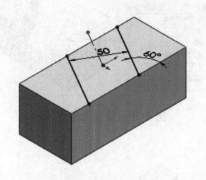

图 4-26　建立辅助草图

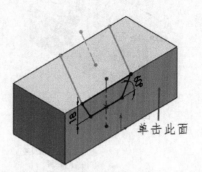

图 4-27　绘制草图 1

（6）建立拉伸切除 1。

启动草图，按 S 键，在 S 工具栏中单击【拉伸切除】按钮 ⬜，激活【拉伸切除】属性管理器对话框。单击【终止条件】🔽 下拉按钮 🔻，从弹出的下拉列表中选择【成形到下一面】选项，在激活的【拉伸方向】列表框 ↗ 中选择如图 4-28 箭头所示的草图直线，其他保持默认设置，然后单击【确定】按钮 ✅。

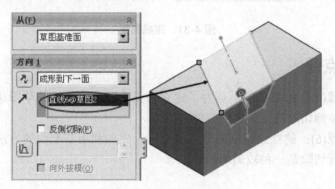

图 4-28　建立拉伸切除 1

（7）绘制草图 2。

单击模型上表面，在关联工具栏中单击【草图绘制】按钮 📝，进入草图绘制状态，绘制如图 4-29 所示的草图，注意草图实体为左右对称。单击【确定】按钮 ✅ 退出草图。

（8）建立拉伸切除 2。

激活草图，按 S 键，在 S 工具栏中单击【拉伸切除】按钮 ⬜，激活【拉伸切除】属性管理器对话框，单击【终止条件】🔽 下拉按钮 🔻，从弹出的下拉列表中选择【成形到下一面】选项，其他保持默认设置，如图 4-30 所示。然后单击【确定】按钮 ✅。

（9）完成模型。

至此，完成模型的建立，如图 4-31 所示，然后按 Ctrl+S 组合键保存文件。

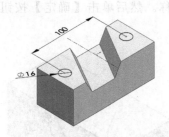

图 4-29　绘制草图 2

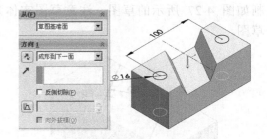

图 4-30　建立拉伸切除 2

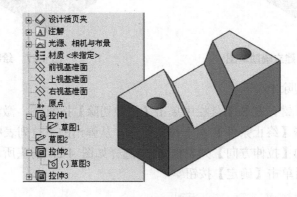

图 4-31　完成模型

4.2.4　步骤点评

(1) 对于步骤(4)：绘制草图不是为了建立特征，而是为后续的草图建立提供参考点，同时也是为了在拉伸切除特征中提供拉伸方向。

(2) 对于步骤(6)：建立此特征的方法有很多，比如利用基准面的方法等，相比之下，利用拉伸方向进行切除是一种较简单的方法。

4.2.5　知识总结

在 SolidWorks 中，拉伸方向不仅仅限于草图的绘制平面的法线方向，而是可以选任意一个直线方向，如图 4-32 所示。

图 4-32　拉伸方向

常用的直线方向设定方法如表 4-3 所示。

表 4-3　拉伸方向

直线方向设定方法	说　明
直线	选取模型上的直线边、基准轴、草图直线，其方向为直线方向
平面法向	选取一个模型平面或者基准面，其方向为直线方向
两点	选取两个模型顶点或基准点，其联机方向为直线方向
规则旋转体的轴线	选取圆柱面或圆锥面，其回转轴线为直线方向

4.3　旋　　转

4.3.1　案例介绍及知识要点

使用旋转特征建立如图 4-33 所示的零件。

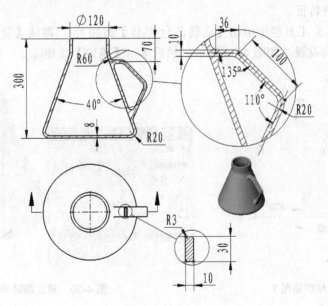

图 4-33　水壶

知识点：

● 理解零件建模思路。

● 掌握扫描特征的操作方法。

4.3.2　模型分析

通过图 4-33 所示，发现模型具有以下几个特点。

(1) 模型主体为旋转体，可以采用【旋转】命令来实现。

(2) 模型手柄可以采用【扫描】命令实现，如图 4-34 所示。

| 旋转 | 切除 | 扫描 | 倒圆角 |

图 4-34　模型分析

4.3.3　操作步骤

(1)　新建零件。

新建零件"水壶"。

(2)　绘制草图 1。

在前视基准面绘制草图，如图 4-35 所示。

(3)　建立旋转特征。

按 S 键，在 S 工具栏中单击【旋转凸台/基体】按钮，激活【旋转 1】属性管理器对话框，保持默认设置，如图 4-36 所示，然后单击【确定】按钮。

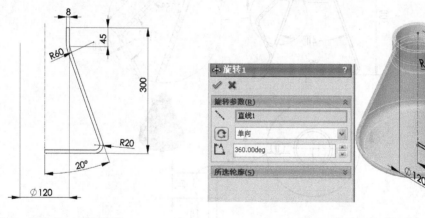

图 4-35　绘制草图 1　　　　　　　　　　图 4-36　建立旋转特征

(4)　绘制草图 2。

在 FeatureManager 设计树中单击【前视基准面】选项，在关联工具栏中单击【草图绘制】按钮，系统进入草图绘制状态，绘制如图 4-37 所示的草图，并进行草图尺寸的标注。

(5)　绘制草图 3。

在 FeatureManager 设计树中单击【右视基准面】选项，在关联工具栏中单击【草图绘制】按钮，系统进入草图绘制状态，绘制如图 4-38 所示的草图，并与图 4-37 所示的草图约束为"穿透"的几何约束关系。

(6)　建立扫描特征。

单击【扫描】按钮，激活【扫描 1】属性管理器对话框，在激活的【轮廓和路径】

选项组中分别选择如图 4-39 所示的【草图 3】及【草图 2】。注意要取消选中【选项】选项组中的【合并结果】复选框，然后单击【确定】按钮 ✓。

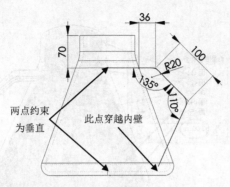

图 4-37　绘制草图 2

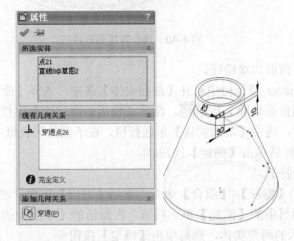

图 4-38　绘制草图 3

图 4-39　建立扫描特征

(7) 建立等距曲面特征。

切换到【曲面】工具栏，单击【等距曲面】按钮 🔲，激活【等距曲面】属性管理器对话框，在激活的【等距参数】列表框中选择如图 4-40 箭头所示的【面<1>】、【面<2>】、【面<3>】、【面<4>】、【面<5>】。注意【等距距离】设为"0.00mm"，然后单击【确定】按钮。

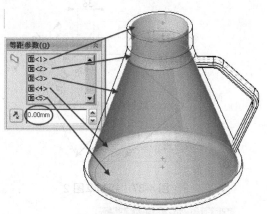

图 4-40　建立等距曲面特征

(8)　建立使用曲面切除特征。

在 FeatureManager 设计树中展开【曲面实体】选项，选择【曲面-等距 1】选项，在工具栏中单击【使用曲面切除】按钮，激活【使用曲面切除】属性管理器对话框。在【特征范围】选项组中，选中【所选实体】单选按钮，在下面的列表框中选择如图 4-41 箭头所示的【扫描 1】，然后单击【确定】按钮。

(9)　建立组合特征。

选择【插入】|【特征】|【组合】命令，激活【组合】属性管理器对话框，保持只选中【操作类型】选项组中的【添加】单选按钮，在激活的【要组合的实体】列表框中选择如图 4-42 箭头所示的两个实体，然后单击【确定】按钮。

图 4-41　建立使用曲面切除特征

图 4-42　建立组合特征

(10) 建立圆角特征。

按 S 键，在 S 工具栏中单击【圆角】按钮，激活【圆角】属性管理器对话框。在【圆角项目】选项组中的【半径】微调框中输入"10.00mm"并回车，激活【边线、面、特征和环】列表框🗔并选择如图 4-43 箭头所示的【边线<1>】及【边线<2>】，其他保持默认设置，然后单击【确定】按钮✅。

(11) 完成模型。

至此，完成零件的建模，如图 4-44 所示，然后按 Ctrl+S 组合键保存文件。

图 4-43　建立圆角特征

图 4-44　完成模型

4.3.4　步骤点评

(1) 对于步骤(2)：使用【等距实体】命令相对来说效率比较高；对于直径为 120mm 的尺寸，尺寸线穿过构造线就为直径显示，否则为半径值。

(2) 对于步骤(4)：草图中"两点约束为竖直"对扫描特征来说，可以省略建立草图轮廓的基准面，直接利用默认基准面即可；"此点穿越内壁"防止扫描结束面不与旋转面完全相贯。

(3) 对于步骤(5)：有时"重合"的几何关系也可以达到穿透的效果，但建议读者在建立扫描轮廓草图时，最好与扫描路径建立"穿透"的几何关系。

(4) 对于步骤(6)：取消选中【合并结果】复选框是为了建立多实体零件。

(5) 对于步骤(7)：利用【等距曲面】命令可以复制模型的表面。

(6) 对于步骤(8)：利用【使用曲面切除】命令比较方便，因为不需要建立草图。另外一种常规方法就是建立草图，然后旋转切除，如图 4-45 所示。

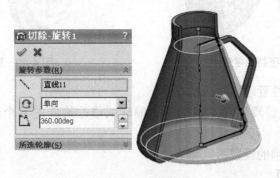

图 4-45　旋转切除

(7) 对于步骤(9)：利用【组合】命令，可以把多个实体合并为单个实体。

(8) 对于步骤(10)：选中【圆角】属性管理器中的【切线延伸】复选框，SolidWorks可以自动把相切的边线倒圆角。

4.3.5 知识总结

旋转特征是轮廓围绕一个轴旋转一定角度而得到的特征。旋转特征的草图中包含一条中心线，草图轮廓以该中心线为轴旋转。另外，也可以选择草图中的直线作为旋转轴建立旋转特征，轮廓不能与中心线交叉。如果草图包含一条以上中心线，用户则需要指定旋转轴的中心线。

(1) 旋转特征的应用。

旋转特征可以理解为机械加工中的车削加工，大多数轴、盘类零件可以使用旋转特征来建立。设计中常用旋转特征完成以下零件的建模。

- 球或含有球面的零件，如图 4-46 所示。
- 有多个台阶的轴、盘类零件，如图 4-47 所示。为了更好地结合加工工艺，此类零件的每一道加工工序最好使用一个旋转切除特征来完成。

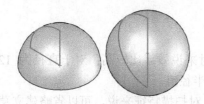

图 4-46 球面零件

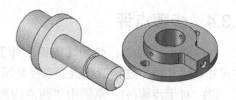

图 4-47 轴、盘类零件

- "O"型密封圈等，如图 4-48 所示。
- 侧轮廓复杂的轮毂类零件，如图 4-49 所示。

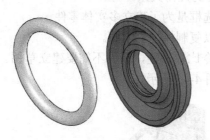

图 4-48 密封圈零件

图 4-49 轮毂类零件

(2) 【旋转】属性管理器对话框。

在【旋转】属性管理器对话框中可以编辑或修改旋转的各个选项参数，如图 4-50 所示。

(3) 旋转特征选项的设置。

- 【旋转参数】
    - 【旋转轴】：选择一个进行特征旋转所绕的轴。根据所生成的旋转特征的类型，此轴可为中心线、直线或边线，如图 4-51 所示。

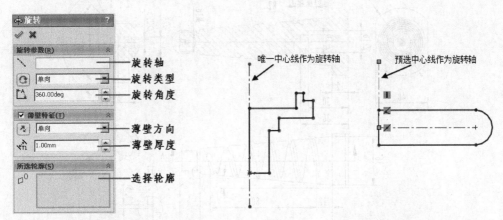

图 4-50　【旋转】属性管理器对话框　　　　　　　图 4-51　旋转参数

- ◆ 【旋转类型】 ⬤：定义草图基准面旋转方向，如表 4-4 所示。
- ◆ 【角度】 🔼：定义旋转角度。默认的角度为 360°，角度以顺时针方向从所选草图开始测量。
- ● 【薄壁特征】：在【类型】下拉列表框中定义厚度的方向，在【方向厚度】微调框 🔼 中输入所需要的厚度。
- ● 【所选轮廓】 ⬜⁰：在图形区域中选择轮廓来生成旋转特征。

表 4-4　旋转特征

旋转类型	旋转实体			旋转薄壁		
	单向	两侧对称	双向	单向	两侧对称	双向
功能	生成回转体特征					
操作说明	具有 3 个要素：草图、角度、旋转轴					
图例说明	中性面	中性面	中性面	中性面	中性面	中性面

4.4　扫　描

4.4.1　案例介绍及知识要点

设计如图 4-52 所示的锥形轴。

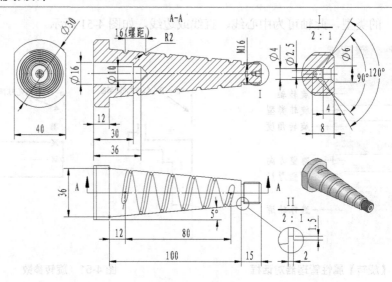

图 4-52　锥形轴

知识点：

- 理解零件建模思路。
- 掌握扫描的操作方法。

4.4.2　模型分析

通过图 4-52，发现模型具有以下几个特点。

(1)　模型为圆锥形，可以采用【旋转】命令实现。

(2)　锥形表面为螺旋槽，可以先生成相应的路径，然后使用扫描切除的方法来实现。
于是，采用以下分解思路，如图 4-53 所示。

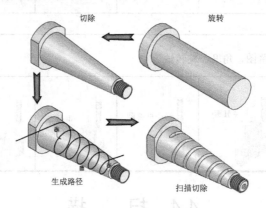

图 4-53　建模思路

4.4.3　操作步骤

(1)　新建零件。

新建零件"锥形轴"。

(2)　绘制草图 1。

在前视基准面上绘制草图，如图 4-54 所示。

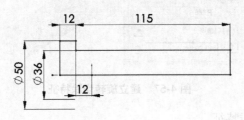

图 4-54　绘制草图 1

(3)　建立基体特征。

激活草图，按 S 键，在 S 工具栏中单击【拉伸凸台/基体】下拉按钮，从下拉菜单中选择【旋转凸台/基体】命令，激活【旋转】属性管理器对话框，如图 4-55 所示，保持默认，然后单击【确定】按钮。

图 4-55　建立基体特征

(4)　绘制草图 2。

单击【前视基准面】选项，在关联工具栏中单击【草图绘制】按钮，进入草图绘制状态。在【草图】命令管理器中绘制如图 4-56 所示的草图，并单击【智能尺寸】按钮进行草图尺寸的标注，然后单击【退出草图】按钮。

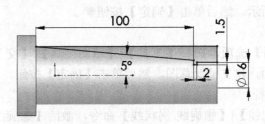

图 4-56　绘制草图 2

(5)　建立旋转切除特征。

激活草图，按 S 键，在 S 工具栏中单击【拉伸切除】下拉按钮，从弹出的下拉菜单中选择【旋转切除】命令，激活【切除-旋转 1】对话框并保持默认设置，如图 4-57 所示，然后单击【确定】按钮。

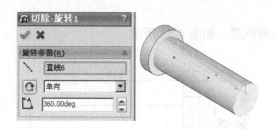

图 4-57　建立旋转切除特征

（6）建立装饰螺纹线特征。

选择【插入】|【注解】|【装饰螺纹线】命令 ，激活【装饰螺纹线】属性管理器。在【圆形边线】列表框 中选择如图 4-58 所示的边线，单击【终止条件】下拉按钮 ，从其下拉列表中选择【成形到下一面】选项，在【次要直径】微调框 中输入数值"14.00mm"并回车，然后单击【确定】按钮 。

（7）绘制草图。

单击【右视基准面】选项，在关联工具栏中单击【草图绘制】按钮 ，进入草图绘制状态，绘制如图 4-59 所示的草图，然后单击【退出草图】按钮 。

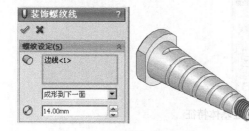

图 4-58　建立装饰螺纹线特征

图 4-59　绘制草图

（8）建立切除特征。

按 S 键，在 S 工具栏中单击【拉伸切除】按钮 ，激活【拉伸 1】属性管理器对话框，单击【终止条件】 下拉按钮 ，从打开的下拉列表中选择【完全贯穿】选项，注意切除方向，如图 4-60 所示。然后单击【确定】按钮 。

（9）建立辅助草图。

选中【右视基准面】选项，选择【工具】|【草图工具】|【交叉曲线】命令 ，单击如图 4-61 所示的锥形面，建立辅助草图，然后单击【确定】按钮。

（10）建立螺旋线特征。

选择【插入】|【曲线】|【螺旋线/涡状线】命令，激活【螺旋线/涡状线】属性管理器对话框，单击【定义方式】下拉按钮 ，从打开的下拉列表中选择【高度和螺距】选项，在【高度】微调框中输入"80.00mm"并回车，在【螺距】微调框中输入"16.00mm"并回车，在【起始角度】微调框 中输入"90.00deg"并回车。选中【锥形螺旋线】复选框，在【锥形角度】微调框 中输入"5.00deg"并回车，其他保持默认设置，然后单击【确定】按钮 ，如图 4-62 所示。

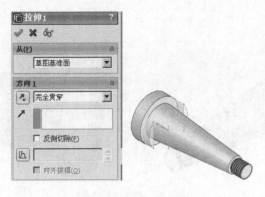

单击此锥形面

图 4-60　建立切除特征　　　　　　　　　　图 4-61　建立辅助草图

(11) 建立 3D 草图。

单击【草图绘制】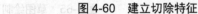下拉按钮▼，从其下拉菜单中选择【3D 草图】命令，进入 3D 草图绘制状态。选中螺旋线，单击【转换实体应用】按钮，单击【直线】按钮，分别捕捉螺旋曲线的两个端点，绘制两条直线，并约束螺旋线与直线相切，如图 4-63 所示。然后单击【确定】按钮。

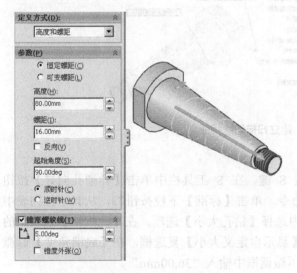

绘制两条直线

图 4-62　建立螺旋线特征　　　　　　　　　图 4-63　建立 3D 草图

(12) 建立基准面。

按 S 键，在 S 工具栏中单击【参考几何体】按钮，选择【基准面】命令，激活【基准面】属性管理器对话框。在【选择】选项组中选择【垂直于曲面】选项，在【参考实体】列表框中选择如图 4-64 所示的草图实体和点，然后单击【确定】按钮。

(13) 草图绘制。

在特征树中单击上一步建立的基准面，在关联工具栏中单击【草图绘制】按钮，进入草图绘制状态，绘制如图 4-65 所示的草图，注意几何约束关系，然后单击【确定】按钮。

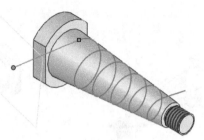
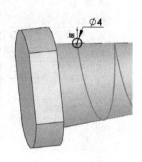

图 4-64　建立基准面　　　　　　　　　　　　　图 4-65　草图绘制

(14) 建立扫描切除特征。

按 S 键，在 S 工具栏中单击【拉伸切除】 的下拉按钮 ，选择【扫描切除】命令 ，激活【切除-扫描 1】属性管理器。在【轮廓】列表框 和【路径】列表框 中分别选择如图 4-66 所示的草图，然后单击【确定】按钮 。

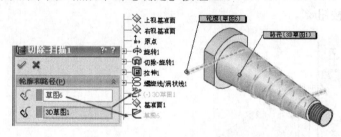

图 4-66　建立扫描切除特征

(15) 建立异型孔特征。

单击模型表面，如图 4-67 所示，按 S 键，在 S 工具栏中单击【异型孔向导】按钮 ，在【孔类型】选项组中选择【孔】命令，单击【标准】下拉按钮 ，从其下拉列表中选择 GB 标准，在【类型】下拉列表框中选择【钻孔大小】选项，在【孔规格】选项组的【大小】下拉列表框中选择φ10.0。选中【显示自定义大小】复选框，在【底端角度】 微调框中输入"90deg"，在【盲孔深度】 微调框中输入"36.00mm"。

切换到【位置】选项卡，按键盘上的 Esc 键退出点命令状态，建立点与边线为"同心"的几何约束关系，再单击【确定】按钮 。

(16) 建立异型孔特征。

同理，在相同的面上建立异型孔特征，参数设置如图 4-68 所示。

(17) 绘制草图。

单击【前视基准面】选项，在关联工具栏中单击【草图绘制】按钮 ，系统进入草图绘制状态，绘制如图 4-69 所示的草图，然后单击【确定】按钮 。

(18) 建立旋转切除特征。

按 S 键，在 S 工具栏中单击【拉伸切除】 下拉按钮 ，从其下拉菜单中选择【旋转切除】命令 ，然后单击【确定】按钮 ，如图 4-70 所示。

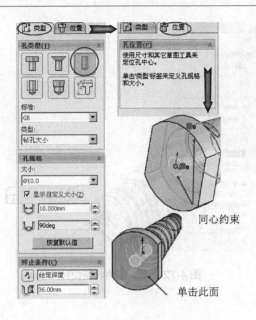

同心约束

单击此面

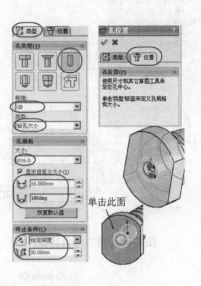

单击此面

图 4-67　建立异型孔特征

图 4-68　建立异型孔特征

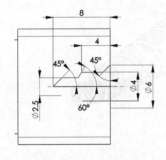

图 4-69　绘制草图

图 4-70　建立旋转切除特征

(19) 建立倒角特征。

按 S 键，在 S 工具栏中单击【圆角】 下拉按钮，从其下拉菜单中选择【倒角】命令 ，激活【倒角 1】属性管理器对话框。在【边线和面或顶点】 列表框中选择如图 4-71 所示的实体边线，在【距离】 微调框中输入"2.00mm"并回车，然后单击【确定】按钮 。

(20) 建立倒角特征。

按 S 键，在 S 工具栏中单击【圆角】 下拉按钮，从其下拉菜单中选择【倒角】选项 ，激活【圆角 2】属性管理器对话框。在【边线和面或顶点】 列表框中选择如图 4-72 所示的实体边线，在【距离】 微调框中输入"1.50mm"并回车，其他保持默认设置，然后单击【确定】按钮 。

(21) 完成模型。

至此，完成"锥形轴"的建模，如图 4-73 所示，然后按 Ctrl+S 组合键保存文件。

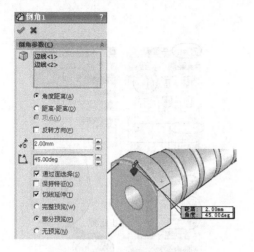

图 4-71　建立倒角特征(1)

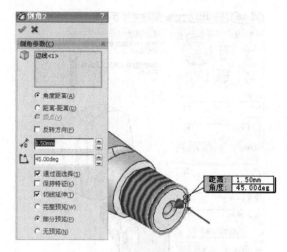

图 4-72　建立倒角特征(2)

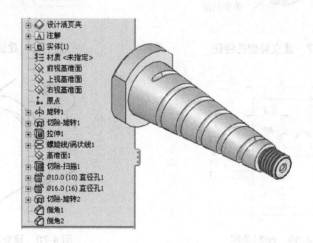

图 4-73　完成模型

4.4.4　步骤点评

(1)　对于步骤(2)：草图的原点定位方式，完全是为了使用默认的基准面而考虑的。

(2)　对于步骤(3)：此基体特征是使用旋转的方式生成的，也可以使用拉伸的方式生成。

(3)　对于步骤(5)：此特征使用旋转切除的方式，可以模拟实际的加工方法。

(4)　对于步骤(6)：建立好装饰螺纹线后，有时候无法显示螺纹线效果，解决办法如图 4-74 所示，即在【注解属性】对话框中，选中【上色的装饰螺纹线】复选框。

(5)　对于步骤(9)：利用【交叉曲线】命令可快速绘制所需的草图实体。

(6)　对于步骤(11)：建立 3D 草图的目的，就是为了建立扫描特征的路径。

(7)　对于步骤(12)：建立基准面的目的就是为扫描特征的草图轮廓作准备。

(8)　对于步骤(13)：虽然某种情况重合也能达到穿透的效果，但是建议读者在建立草图轮廓时应与路径建立"穿透"的几何关系。

(9)　对于步骤(14)：要建立扫描特征，轮廓和路径二者缺一不可。

(10) 对于步骤(15): 使用异型孔命令, 可以建立各种常用的孔特征。

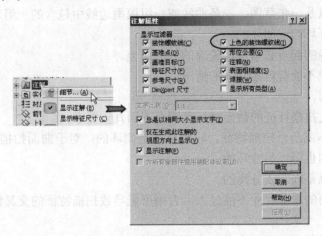

图 4-74 显示螺纹线

4.4.5 知识总结

扫描特征是由一截面(草图)沿着一条路径移动形成的特征。建立扫描特征, 必须同时具备扫描路径和扫描轮廓。在扫描过程中, 用户可以通过引导线来控制扫描过程中截面的变化, 也可以使用其他的参数控制扫描形状, 如扫描过程中的扭转、扫描起始或结束处的条件等, 如表 4-5 所示。

表 4-5 扫描特征

类型	简单扫描				引导线扫描	
特点	扫描轮廓在扫描过程中不发生变化				扫描轮廓在扫描过程中受到引导线的控制	
功能	扫描轮廓沿扫描路径运动形成特征				扫描轮廓沿着引导线形成特征	
操作说明	随路径变化	保持法向不变	沿路径扭转	以法向不变沿路径扭转	随路径和第一引导线3	随第一和第二引导线3
图例说明						

(1) 扫描路径。

扫描路径描述了轮廓运动的轨迹, 有下面几个特点。

- 扫描特征只能有一条扫描路径。
- 路径可以是一张草图、一条曲线或一组模型边线中包含的一组草图曲线。
- 可以是开环的或闭环的。
- 扫描路径的起点必须位于轮廓的基准面上。
- 扫描路径不能有自相交叉的情况。

(2) 扫描轮廓。

使用草图定义扫描特征的截面时，草图有下面几点要求。

- 对于基体或凸台扫描特征，轮廓必须是闭环的；对于曲面扫描特征，则轮廓可以是闭环的也可以是开环的。
- 草图可以是嵌套或分离的。
- 扫描截面的轮廓尺寸不能过大，否则可能导致扫描特征的交叉情况。

(3) 引导线。

引导线是扫描特征的可选参数。利用引导线，可以建立变截面的扫描特征，也就是扫描的中间轮廓由引导线确定，如图 4-75 所示。

在引导线扫描中，需要注意以下几点。

- 引导线的端点应位于扫描轮廓绘制平面上，并且与草图轮廓建立"穿透"的几何约束关系，如图 4-76 所示。

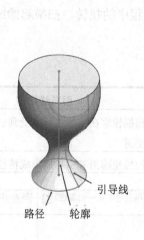

引导线

路径　轮廓

图 4-75　扫描中使用引导线

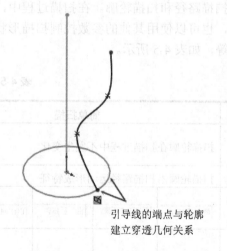

引导线的端点与轮廓
建立穿透几何关系

图 4-76　建立"穿透"的几何约束关系

- 在具有引导线的前提下，草图轮廓的形状尺寸不能定义，否则生成特征失败，如图 4-77 所示。在不需要引导线的情况下，即使草图轮廓标注直径为 30 的形状尺寸，同样可以生成扫描特征，但是如果需要引入引导线，扫描特征无法生成。
- 引导线的数目应该与补齐扫描轮廓为完全约束所需的约束数目相同，例如，圆只能有一条引导线，椭圆可以有两条引导线，如图 4-78 所示。
- 扫描轮廓、路径和引导线必须分别属于不同的草图，而不能是同一草图中的不同线条。如图 4-79 所示，路径和引导线建立在同一个草图，所以不能生成扫描特征。

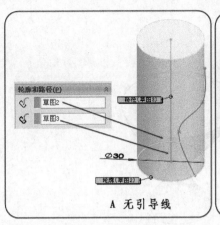 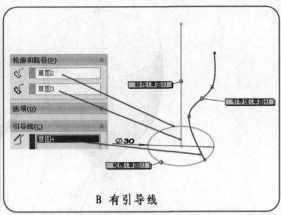

A 无引导线　　　　　　　B 有引导线

图 4-77　扫描失败

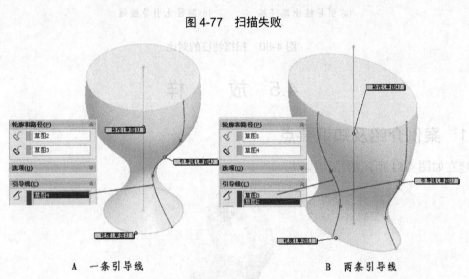

A　一条引导线　　　　　　　B　两条引导线

图 4-78　扫描轮廓与引导线一致

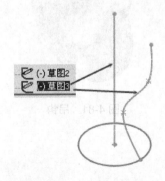

图 4-79　同一草图的扫描

- 扫描特征的模型建立取决于路径和引导线较短者，如图 4-80 所示，因此用户如果需要引导线，建议路径应长于引导线。

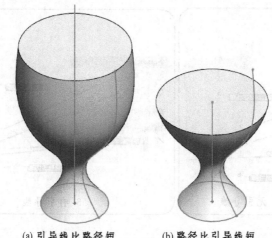

(a) 引导线比路径短   (b) 路径比引导线短

图 4-80   扫描特征的对比

4.5   放   样

4.5.1   案例介绍及知识要点

建立如图 4-81 所示的吊钩模型。

图 4-81   吊钩

知识点：

- 理解零件建模思路。
- 掌握放样特征的操作方法。

4.5.2   模型分析

通过图 4-81，发现模型具有以下几个特点。

(1) 模型主体吊钩，可以采用【放样】命令实现。

(2) 模型吊环为旋转体，可以采用【旋转】命令来实现。

(3) 模型的吊钩和吊环的连接部分，由于比较光滑，可以使用【切除】及【放样】命令来实现，如图 4-82 所示。

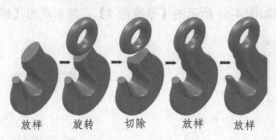

放样   旋转   切除   放样   放样

图 4-82 模型分析

4.5.3 操作步骤

(1) 新建零件。

新建零件"吊钩"。

(2) 绘制草图。

在右视基准面上绘制草图，如图 4-83 所示，注意草图的几何约束关系。

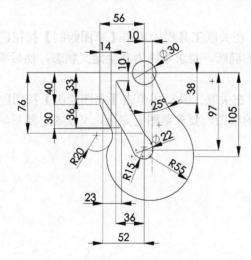

图 4-83 绘制草图

(3) 建立基准面 1。

按 S 键，在 S 工具栏中单击【参考几何体】按钮，从其下拉菜单中选择【基准面】命令，激活【基准面】属性管理器对话框。选择【垂直于曲线】选项，在激活的【参考实体】列表框中选择如图 4-84 所示的【线 1】和【点 1】，然后单击【确定】按钮。

用同样的方法建立其他的 6 个基准面。如图 4-84 所示分别选择【线 1】和【点 2】、【线 2】和【点 3】(点 3 为圆弧线 2 的弧中点)、【线 2】和【点 4】、【线 3】和【点

5】、【线4】和【点6】、【线4】和【点7】来建立其他6个基准面。

(4) 建立基准面2。

按 S 键,在 S 工具栏中单击【参考几何体】按钮，选择【基准面】命令，激活【基准面】属性管理器对话框。单击【等距距离】按钮，在激活的【距离】微调框中输入"12.00mm",选择如图 4-85 所示的【基准面 7】,然后单击【确定】按钮。

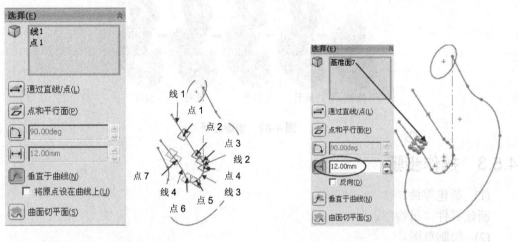

图 4-84　建立基准面 1　　　　　　图 4-85　建立基准面 2

(5) 绘制草图 1。

单击【基准面 1】,在关联工具栏中单击【草图绘制】按钮，系统进入草图绘制状态,绘制如图 4-86 所示的椭圆,要求草图为完全定义状态,然后单击【确定】按钮。

(6) 绘制草图 2。

单击【基准面 2】,在关联工具栏中单击【草图绘制】按钮，系统进入草图绘制状态,绘制如图 4-87 所示的草图,要求草图为完全定义状态,然后单击【确定】按钮。

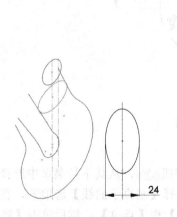

图 4-86　绘制草图 1

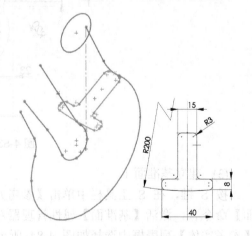

图 4-87　绘制草图 2

(7) 绘制草图 3。

单击【基准面 3】,在关联工具栏中单击【草图绘制】按钮，系统进入草图绘制状态，绘制如图 4-88 所示的草图，要求草图为完全定义状态，然后单击【确定】按钮✅。

(8) 绘制草图 4。

单击【基准面 4】，在关联工具栏中单击【草图绘制】按钮💹，系统进入草图绘制状态，绘制如图 4-89 所示的草图，要求草图为完全定义状态，然后单击【确定】按钮✅。

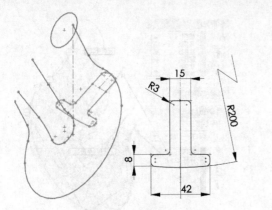

图 4-88　绘制草图 3

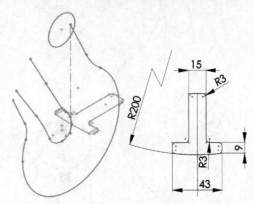

图 4-89　绘制草图 4

(9) 绘制草图 5。

单击【基准面 5】，在关联工具栏中单击【草图绘制】按钮💹，系统进入草图绘制状态，绘制如图 4-90 所示的草图，要求草图为完全定义状态，然后单击【确定】按钮✅。

(10) 绘制草图 6。

单击【基准面 6】，在关联工具栏中单击【草图绘制】按钮💹，系统进入草图绘制状态，绘制如图 4-91 所示的草图，要求草图为完全定义状态，然后单击【确定】按钮✅。

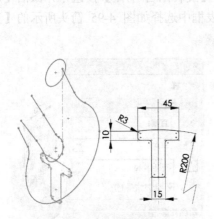

图 4-90　绘制草图 5

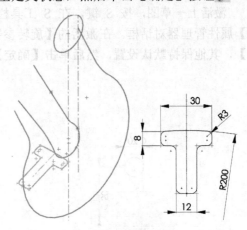

图 4-91　绘制草图 6

(11) 绘制草图 7。

单击【基准面 7】，在关联工具栏中单击【草图绘制】按钮💹，系统进入草图绘制状态，绘制如图 4-92 所示的椭圆，要求草图为完全定义状态，然后单击【确定】按钮✅。

(12) 建立放样凸台/基体特征。

在【特征】工具栏中单击【放样凸台/基体】按钮🔔，激活【放样】属性管理器对话框。在激活的【轮廓】列表框中按顺序选择【草图 1】、【草图 2】、【草图 3】、【草图 4】、【草图 5】、【草图 6】、【草图 7】选项，在激活的【引导线】列表框中选择如图 4-93 箭头所示的草图【开环 1】和【开环 2】，然后单击【确定】按钮 。

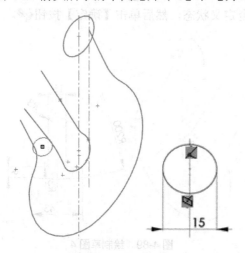

图 4-92　绘制草图 7

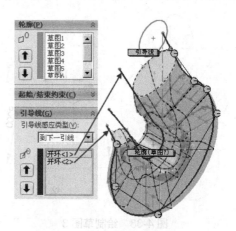

图 4-93　建立放样凸台/基体特征

(13) 绘制草图 8。

在 FeatureManager 设计树中单击【前视基准面】选项，在关联工具栏中单击【草图绘制】按钮 ，系统进入草图绘制状态。绘制如图 4-94 所示的草图，然后单击【确定】按钮 。

(14) 建立旋转特征。

激活上一草图，按 S 键，在 S 工具栏中单击【旋转凸台/基体】按钮 ，激活【旋转 1】属性管理器对话框。在激活的【旋转参数】列表框中选择如图 4-95 箭头所示的【直线 1】，其他保持默认设置，然后单击【确定】按钮 。

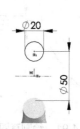

图 4-94　绘制草图 8

图 4-95　建立旋转特征

(15) 绘制草图 9。

在 FeatureManager 设计树中单击【右视基准面】选项，在关联工具栏中单击【草图绘制】按钮 ，系统进入草图绘制状态。绘制如图 4-96 所示的草图，然后单击【确定】按钮 。

(16) 建立拉伸切除特征。

按 S 键，在 S 工具栏中单击【拉伸切除】按钮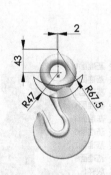，激活【拉伸切除】属性管理器对话框，单击【终止条件】下拉按钮，从其下拉列表框中选择【完全贯穿】选项，选中【方向 2】复选框，同样选择【完全贯穿】选项，其他保持默认，如图 4-97 所示。单击【确定】按钮，在弹出的对话框中保持选择【所有实体】单选按钮，然后单击【确定】按钮。

图 4-96 绘制草图 9

图 4-97 建立拉伸切除特征

(17) 建立放样凸台特征。

在【特征】工具栏中单击【放样凸台/基体】按钮，激活【放样】属性管理器对话框。在激活的【轮廓】列表框中选择如图 4-98 箭头所示【面<1>】和【面<2>】，展开【起始/结束约束】选项组，单击【开始约束】的下拉按钮，从其下拉列表框中选择【与面相切】选项，单击【结束约束】的下拉按钮，从其下拉列表框中选择【与面相切】选项，其他保持默认设置，然后单击【确定】按钮。

(18) 绘制草图 10。

单击【基准面 8】，在关联菜单中单击【草图绘制】按钮，系统进入草图绘制状态，绘制一点，注意几何关系，如图 4-99 所示。然后单击【确定】按钮。

图 4-98 建立放样凸台特征

图 4-99 绘制草图 10

(19) 建立放样凸台特征。

在【特征】工具栏中单击【放样凸台/基体】按钮，激活【放样】属性管理器对话框。在激活的【轮廓】列表框中选择如图 4-100 箭头所示【面<1>】和【点<1>】，展开【起始/结束约束】选项组，单击【开始约束】的下拉按钮，从下拉列表框中选择【与面相切】选项，单击【结束约束】的下拉按钮，从下拉列表框中选择【垂直于轮廓】选项，在【结束处相切长度】文本框中输入"2.2"并回车，然后单击【确定】按钮。

(20) 完成模型。

至此，完成模型的建立，如图 4-101 所示，然后按 Ctrl+S 组合键保存文件。

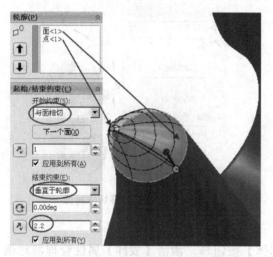

图 4-100　建立放样凸台特征

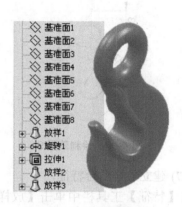

图 4-101　完成模型

4.5.4　步骤点评

(1) 对于步骤 2：选择【右视基准面】作为草图的基准面，等轴测视图的空间方位比较好。绘制草图时注意三点，第一，此草图为模型建立的引导线，所以不论是直线与圆弧连接还是圆弧与圆弧的连接都是相切的几何关系；第二，绘制草图时可从有定位中心的圆弧($R55$ 的半圆弧、$\phi 22$ 的四分之一圆弧)入手，这样会更方便快捷地绘制草图，大大提高操作效率；第三，草图中有两个插入点都为线段的中点。

(2) 对于步骤(4)：注意建立新基准面的方向。

(3) 对于步骤(5)到步骤(11)：草图两端的圆弧点与引导线草图都需"穿透"几何关系，只有这样，草图才可以完全定义。

(4) 对于步骤(12)：选择轮廓草图时要注意选择的顺序，选择特征不仅可以从模型中选择，有时从特征树中选择更方便。

(5) 对于步骤(17)：如果建立的放样面不太光顺，需要调整对应点，如图 4-102 所示。

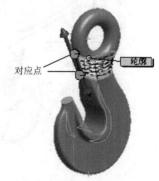

图 4-102　调整对应点

4.5.5　知识总结

1. 放样特征

放样是通过两个或两个以上的截面，按一定的顺序在截面之间进行过渡形成的形状。

建立放样特征必须存在两个或两个以上的轮廓，轮廓可以是草图，也可以是其他特征的面，甚至是一个点。用点进行放样时，只允许第一个轮廓或最后一个轮廓是点。

可以使用引导线或中心线参数控制放样特征的中间轮廓，但不能同时使用中心线和引导线。

如表 4-6 所示，放样特征可以分为如下 3 类。

(1) 简单放样：轮廓间的直接过渡。

(2) 引导线放样：使用一条或多条引导线控制放样轮廓，可以控制生成放样的中间轮廓。

(3) 中心线放样：使用中心线进行放样，可以控制放样特征的中心轨迹走向。

表 4-6　放样特征

类型	简单放样	引导线放样	中心线放样
功能	生成一般的放样	生成复杂的放样	生成复杂的放样
操作说明	选择轮廓，注意对应点	选择轮廓和引导线	选择轮廓和中心线
图例说明			

建立放样特征时，如果两个轮廓间在放样时对应的点不同，产生的放样效果也不同。图 4-103 所示的是一个简单的放样特征的示例，两个矩形间不同的对应点进行放样，产生的效果是不同的。一般来讲，放样特征默认的对应点是选择轮廓时鼠标单击点最近的位置，用户可以在放样过程中选择放样的对应点。

2. 命令比较

下面对拉伸、旋转、扫描和放样特征这 4 种命令进行比较，如表 4-7 所示。

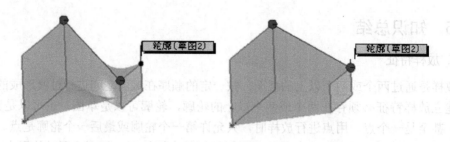

图 4-103　不同的对应点产生不同的放样效果

表 4-7　命令比较

命令	拉 伸	旋 转	扫 描	
			一般扫描	引导线扫描
轮廓	轮廓恒定	轮廓恒定	轮廓恒定	轮廓形态恒定，其大小受控于引导线
轨迹	空间直线	轨迹为圆弧	轨迹为空间曲线	轨迹为空间曲线
图例说明				

命　令	放　样		
	一般放样	引导线放样	中心线放样
轮　廓	有多个轮廓	有多个轮廓	有多个轮廓并且其过渡方式受控于引导线
轨　迹	没有确定的轨迹而是在轮廓之间自然形成	有确定的空间轨迹，该轨迹必须穿越所有的轮廓	没有确定的轨迹而是在轮廓之间自然形成
图例说明			

3. 派生草图

派生草图属于关联草图，只能设定草图位置，无法编辑草图实体。

操作方法：选中草图和基准面，选择【插入】|【派生草图】命令，生成派生草图，如图 4-104 所示，右击派生草图，在弹出的快捷菜单中选择【解除派生】命令，解除派生关系。

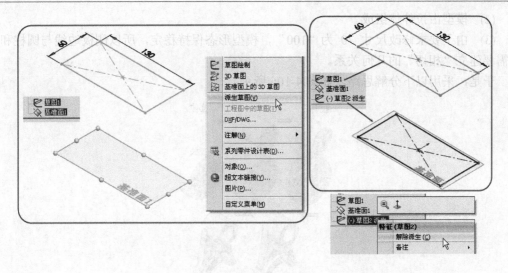

图 4-104　派生草图

4.6　建立参数化零件模型

4.6.1　案例介绍及知识要点

设计如图 4-105 所示的零件，要求如下。

(1) 圆孔的直径值等于圆弧的半径值，即 $\phi20$=R20。

(2) 如右侧等轴测所示，修改尺寸 70 为 "100"，模型形态保持稳定。

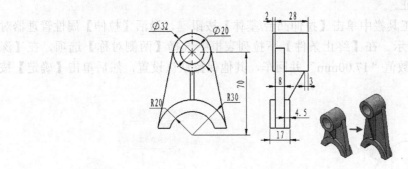

图 4-105　支撑架

知识点：

● 理解参数化模型的构建。

● 掌握方程式和数值连接的用法。

4.6.2　模型分析

通过图 4-105，可以发现：

(1) 模型左右对称。

(2) 模型由拉伸体组成。

(3) 由于要求修改尺寸 70 为"100"，模型形态保持稳定，所以侧板边线与圆柱和圆弧需要建立"相切"的几何关系。

于是，采用以下分解思路，如图 4-106 所示。

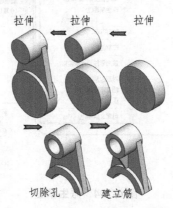

图 4-106　模型分析

4.6.3　操作步骤

(1) 新建零件。

新建零件"支撑架"。

(2) 绘制草图 1。

在前视基准面上绘制草图，如图 4-107 所示。

(3) 建立基体特征。

按 S 键，在 S 工具栏中单击【拉伸凸台/基体】按钮，激活【拉伸】属性管理器对话框，如图 4-108 所示。在【终止条件】下拉列表框中选择【两侧对称】选项，在【深度】微调框中输入数值"17.00mm"并回车，其他保持默认设置，然后单击【确定】按钮。

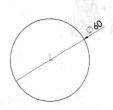

图 4-107　绘制草图 1

图 4-108　建立基体拉伸

(4) 绘制草图 2。

在 FeatureManager 设计树中单击【前视基准面】选项，在关联工具栏中单击【草图绘制】按钮，系统进入草图绘制状态，按空格键，在【方向】对话框中双击【正视于】选项。绘制如图 4-109 所示的草图，注意几何约束关系，然后单击【确定】按钮。

(5) 建立拉伸特征 1。

按 S 键，在 S 工具栏中单击【拉伸凸台/基体】按钮 ，激活【拉伸】属性管理器对话框。在【方向 1】选项组的【深度】 微调框中输入数值 "24.00mm" 并回车，在【方向 2】选项组的【深度】 微调框中输入数值 "6.00mm" 并回车，如图 4-110 所示，其他保持默认设置，然后单击【确定】按钮 。

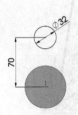

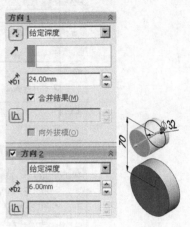

图 4-109　绘制草图 2

图 4-110　建立拉伸特征 1

(6) 绘制草图 3。

在 FeatureManager 设计树中单击【前视基准面】选项，在关联工具栏中单击【草图绘制】按钮 ，系统进入草图绘制状态，按键盘上的空格键，在【方向】对话框中双击【正视于】选项。绘制如图 4-111 所示的草图，注意两条斜边线与圆相切，然后单击【确定】按钮 。

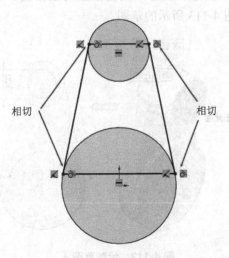

图 4-111　绘制草图 3

(7) 建立拉伸特征 2。

按 S 键，在 S 工具栏中单击【拉伸凸台/基体】按钮 ，激活【拉伸】属性管理器对话框。在【终止条件】下拉列表框中选择【两侧对称】选项，在【深度】微调框 中输入数值"8.00mm"并回车，在【特征范围】选项组中选中【所选实体】单选按钮，在激活的【受影响的实体】列表框 中选择如图 4-112 箭头所示的实体，其他保持默认，然后单击【确定】按钮 。

图 4-112　建立拉伸特征 2

(8)　绘制草图 4。

单击模型表面，进入草图绘制状态，按键盘上的空格键，在【方向】对话框中双击【正视于】选项，绘制如图 4-113 所示的草图。

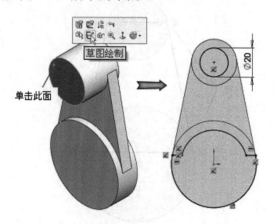

图 4-113　绘制草图 4

(9)　设置共享数值。

双击尺寸"20"，弹出【修改】对话框，单击文本框右侧的下拉按钮 ，在下拉列表框中选择【链接数值】选项。弹出【共享数值】对话框，在【名称】下拉列表框中输入

"圆孔尺寸 20"，然后单击【确定】按钮，如图 4-114 所示。

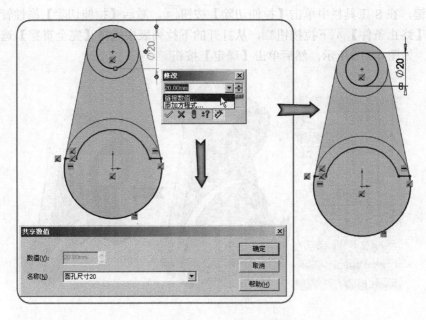

图 4-114　设置共享数值

(10) 建立共享数值。

标注圆弧尺寸，在弹出的【修改】对话框中单击下拉列表框右侧的下拉按钮 ，在打开的下拉列表中选择【链接数值】选项。弹出【共享数值】对话框，单击【名称】下拉列表框右侧的下拉按钮 ，在打开的下拉列表中选择【圆孔尺寸 20】选项，单击【确定】按钮，如图 4-115 所示。两个尺寸建立数值相等的关联关系，单击【确定】按钮 。

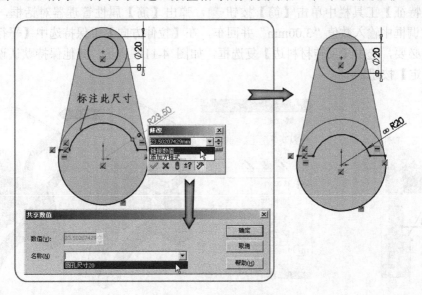

图 4-115　建立共享数值

(11) 建立拉伸切除特征。

按 S 键，在 S 工具栏中单击【拉伸切除】按钮，激活【拉伸切除】属性管理器对话框。单击【终止条件】下拉按钮，从打开的下拉列表中选择【完全贯穿】选项，其他保持默认，如图 4-116 所示，然后单击【确定】按钮。

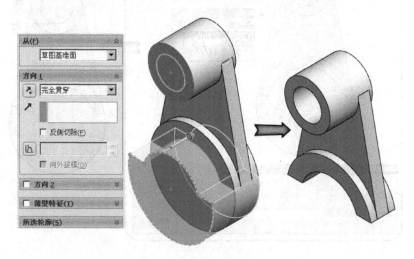

图 4-116　建立拉伸切除特征

(12) 绘制草图 5。

在 FeatureManager 设计树中单击【右视基准面】选项，在关联菜单中单击【草图绘制】按钮，系统进入草图绘制状态。按空格键，在【方向】对话框双击【正视于】选项，绘制如图 4-117 所示的草图，然后单击【确定】按钮。

(13) 建立筋特征。

在【特征】工具栏中单击【筋】按钮，弹出【筋】属性管理器对话框，在【筋厚度】微调框中输入数值"3.00mm"并回车，在【拉伸方向】下保持选中【平行于草图】。如有必要，选中【反转材料边】复选框，如图 4-118 所示，其他保持默认设置，然后单击【确定】按钮。

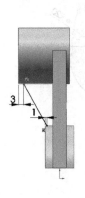

图 4-117　绘制草图 5

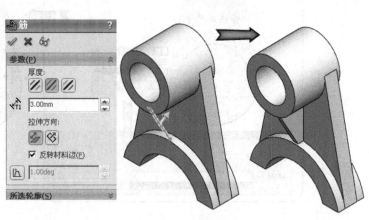

图 4-118　建立筋特征

(14) 建立特征文件夹。

右击 FeatureManager 设计树中的【拉伸 1】选项，在弹出的快捷菜单中选择【添加到新文件夹】命令，如图 4-119 所示，基体特征"拉伸 1"即被添加到"文件夹 1"中。

(15) 添加其他特征。

拖动【拉伸 2】至【拉伸 1】，然后释放鼠标，"拉伸 2"即被添加到"文件夹 1"中。同理，"拉伸 3"也被添加到"文件夹 1"中，如图 4-120 所示。

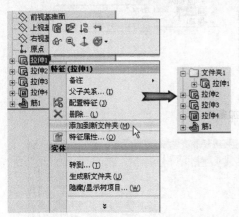

图 4-119　建立特征文件夹

图 4-120　添加其他特征

(16) 修改名称。

在 FeatureManager 特征树中选中【文件夹 1】选项，按键盘上的 F2 键，如图 4-121 所示，修改名称为"拉伸体"。

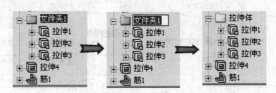

图 4-121　修改名称

(17) 为特征添加备注。

在 FeatureManager 特征树中右击【拉伸 4】选项，在弹出的快捷菜单中选择【备注】|【添加备注】命令，弹出【拉伸 4】对话框。在文本框中输入"圆的直径值等于圆弧的半径值"，并单击【保存并关闭】按钮。当鼠标停留在"拉伸 4"上时，系统即提示刚才输入的备注文字，如图 4-122 所示。

(18) 显示"设计活页夹"。

右击 FeatureManager 设计树中的零件名称【支撑架】，在弹出的快捷菜单中选择【文件属性】命令，弹出【系统选项】对话框。单击【系统选项】标签，切换到【系统选项】选项卡，如图 4-123 所示，选择 FeatureManager 选项，在【隐藏/显示树项目】选项组中的【设计活页夹】下拉列表框的下拉按钮，从其下拉列表中选择【显示】选项。单击【确定】按钮。这样在 FeatureManager 设计树中即增加【设计活页夹】文件夹。

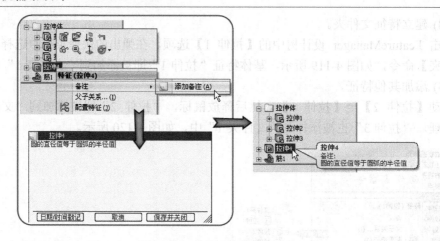

图 4-122 添加备注

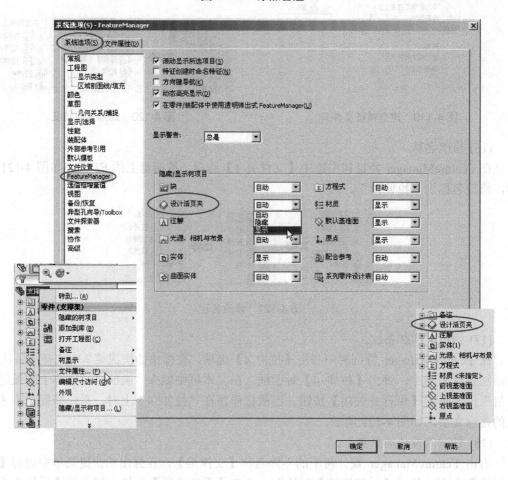

图 4-123 显示"设计活页夹"

(19) 添加附加件。

右击 FeatureManager 设计树中的【设计活页夹】选项，在弹出的快捷菜单中选择【添加附加件】命令，弹出【添加附加件】对话框。单击【浏览】按钮，添加书中提供的【设计要求】图片，然后单击【确定】按钮。

　　在 FeatureManager 设计树中的【设计活页夹】文件夹下增加图片【设计要求】后，双击【设计要求】，系统将自动打开【设计要求】文件，如图 4-124 所示。

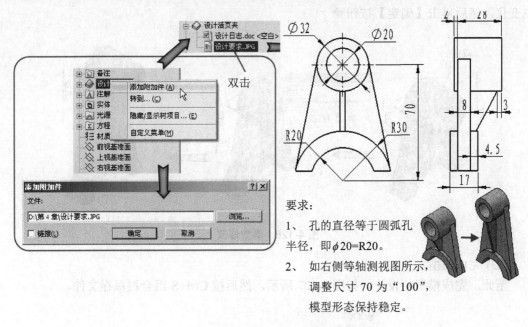

要求：

1、　孔的直径等于圆弧孔半径，即 $\phi20$=R20。

2、　如右侧等轴测视图所示，调整尺寸 70 为 "100"，模型形态保持稳定。

图 4-124　添加附加件

　　(20) 添加纹理。

　　右击 FeatureManager 设计树中的零件名称【支撑架】，在弹出的快捷菜单中单击【外观标注】右侧的下拉按钮，在其下拉列表中单击【纹理】按钮，激活【纹理】属性管理器对话框。在纹理树中选择【金属】|【铸造】|【粗质铸铁】命令，如图 4-125 所示，零件模型表面即被覆盖铸铁的外观效果。

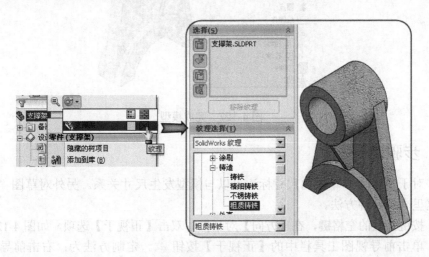

图 4-125　添加纹理

(21) 参数修改。

双击如图 4-126 所示的圆柱面，在显示的尺寸中双击尺寸"70"，弹出【修改】对话框。在下拉列表框中输入数值"100"，单击【以当前的数值重建模型】按钮 ，模型即发生变化，然后单击【确定】按钮 。

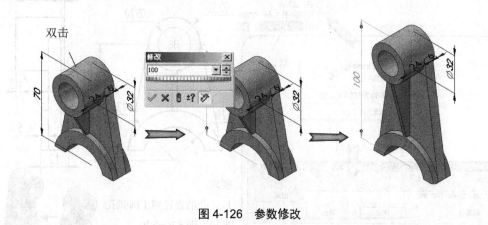

图 4-126　参数修改

(22) 完成模型。

至此，完成模型的设计，如图 4-127 所示，然后按 Ctrl+S 组合键保存文件。

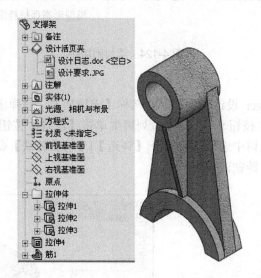

图 4-127　完成模型

4.6.4　步骤点评

(1) 对于步骤(4)：草图内尺寸标注可以与模型发生尺寸关系。另外对草图"正视于"问题，这里介绍两种方法。

- 按键盘上的空格键，在【方向】对话框中双击【正视于】选项，如图 4-128 所示。
- 单击前导视图工具栏中的【正视于】按钮 。定制方法为：右击前导视图工具栏，在弹出的快捷菜单中选中【正视于】复选框，如图 4-129 所示，在图形区域空白处单击，这样前导视图工具栏中即增加【正视于】按钮。

图 4-128　双击【正视于】选项　　　　　　　　**图 4-129　右击前导视图工具栏**

(2)　对于步骤(5)：草图绘制面，尽可能采用系统提供的 3 个模型基准面，于是此特征采用前视基准面，建立的拉伸特征采用两个方向拉伸。

(3)　对于步骤(6)：一定要定义两条直线的相切关系，否则，参数化修改时有可能发生异常现象。本案例就是采用几何约束关系驱动参数化修改。

(4)　对于步骤(10)：对于建立尺寸值相等的问题，这里介绍 3 种方法来实现。

● 草图实体约束为相等几何关系，如图 4-130 所示，添加两条辅助构造线，建立相等关系。

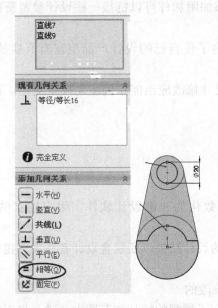

图 4-130　建立"相等"几何关系

● 数值链接，如步骤(9)、(10)所示。

● 建立方程序，如图 4-131 所示。

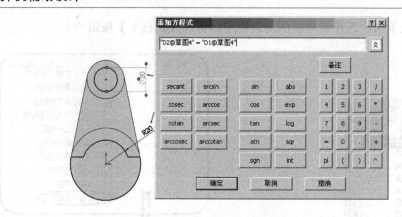

图 4-131　建立方程序

(5)　对于步骤(14)：建立特征文件夹的目的是为了更好地管理特征树。可以把一些类似的特征或者根据实际加工工艺把相关的特征建立在同一个文件夹内，这样更便于阅读和理解特征树。

(6)　对于步骤(16)：为了更好地阅读和理解特征树，可以修改特征文件夹、特征或者草图的名称，修改名称的方法一致。

(7)　对于步骤(17)：为某个特征添加备注，可以提示设计者或者他人在设计过程中的注意事项。

(8)　对于步骤(18)：在设计树中如果想显示其他文件夹，如方程式，可使用同样的设置方法。

(9)　对于步骤(19)：添加附加件可以链接一些设计参考资料，这样可以在设计过程中方便查阅。

(10) 对于步骤(20)：为了使自己的设计产品更富有真实感，可以添加纹理或设置光源等。

(11) 对于步骤(21)：尺寸修改应当能正确驱动模型变化，否则，在设计过程中没有把握好设计意图。

4.6.5　知识总结

1. 构建参数化模型

SolidWorks 是一个参数化的三维设计软件，用户建立的模型应该是一个参数化的模型。

模型不仅涵盖了零件的设计结果，还包含设计者在零件建模过程中的设计意图，应该具备如下几个特点。

1)　模型是可被正确修改的

参数化模型的参数存在于模型的特征和草图中，进一步而言就是特征的参数和草图中的尺寸以及几何关系。这就要求工程师能够准备把握产品的设计意图，并把这些意图准确地表达给软件，从而使不建立的模型在被进一步修改的时候做到正确的修改：产品可以按照设计意图的要求而修改。可被正确修改的模型体现在以下几方面。

- 给定正确的尺寸和几何关系。
- 设定正确的特征参数。
- 完全定义草图。
- 使用方程式或数值连接。

2) 模型可方便地应用于下一步的设计和生产

建立模型的时候应注意理解和应用产品在生产过程中具体的工艺过程，必须要首先保证设计的产品是可实现的。例如，建模过程中要充分考虑模型的分模形式、分模线、拔模斜度和生产工艺的合理性等。

3) 模型是易于理解的

为了便于用户将来的修改以及下一步的应用，在建立模型时应该通过对FeatureManager 设计树特征名称的修改、使用文件夹等形式，使模型易于被他人理解，从而为修改提供便利。

4) 零件便于实现视觉、装配体和工程图的需要

作为参数化设计的内容，装配体和工程图的相关信息要来自于它们的"源"，这个源就是零件，除了包括零件的几何信息(模型)外，还包括质量、颜色、剖面线、零件的管理信息等。

2. 方程式和数值连接

用户除了在特征和草图中给定尺寸、几何关系等影响设计意图的因素外，利用方程式和数值连接也可以实现模型的设计意图。

1) 数值连接

数值连接用于建立尺寸的"相等"设计意图。数值连接的基本思路是：把某个尺寸给定一个特定的名称，而把另一个要求与指定尺寸数值相等的尺寸也指定为相同的名称，从而实现数值的连接。如图 4-132 所示，分别建立了两个筋特征，而筋的宽度尺寸需要分别给定。如果设计意图上要求两条筋的宽度相等，则可以使用数值连接的方式来实现。

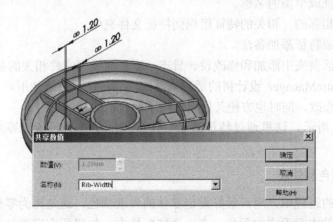

图 4-132　数值连接示例

2) 方程式

利用数值连接可以实现同一个零件中相关尺寸的相等关系，如果尺寸间具有某种数值

计算关系，则需要使用方程式。利用方程式，可以实现模型中两个尺寸之间的数值计算关系。如图 4-133 所示，本例假设中间数组特征的设计意图为：筋厚度的尺寸(1.2)为抽壳特征厚度(2.0)的 0.6，则应该通过方程式来实现。建立方程序后，当抽壳的壁厚变化时，筋的厚度也应进行相应的修改。

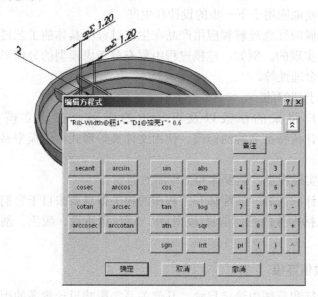

图 4-133　利用方程式

3．应用 FeatureManager 设计树

FeatureManager 设计树记录了整个零件的设计过程，显示了零件中特征建立的顺序。通过 FeatureManager 设计树，用户还可以完成大部分针对零件和特征的操作。

在零件建模过程中，用户应该注意理解和应用以下内容。

● 修改特征或草图的名称。

● 将某些相邻的、相关的特征组织到特征文件夹中。

● 为文件或特征添加备注。

● 在设计活页夹中添加和修改设计日志，增加与模型文件相关的参考文件。

通过对 FeatureManager 设计树的适当修改或添加备注，可以使用户了解自己的设计过程，便于以后的修改，同时也方便其他设计师了解自己的设计思路。

如图 4-134 所示，这里通过特征改名、使用特征文件夹、备注等方式使设计一目了然，易于理解。

4．零件的颜色和外观

在零件设计的过程中，用户最好设定零件的外观颜色，这是因为零件被插入到工程图时，默认显示零件本身设定的颜色。在一个装配体中，如果所有零件的颜色都相同，则装配体变得不容易识别和应用。

右击 FeatureManager 设计树顶端的零件名称，从弹出的快捷菜单中选择【外观】|【颜色】命令，可以改变零件的默认颜色设置，如图 4-135 所示。

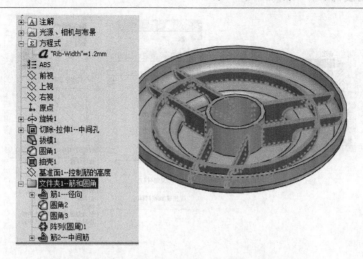

图 4-134　利用 FeatureManager 设计树理解设计

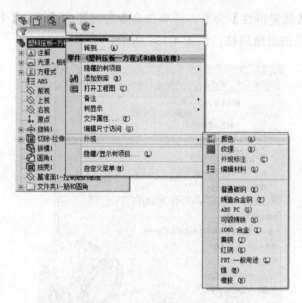

图 4-135　设定零件的外观颜色

5. 材料属性和质量

用户在设计过程中设定的零件材料属性，可以用于设计过程的诸多方面，如计算零件的质量、重心，以及在工程图中直接使用模型的材料名称等。

在 SolidWorks 软件自带的材料库中，包含了很多常用的材料，如钢、铝及铝合金、塑料等。对这些不同的材料分别给予了相应的特性，如颜色、密度、弹性模量、剖面线类型等，用户在定义零件材料时，这些特性将直接应用于零件，如图 4-136 所示。

如果已经正确设定了零件的密度，就可以分别计算零件的各种质量特征，如质量、体积、表面积、重心位置、惯性主轴和惯性力矩、惯性张量等特性。通过对零件质量特性的计算，不仅可以使设计者在设计过程中及时控制零件的质量特性，而且也可以为工艺人员提供参考。

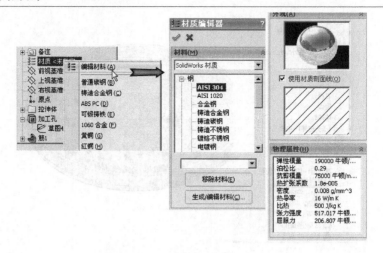

图 4-136 修改材料属性

选择【工具】|【质量特性】命令，或单击命令管理器中【评估】栏中的【质量属性】按钮 ，可计算零件的质量属性，如图 4-137 所示。

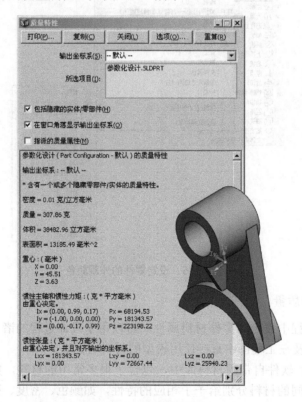

图 4-137 计算质量属性

6. 文件的自定义属性和应用

文件的自定义属性可以包含文件的管理信息，如文件的作者、零件的材料名称、库存、零件号等多方面的信息，这些信息可以脱离开文件的模型信息，也可以和模型信息相关。由于 SolidWorks 全相关性的特点，在模型文件中设置的自定义属性可以链接到工程图，从而使工程图的建立和修改都比较方便，并且最大限度地保证了数据的准确性和唯一性。因此，设定模型的自定义属性是非常必要的。

选择【文件】|【属性】命令，可以定义或修改零件的自定义属性，如图 4-138 所示。

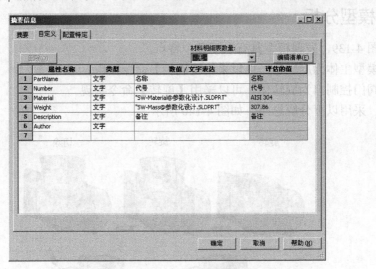

图 4-138　文件的自定义属性

4.7　零件建模思路

4.7.1　案例介绍及知识要点

设计如图 4-139 所示的球阀。

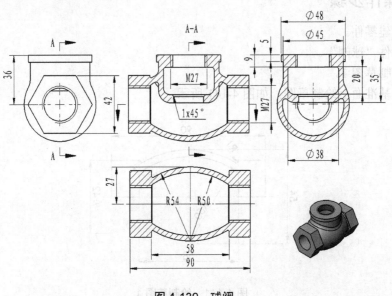

图 4-139　球阀

知识点：

- 理解零件建模思路。
- 掌握切除方法。

4.7.2 模型分析

通过图 4-139，发现模型具有以下几个特点。

(1) 模型主体为旋转体，可以采用【旋转】命令实现。

(2) 阀门控制口为旋转体，可以采用【旋转】命令实现。

于是，采用以下分解思路，如图 4-140 所示。

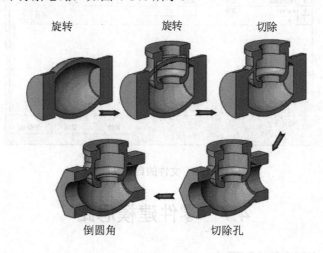

图 4-140　模型分析

4.7.3 操作步骤

(1) 新建零件。

新建零件"球阀"。

(2) 绘制草图 1。

在右视基准面上绘制草图，如图 4-141 所示。

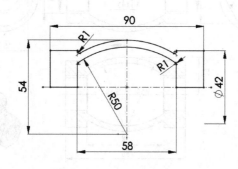

图 4-141　绘制草图 1

(3) 建立旋转特征。

按 S 键，在 S 工具栏中单击【旋转凸台/基体】按钮 ꙮ，激活【旋转】属性管理器对话框。在激活的【旋转轴】列表框中选择如图 4-142 箭头所示的构造线，其他保持默认设置，然后单击【确定】按钮 ✅。

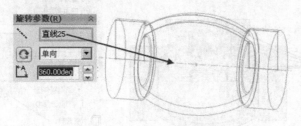

图 4-142　建立旋转特征

(4) 绘制草图 2。

在 FeatureManager 设计树中单击【右视基准面】选项，在关联菜单中单击【草图绘制】按钮 ⌐，系统进入草图绘制状态。绘制如图 4-143 所示的草图，然后单击【确定】按钮 ✅。

(5) 建立旋转特征。

按 S 键，在 S 工具栏中单击【旋转凸台/基体】按钮 ꙮ，激活【旋转】属性管理器对话框，如图 4-144 所示。取消选中【合并结果】复选框，其他保持默认设置，然后单击【确定】按钮 ✅。

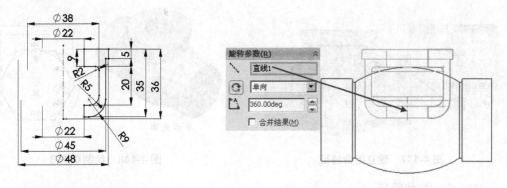

图 4-143　绘制草图 2　　　　　　　　　图 4-144　建立旋转特征

(6) 复制模型表面。

切换到【曲面】工具栏，单击【等距曲面】按钮 ▨，激活【等距曲面】属性管理器对话框。在激活的【要等距的曲面或面】列表框 ◇ 中选择如图 4-145 箭头所示的面，在【等距距离】▨ 微调框中输入数值 "0.00mm" 并回车，然后单击【确定】按钮 ✅。

(7) 建立使用曲面切除特征。

在 FeatureManager 设计树中展开【曲面实体】选项，选中【曲面-等距 1】选项，单击【使用曲面切除】按钮 ▤，激活【使用曲面切除】属性管理器对话框，【进行切除的所选曲面】被添加。如有必要，单击【反转切除】按钮 ▨，在【特征范围】选项组中选中【所选实体】单选按钮，在激活的列表框中选择如图 4-146 箭头所示的实体，然后单击【确定】按钮。

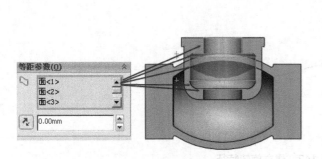

图 4-145　复制模型表面　　　　　　图 4-146　建立使用曲面切除特征

(8) 建立组合特征。

选择【插入】|【特征】|【组合】命令，激活【组合】属性管理器对话框。保持选中【添加】单选按钮，在激活的【实体】列表框中选择如图 4-147 箭头所示的实体，然后单击【确定】按钮。

(9) 绘制草图 3。

单击模型表面，如图 4-148 所示，在关联菜单中单击【草图绘制】按钮，进入草图绘制状态，绘制草图，注意几何约束关系，然后单击【确定】按钮退出草图。

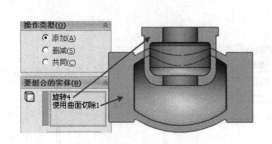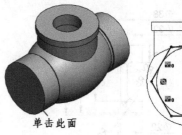

单击此面

图 4-147　建立组合特征　　　　　　图 4-148　绘制草图 3

(10) 建立拉伸特征。

按 S 键，在 S 工具栏中单击【拉伸凸台/基体】按钮，激活【拉伸】属性管理器对话框。如有必要，单击【反向】按钮，在【深度】微调框b_1中输入"16.00mm"并回车，其他保持默认设置，如图 4-149 所示，最后单击【确定】按钮。

(11) 建立孔特征 1。

单击模型的表面，如图 4-150 所示，按空格键，在对话框中双击【正视于】按钮。按 S 键，在 S 工具栏中单击【异型孔向导】按钮，激活【孔规格】属性管理器对话框，在【孔类型】下选择【螺纹孔】选项，在【孔规格】选项组下选择【大小】下拉列表框中的 M27 选项，在【终止条件】下的下拉列表框中选择【成形到下一面】选项。

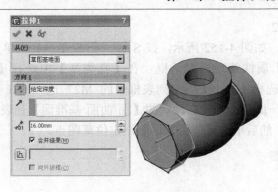

图 4-149　建立拉伸特征

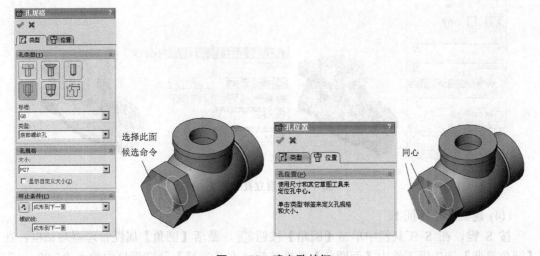

选择此面
候选命令

同心

图 4-150　建立孔特征

单击【位置】标签，为草图点定位。首先按 Esc 键退出点的命令状态，约束草图点和图 4-149 的草图为同心几何关系，然后单击【确定】按钮 ✅ 。

(12) 建立镜向特征。

在【特征】工具栏中单击【镜向】按钮 ，激活【镜向】属性管理器对话框。展开 FeatureManager 设计树，激活【镜向面/基准面】列表框 并选择【前视】，激活【要镜向的特征】列表框 并选择如图 4-151 箭头所示的特征，然后单击【确定】按钮 ✅ 。

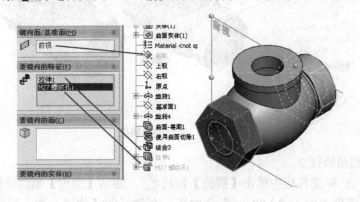

图 4-151　建立镜向特征

(13) 建立孔特征 2。

单击模型的表面，如图 4-152 所示，按 S 键，在 S 工具栏中单击【异型孔向导】按钮，激活【孔规格】属性管理器对话框。在【孔类型】中选择【螺纹孔】选项，在【孔规格】选项组下选择【大小】下拉列表框中的 M27 选项，在【终止条件】下拉列表框中选择【成形到一面】选项，在激活的【面/曲面/基准面】列表框中选择如图 4-152 箭头所示的【面<1>】。然后单击【位置】标签，定位草图点。

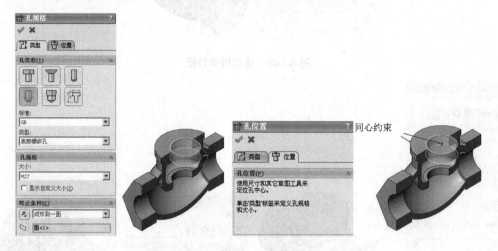

图 4-152　建立孔特征 2

(14) 建立圆角特征 1。

按 S 键，在 S 工具栏中单击【圆角】按钮，激活【圆角】属性管理器对话框，在【圆角类型】选项组下选中【面圆角】单选按钮，在【半径】微调框中输入"5.00mm"并回车，分别激活【面组 1】、【面组 2】列表框并选择如图 4-153 箭头所示的面。在【圆角选项】选项组中选中【等宽】复选框，然后单击【确定】按钮。

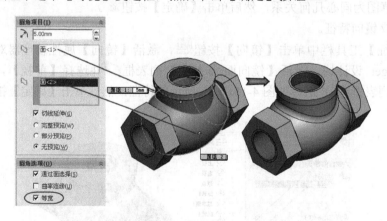

图 4-153　建立圆角特征 1

(15) 建立圆角特征 2。

按 S 键，在 S 工具栏中单击【圆角】按钮，激活【圆角】属性管理器对话框。在【半径】微调框中输入"2.00mm"并回车，在激活的【边线、面、特征和环】列表框中选择如图 4-154 箭头所示的阀内腔的【边线<1>】，然后单击【确定】按钮✔️。

(16) 建立倒角特征。

单击【倒角】按钮，激活【倒角】属性管理器对话框。在【距离】微调框中输入 "1.50mm"，在激活的【边线和面或顶点】列表框中选择如图 4-155 箭头所示的阀内腔的边线，然后单击【确定】按钮✔️。

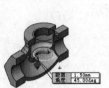

图 4-154　建立圆角特征 2　　　　　　　图 4-155　建立倒角特征

(17) 完成模型。

至此，完成 "球阀" 的建模，如图 4-156 所示，然后按 Ctrl+S 组合键保存文件。

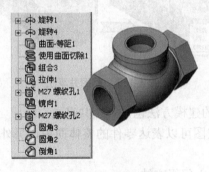

图 4-156　完成模型

4.7.4　步骤点评

(1) 对于步骤(5)：注意取消选中【合并结果】复选框，否则下面的曲面切除步骤不能执行。

(2) 对于步骤(6)：注意熟悉【曲面切除】所需的曲面(建立的【等距曲面】)的建模思路和操作方法。

(3) 对于步骤(7)：注意熟悉【曲面切除】的【所选实体】的操作方法。

(4) 对于步骤(8)：熟练掌握【组合】的【操作类型】3 种类型。

(5) 对于步骤(9)：练习并掌握草图多边形的绘制方法。

(6) 对于步骤(11)：注意熟悉【异型孔导向】的分类，为孔添加基准点可用草图工具来定位孔的中心的操作方法。

(7) 对于步骤(13)：注意掌握【终止条件】的【成形到一面】的条件的使用和建模思路。

4.7.5 知识总结

读者在初学 SolidWorks 时，面对众多的三维建模命令往往无所适从，即使对命令很熟悉，但到实际应用时又不知道如何下手。造成这种尴尬局面是因为不知道如何把实际产品的造型转化为 SolidWorks 特征建模所使用的命令，即零件建模思路。要跨越这条鸿沟，就需要灵活掌握零件的建模思路。

一般地说，对实体建模思路有以下 6 种方法。

(1) 草图共享法：绘制截面中所有的草图，然后逐步生成每个特征，如图 4-157 所示。

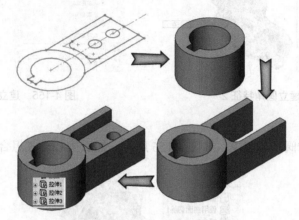

图 4-157　草图共享法

另外，案例 4.1.1 使用的建模方法也是草图共享法。

- 应用场合：某个视图可以表达零件的整体面貌，另外模型通过拉伸特征来实现，如图 4-158 所示。
- 优点：思路清晰，入门级方法。
- 缺点：草图复杂，另外不符合实际成型工艺。

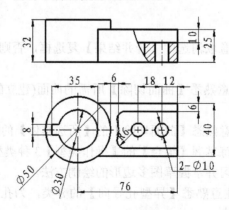

图 4-158　模型视图

(2) 旋转法：绘制截面的草图，然后通过【旋转】命令生成，如图 4-159 所示。

案例 4.3.1 的建模方法也为旋转法。

- 应用场合：零件整体为回转体。
- 优点：思路清晰，对草图进行旋转。
- 缺点：草图较复杂，修改较麻烦。

(3) 加工法：零件通常在一个毛坯上，通过切除(拉伸切除、旋转切除、异型孔命令等)的方式完成的，如图 4-160 所示。此方法是软件和机械的有效结合。

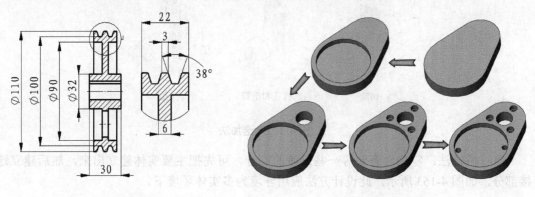

图 4-159　旋转法

图 4-160　加工法

另外，案例 4.4.1 的建模方法也为加工法。

(4) 迭加法：零件相对复杂，如图 4-161 所示，但可以对零件分解为多个简单的特征，这些特征为圆、矩形、多边形、圆弧等，如图 4-162 所示。

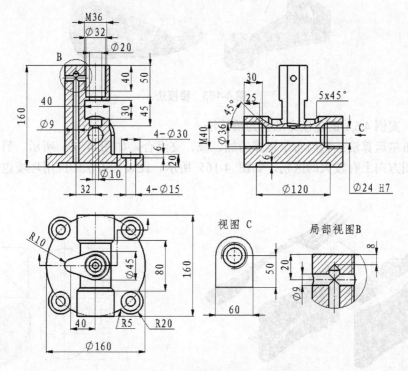

图 4-161　底座

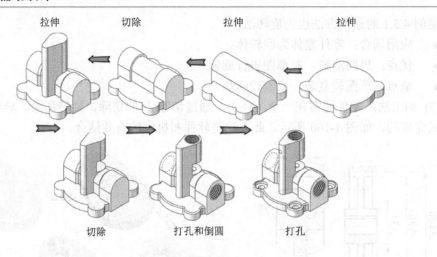

图 4-162　迭加法

(5) 桥接法：零件含有筋等一些过渡的部分，可先把主要实体建立出来，然后建立连接部分，如图 4-163 所示。此设计方法应用环境为多实体环境下。

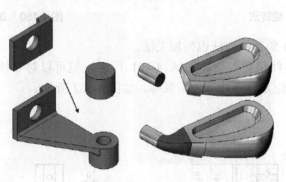

图 4-163　桥接法

另外，案例 4.5.1 的建模方法也为桥接法。

(6) 布尔运算法：利用布尔运算的加、减、交组合，如图 4-164 所示。另外它也应用在两个视图方向上有较大的区别，如图 4-165 所示。此设计方法的应用环境也为多实体环境下。

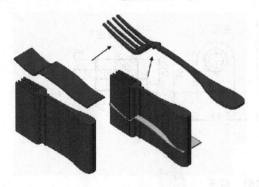

图 4-164　布尔运算(1)

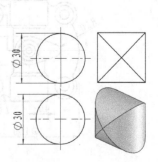

图 4-165　布尔运算(2)

在实际产品设计中，没有一成不变的方法，用户需要针对实际造型的特点对症下药，活学活用。

4.8　特征的编辑及修改

4.8.1　案例介绍及知识要点

对零件的特征错误进行修复，如图 4-166 所示，要求修复完成的模型尺寸如图 4-167 所示。

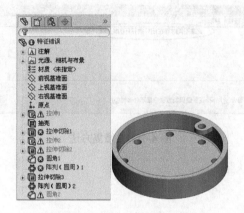

图 4-166　特征错误的模型

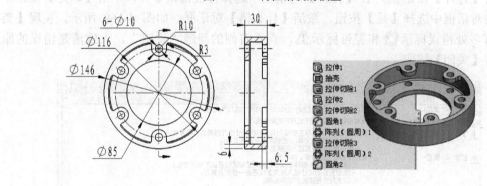

图 4-167　修复后的模型

知识点：

- 理解【什么错】命令的使用方法。
- 掌握特征修复的方法。

4.8.2　模型分析

模型特征树中含有多处特征错误标示⊗和警告标示⚠，说明此零件为非正常状态下，需要修复。修复原则是：从特征树的第一个特征开始，查询问题并解决问题。修复方法是：通过【什么错】命令，查看问题说明并解决实际问题，如图 4-168 所示。

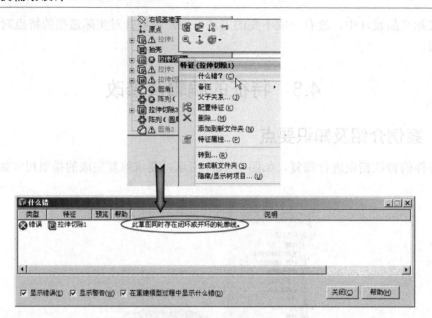

图 4-168   修复方法

4.8.3   操作步骤

（1）   打开文件。

单击【打开】按钮 ，在【打开】对话框中选择特征错误零件，单击【确定】按钮。在弹出的对话框中选择【是】按钮，激活【什么错】对话框，如图 4-169 所示。发现【类型】下有多处错误标示 和警告标示 ，查看右侧的问题"说明"，大致清楚错误的原因后单击【关闭】按钮。

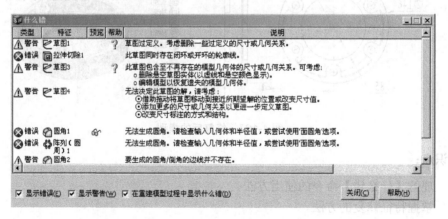

图 4-169   【什么错】对话框(1)

（2）   使用【什么错】命令。

在 FeatureManager 特征树中右击【拉伸 1】选项，在弹出的快捷菜单中选择【什么错】命令，弹出【什么错】对话框，如图 4-170 所示。系统提示此特征错误类型为"警告"，"说明"为"草图过定义"，单击【关闭】按钮。

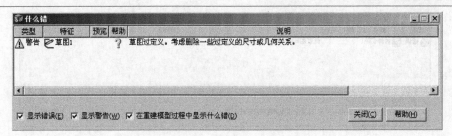

图 4-170　【什么错】对话框(2)

(3)　修复【过定义】错误。

在 FeatureManager 特征树中右击【拉伸 1】选项，在弹出的快捷菜单中单击【编辑草图】按钮 ，进入草图编辑状态，如图 4-171 所示，发现有两个相同的尺寸标注，状态栏中提示"过定义"。于是删除草图中重复的尺寸，此时状态区中弹出"此草图不再过定义"并且状态为"完全定义"。单击【确定】按钮退出草图。

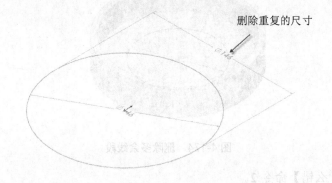

删除重复的尺寸

图 4-171　删除尺寸

(4)　关闭提示。

在弹出的对话框中选中【以后不要再问】复选框，如图 4-172 所示，单击【继续(忽略错误)】按钮，在弹出的【什么错】对话框中单击【关闭】按钮，发现特征树中【拉伸 1】的警告标示消失，说明修改成功。

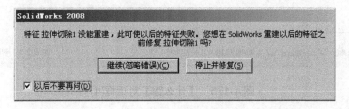

图 4-172　继续忽略错误

(5)　使用【什么错】命令 1。

在 FeatureManager 特征树中右击【拉伸切除 1】选项，在弹出的快捷菜单中选择【什么错】命令，弹出【什么错】对话框，如图 4-173 所示。系统提示此特征错误类型为"错误"，"说明"为"此草图同时存在闭环或开环的轮廓线"，单击【关闭】按钮。

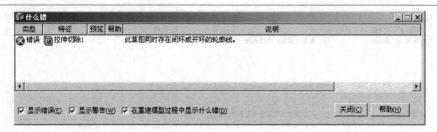

图 4-173　【什么错】对话框(3)

(6)　删除多余线段。

在 FeatureManager 特征树中右击【拉伸切除 1】选项，在弹出的快捷菜单中单击【编辑草图】按钮，进入草图编辑状态，如图 4-174 所示。删除草图中的多余线段，单击【确定】按钮退出草图，然后在弹出的【什么错】对话框中单击【关闭】按钮。

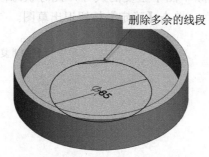

图 4-174　删除多余线段

(7)　使用【什么错】命令 2。

在 FeatureManager 特征树中右击【拉伸 2】选项，从弹出的快捷菜单中选择【什么错】命令，弹出【什么错】对话框，如图 4-175 所示，系统提示草图问题为悬空。单击【关闭】按钮。

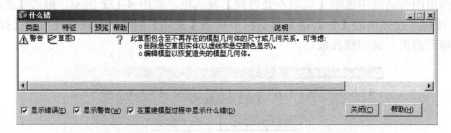

图 4-175　【什么错】对话框(4)

(8)　删除多余约束关系。

在 FeatureManager 特征树中右击【拉伸 2】选项，在弹出的快捷菜单中单击【编辑草图】按钮，进入草图编辑状态。单击【草图】工具栏上的【显示/删除几何关系】按钮，激活【几何关系】属性管理器对话框，在【过滤器】中选择【悬空】选项，在【几何关系】选项组中选择【距离 2】选项，如图 4-176 所示。单击【删除】按钮，然后单击【确定】按钮，完成操作。

(9)　重新标注尺寸。

单击【草图】工具栏上的【智能尺寸】按钮◇，重新标注尺寸，如图 4-177 所示。单击【确定】按钮退出草图，然后在弹出的【什么错】对话框中单击【关闭】按钮。

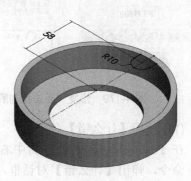

图 4-176　【几何关系】属性管理器对话框　　　　　图 4-177　重新标注尺寸

(10) 使用【什么错】命令。

在 FeatureManager 特征树中右击【拉伸切除 2】选项，在弹出的快捷菜单中选择【什么错】命令，弹出【什么错】对话框，如图 4-178 所示，系统提示无法确定此草图的解。单击【关闭】按钮。

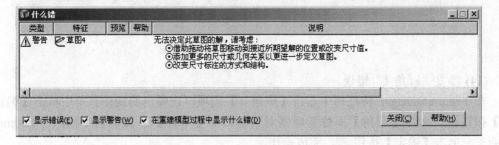

图 4-178　【什么错】对话框(5)

(11) 修复"无法找到解"。

在 FeatureManager 特征树中右击【拉伸切除 2】选项，在弹出的快捷菜单中单击【编辑草图】按钮🖉，进入草图编辑状态，状态区提示"无法找到解"。双击【无法找到解】，激活 SketchXpert 属性管理器对话框，如图 4-179 所示，单击【诊断】按钮，在【结果】选项下显示两个解决方案，单击>≥按钮。单击【接受】按钮，删除"全等"几何关系并保留直径为"10"的尺寸，然后单击【确定】按钮✓。

(12) 添加"同心"几何关系。

此时草图为欠定义状态，约束圆与圆弧边线为"同心"的几何关系，如图 4-180 所示。单击【确定】按钮退出草图，在弹出的【什么错】对话框中单击【关闭】按钮。

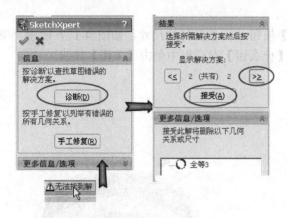

图 4-179　修复"无法找到解"　　　　　　　图 4-180　添加同心几何关系

(13) 使用【什么错】命令。

在 FeatureManager 特征树中右击【圆角 1】选项，在弹出的快捷菜单中选择【什么错】命令，弹出【什么错】对话框，如图 4-181 所示，系统提示无法生成圆角。单击【关闭】按钮。

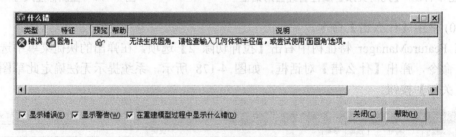

图 4-181　【什么错】对话框(6)

(14) 修复"圆角 1"错误。

在 FeatureManager 特征树中右击【圆角 1】选项，在弹出的快捷菜单中单击【编辑特征】按钮，激活【圆角】属性管理器对话框。在【半径】微调框中输入"3.00mm"并回车，单击【确定】按钮，完成操作。

(15) 重新设计"阵列(圆角)1"。

查看阵列特征是否符合如图 4-182 所示的要求，在 FeatureManager 特征树中右击【阵列(圆角)1】，在弹出的快捷菜单中单击【编辑特征】按钮，激活【阵列】属性管理器对话框，发现阵列的数目为"4"，不符合题意。因此，在【实例数】微调框中输入"6"，选中【等间距】复选框，如图 4-182 所示。单击【确定】按钮，完成设计。

(16) 重新设计"阵列(圆角)2"。

在 FeatureManager 特征树中右击【阵列(圆角)2】，在弹出的快捷菜单中单击【编辑特征】按钮，激活【阵列】属性管理器对话框，在【实例数】微调框中输入"6"，选中【等间距】复选框。单击【确定】按钮，完成设计。

(17) 修复"圆角 2"。

根据图 4-167 所示，查看圆角是否符合要求，在 FeatureManager 特征树中右击【圆角

2】选项，在弹出的快捷菜单中单击【编辑特征】按钮，激活【圆角】属性管理器对话框，发现圆角半径值和边线的数目不符合要求。于是，在【半径】 微调框中输入"1.500mm"，删除"边线2"，如图 4-183 所示。单击【确定】按钮，完成修复。

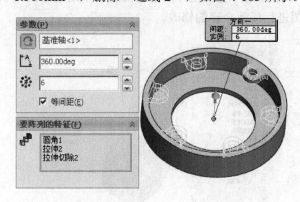
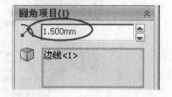

图 4-182 重新设计"阵列 1" 图 4-183 【圆角】属性管理器对话框

(18) 完成模型修复。

修改结果如图 4-184 所示，按 Ctrl+S 组合键保存文件并命名为"修改"。

图 4-184 完成模型修复

4.8.4 步骤点评

(1) 对于步骤(1)：当打开包含错误特征的零件模型时，默认情况下会激活【什么错】对话框，可以帮助读者了解问题的所在。

(2) 对于步骤(2)：在不清楚问题产生的原因时，可以借助【什么错】命令帮助分析。对于"草图过定义"问题，是因为草图中有多余的尺寸和(或)几何约束，可采用删除重复约束的办法来解决。

(3) 对于步骤(7)：草图中尺寸或几何关系悬空是比较常见的问题，解决办法就是重新定义。

(4) 对于步骤(11)：对于草图中出现"过定义"或者"无法找到解"等此类问题，可以借助草图专家帮助用户分析问题产生的原因。

4.8.5 知识总结

下面总结一下零件编辑的有关工具。

无论草图是否用于建立了特征，用户都可以再次打开草图进行编辑。如图 4-185 所示，当用户选择了草图或选择了含有草图的特征，从关联工具栏中单击【编辑草图】按钮，将再次切换到草图绘制状态，激活草图绘制环境，此时模型退回到原来绘制草图的状态。在草图绘制状态下，用户可以对草图进行任何合理的修改。

图 4-185　编辑草图

1．草图中出现悬空的尺寸和几何关系

出现这种问题的原因，一般在于用于标注尺寸或建立几何关系原来参考的对象被用户删除了。例如，原来参考某个圆形边线绘制了一个"同心圆"(假设建立了"同心"几何关系)，如果用户在编辑零件的过程中删除了曾经参考的圆形边线，将造成"同心"几何关系的参考丢失，因此"同心"几何关系将无法正常解算，从而造成"悬空的几何关系"建模错误。

用户可以通过删除现有的几何关系、重新指定参考等方法来修正悬空的几何关系。当出现"悬空的尺寸"时，用户可以使用类似的方法进行解决。如图 4-186 所示，单击【显示/删除几何关系】按钮，可以在 PropertyManager 中显示草图中的所有几何关系，其中颜色为棕色的为悬空的几何关系。

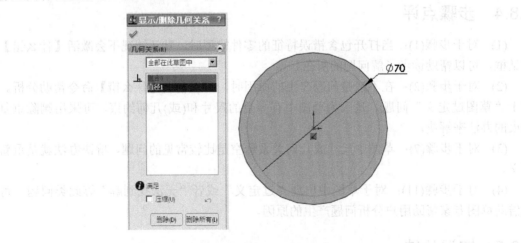

图 4-186　解决悬空的几何关系和尺寸

2. 草图出现过定义或无法解出

(1) 人工分析。

草图出现过定义或者无法解出的原因是多方面的，包括尺寸、几何关系等方面的原因。在这种情况下，用户需要结合设计意图，对草图进行细致的检查，删除多余的或者过定义的尺寸和几何关系，来得到正确的结果。如图 4-187 所示，如果用户对设计意图非常清楚，那么根据图形区域尺寸和几何关系的直观判断，就很容易找到问题的所在，删除多余的尺寸并得到正确的结果。

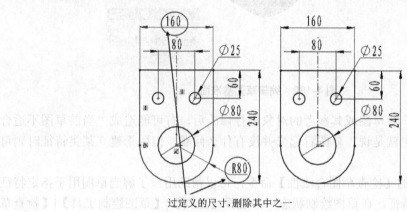

图 4-187　解决过定义问题

(2) SketchXpert 专家系统分析。

根据 SketchXpert 的诊断，SolidWorks 将给出可能的多种正确的解算答案，并在图形区域给出直观的显示，如图 4-188 所示，用户可以根据正确的设计意图接受正确的计算。

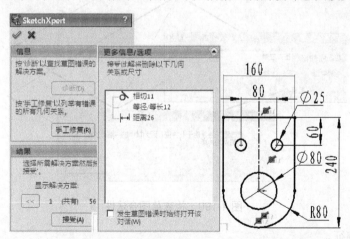

图 4-188　SketchXpert 草图专家

(3) 修改草图平面。

当出现找不到草图基准面的情况时，用户可以使用【编辑草图平面】工具为草图重新指定基准面，如图 4-189 所示。

图 4-189　编辑草图基准面

某些情况下，用户对草图或其参考的对象进行修改后，有可能造成"当前草图不适合所建特征"的问题。也就是说。草图看起来并没有什么问题，但用于建立某类特征时则可能出现错误。

SolidWorks 提供的【检查草图合法性】命令，可以帮助用户了解当草图用于指定特征时是否可以正确建立特征。在草图绘制状态下，选择【工具】|【草图绘制工具】|【检查草图合法性】命令。如图 4-190 所示，当前检查草图的含义是"当该草图用于建立基体拉伸特征的时候，是否适用"。单击【检查】按钮，SolidWorks 将通过对话框提示用户是否适用及其错误原因，必要时在图形区域高亮显示错误的草图元素。

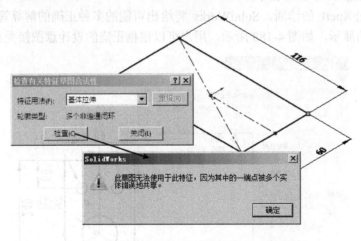

图 4-190　检查草图合法性

(4)　编辑特征。

编辑特征，即编辑特征的定义参数，例如拉伸特征的终止条件、有关尺寸等。如图 4-191 所示，在图形区域单击特征的表面，从关联工具栏中单击【编辑特征】按钮，重新打开特征的属性对话框即可进行编辑。

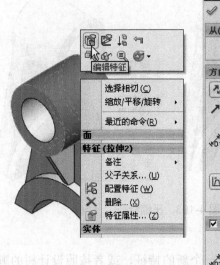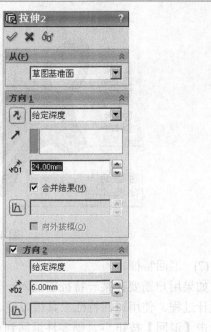

图 4-191 编辑特征

(5) 修改草图或特征尺寸。

如果用户仅仅修改特征或草图中的尺寸，则可以直接在图形区域双击特征的表面或草图，特征和草图的所有尺寸即显示在图形区域。双击要修改的尺寸，打开【修改】对话框即可修改尺寸数值，如图 4-192 所示。

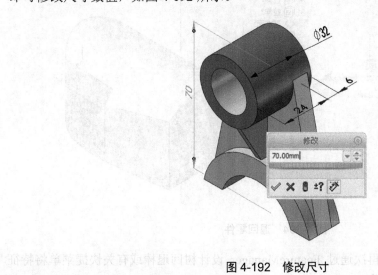

图 4-192 修改尺寸

(6) 特征的压缩和解除压缩。

特征的压缩相当于该特征对零件本身不起作用，但是在 FeatureManager 设计树中记录了特征的设计信息。任何特征都可以看作有两种状态：正常状态(还原的、解除压缩)和压缩状态(被压缩，不起作用)，如图 4-193 所示。

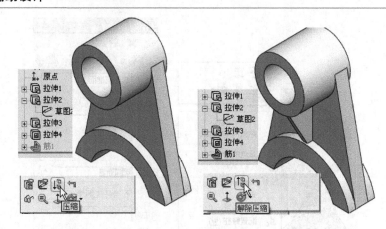

图 4-193　压缩特征

（7）退回特征。

如果用户需要在某一特征前插入一个新的特征，或者按照设计树的顺序依次了解零件的设计过程，使用退回特征工具很方便。如图 4-194 所示，选中一个特征，从关联工具栏中单击【退回】按钮，则零件退回到该特征之前。

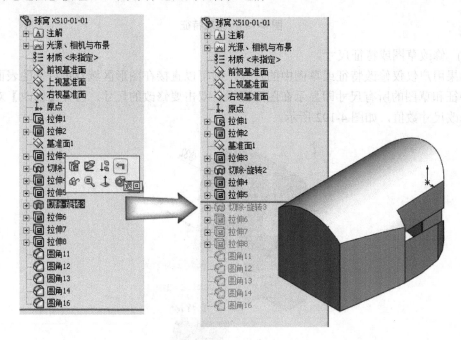

图 4-194　退回零件

零件退回后，用户可以再次通过 FeatureManager 设计树回退棒或有关快捷菜单将特征退回到最后，如图 4-195 所示。

（8）修改特征顺序。

在 FeatureManager 设计树中上下拖动特征，可以更改特征的顺序，如图 4-196 所示。在改变特征顺序时应遵循父子关系，即子特征不能放在父特征之前。

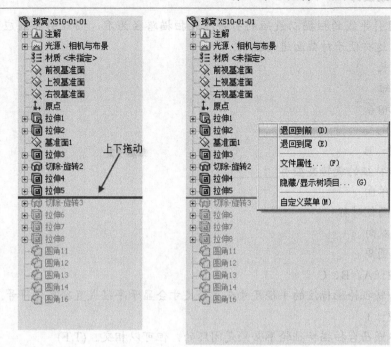

图 4-195 退回和返回零件

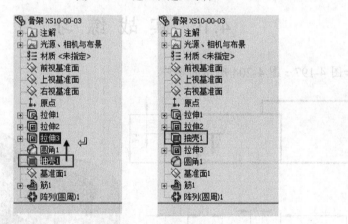

图 4-196 修改特征顺序

4.9 理 论 练 习

1. 使用一个轮廓不封闭的草图进行拉伸，会出现_____ 。

A. 自动生成薄壁实体

B. 不能进行拉伸操作

C. 自动生成曲面

D. 自动生成钣金

答案: A

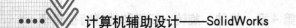

2. 使用引导线的扫描以最短的引导线或扫描路径为准，因此引导线应该比扫描路径 _____，这样便于对截面进行控制。

    A. 长

    B. 短

    C. 相等

    D. 无关

    答案：B

3. 旋转特征的旋转类型有_____。

    A. 单向

    B. 两侧对称

    C. 双向

    D. 圆周

    答案：A、B、C

4. 旋转特征轮廓标注的半径尺寸或直径尺寸会显示半径或直径尺寸符号。(T/F)

    答案：T

5. 基体或凸台扫描特征轮廓必须是闭环的，但可以相交。(T/F)

    答案：F

4.10　实 战 练 习

设计如图 4-197~图 4-204 所示的零件。

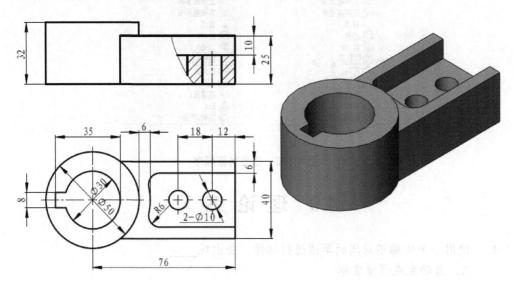

图 4-197　零件 1

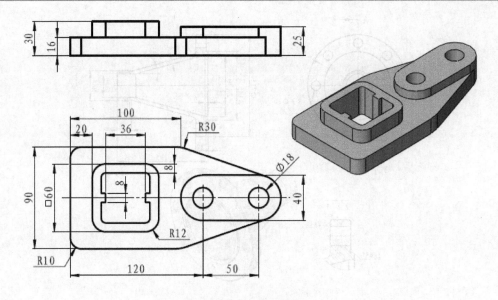

图 4-198　零件 2

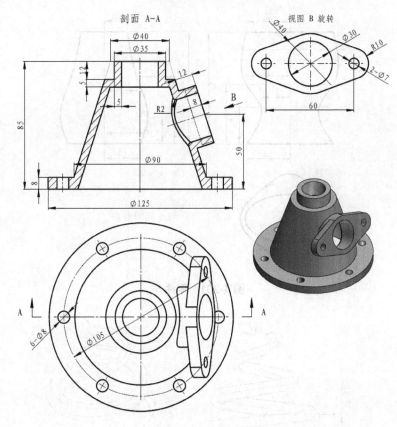

图 4-199　零件 3

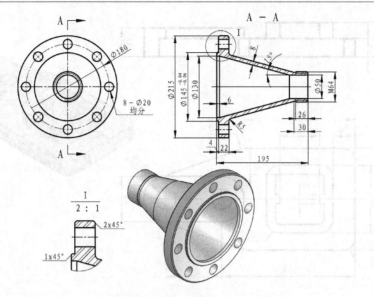

图 4-200 零件 4

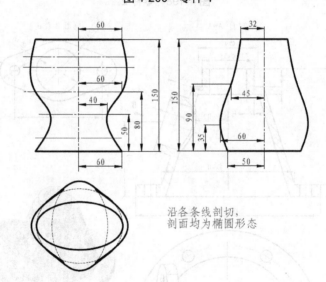

沿各条线剖切，
剖面均为椭圆形态

图 4-201 零件 5

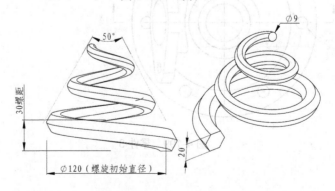

图 4-202 零件 6

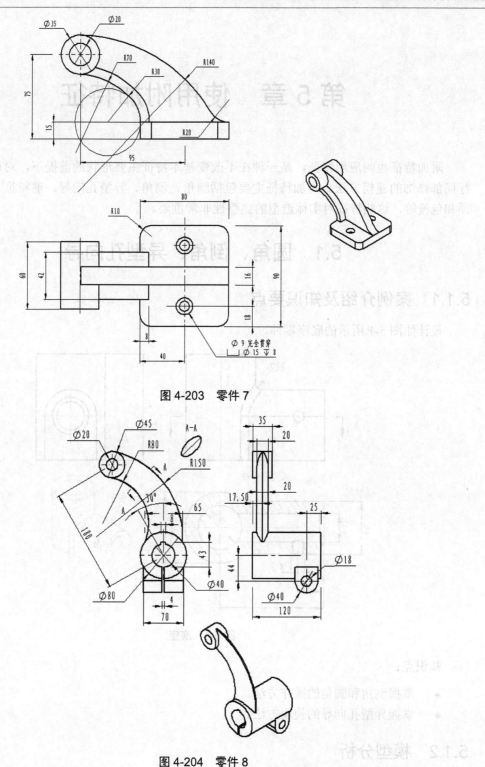

图 4-203　零件 7

图 4-204　零件 8

第 5 章　使用附加特征

附加特征也叫应用特征，是一种在不改变基本特征主要形状的前提下，对已有特征进行局部修饰的建模方法。附加特征主要包括圆角、倒角、异型孔向导、筋特征、抽壳、圆顶和包覆等，这些特征对实体造型的完整性非常重要。

5.1　圆角、倒角、异型孔向导

5.1.1　案例介绍及知识要点

设计如图 5-1 所示的底座零件。

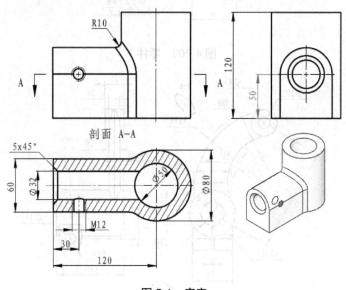

图 5-1　底座

知识点：

- 掌握倒角和圆角的操作方法。
- 掌握异型孔向导的使用方法。

5.1.2　模型分析

底座的零件建模可分解为以下几步，如图 5-2 所示。

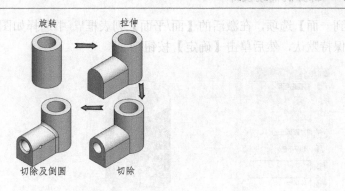

旋转　　　　拉伸

切除及倒圆　　　切除

图 5-2　模型分析

5.1.3　操作步骤

(1) 新建零件。

新建零件"底座"。

(2) 绘制草图 1。

绘制如图 5-3 所示的草图，然后退出草图。

(3) 建立基体特征。

按 S 键，在 S 工具栏中单击【旋转凸台/基体】按钮 ，激活【旋转】属性管理器对话框，如图 5-4 所示，然后单击【确定】按钮 。

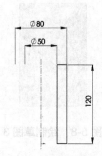

图 5-3　绘制草图 1

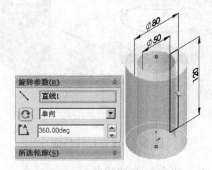

旋转参数(R)

直线1

单向

360.00deg

所选轮廓(S)

图 5-4　建立基体特征

(4) 建立基准面。

单击【等轴测】按钮 调整视图，在 FeatureManager 设计树中单击【前视基准面】选项 ，按 S 键，在 S 工具栏中单击【基准面】按钮 ，激活【基准面】属性管理器对话框，在【等距距离】微调框 中输入"120.00mm"，其他保持默认设置，如图 5-5 所示，然后单击【确定】按钮 。

(5) 绘制草图 2。

单击【基准面 1】，在关联工具栏中单击【草图绘制】按钮 ，进入草图绘制状态。绘制如图 5-6 所示的草图，并进行尺寸的标注，注意几何约束关系，然后退出草图。

(6) 建立拉伸特征。

单击【等轴测】按钮 调整视图，单击【草图 2】，按 S 键，在 S 工具栏中单击【拉伸】按钮 ，激活【拉伸】属性管理器对话框。在【终止条件】下拉列表框中选择【成形到一面】选项,在激活的【面/平面】列表框中选择如图 5-7 所示的【面 1】选项,其他保持默认,然后单击【确定】按钮。

图 5-5 建立基准面

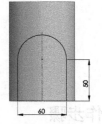

图 5-6 绘制草图 2

(7) 绘制草图 3。

单击【基准面 1】,在关联工具栏中单击【草图绘制】按钮,进入草图绘制状态。绘制如图 5-8 所示的草图,注意几何关系,然后退出草图。

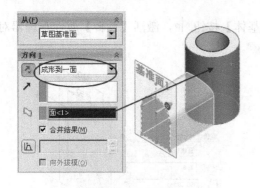

图 5-7 建立拉伸特征

图 5-8 绘制草图 3

(8) 建立拉伸切除特征。

按 S 键,在 S 工具栏中单击【拉伸切除】按钮,激活【拉伸】属性管理器对话框。在【终止条件】下拉列表框中选择【成形到下一面】选项,如图 5-9 所示,然后单击【确定】按钮。

(9) 选择孔规格。

选择如图 5-10 所示的面,按 S 键,在 S 工具栏中单击【异型孔向导】按钮,激活【孔规格】属性管理器对话框。在【孔类型】下拉列表框中选择【螺纹孔】选项,在【标准】下拉列表框中选择 GB 选项,在【类型】下拉列表框中选择【底部螺纹孔】选项,在【大小】下拉列表框中选择 M12 选项,在【终止条件】下拉列表框中选择【成形到下一面】选项,其他保持默认,如图 5-10 所示。

(10) 建立孔特征

单击【位置】标签进入草图状态,将视图正视,并进行草图尺寸的标注,添加点与模型边线的几何约束关系为“重合”,如图 5-11 所示。然后单击【确定】按钮。

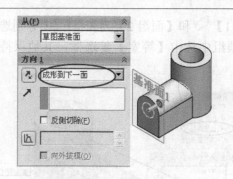

图 5-9 建立拉伸切除特征

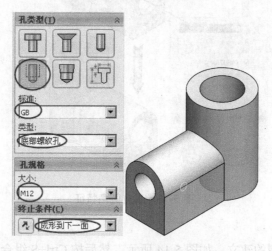

图 5-10 选择孔规格

(11) 建立倒角特征。

单击【等轴测】按钮 ⃝ 调整视图，选择如图 5-12 所示的边线，按 S 键，在 S 工具栏中单击【倒角】按钮 ⃝ ，激活【倒角】属性管理器对话框。在【距离】微调框中输入"5.00mm"，其他保持默认设置，如图 5-12 所示，然后单击【确定】按钮 ✅。

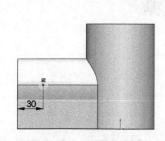

图 5-11 建立孔特征

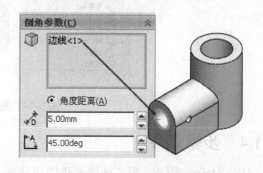

图 5-12 建立倒角特征

(12) 建立圆角特征。

按 S 键，在 S 工具栏中单击【圆角】按钮 ⃝ ，激活【圆角】属性管理器对话框。在【圆角类型】选项组中选中【面圆角】单选按钮，在【宽度】 ⃝ 微调框中输入

"10.00mm"，在【面组 1】 和【面组 2】列表框 中分别选择如图 5-13 的箭头所示的面，在【圆角选项】选项组中选中【等宽】复选框，其他保持默认设置，然后单击【确定】按钮 。

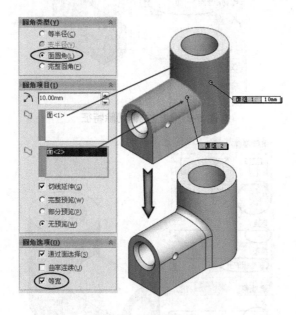

图 5-13　建立圆角特征

(13) 完成模型。

至此，完成了模型的建立，如图 5-14 所示，然后按 Ctrl+S 组合键保存文件。

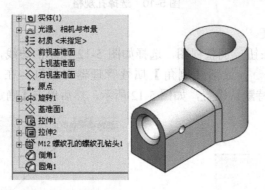

图 5-14　完成模型

5.1.4　步骤点评

(1) 对于步骤(4)：为了使读者思路更清晰，此步骤建立了基准面，此基准面是为"拉伸 1"特征服务的。

另外也可以省略基准面的建立，这里总结两种方法：第一种方法，利用拉伸特征的开始条件【等距】，如图 5-15 所示；第二种方法，利用默认基准面，这就要求用户在建立基体特征的草图时灵活地设置草图原点的位置，如图 5-16 所示。

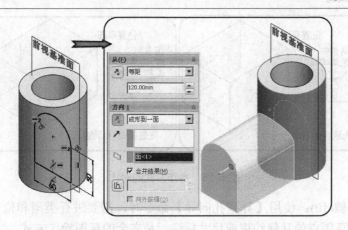

图 5-15 【等距】开始条件

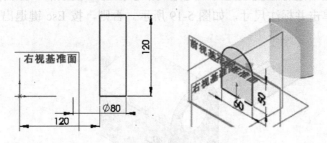

图 5-16 定位草图原点的位置

(2) 对于步骤(9)：有时候用户在使用【异型孔向导】命令建立螺纹孔时，选择的类型明明是螺纹孔，但实际孔却不是螺纹孔。这是因为在【选项】下有 3 种设置，分别是【螺纹钻孔直径】、【装饰螺纹线】和【移除螺纹线】，用户需正确设置，如图 5-17 所示。

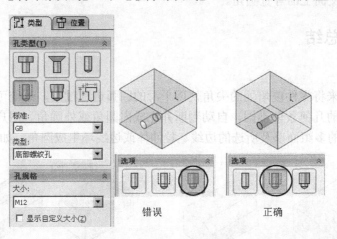

图 5-17 正确设置螺纹选项

另外需要注意的是命令的操作方法，建议用户先单击要建立孔的面，后选择【异型孔向导】命令。这样做的好处是异型孔的位置草图为二维草图，可以编辑草图平面，否则为3D 草图，无法编辑草图平面，如图 5-18 所示。

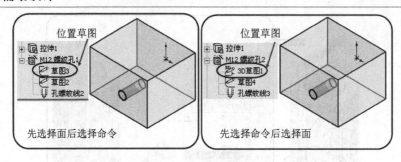

图 5-18　操作方式的对比

(3) 对于步骤(10)：使用【异型孔向导】命令时，需要进行类型和位置的设定。位置的设定就是进行草图点的几何约束或尺寸标注，是完全的草图操作方式。

需要注意的是，进行位置设定时，【绘制点】按钮 ✳ 被激活，如需要添加其他点，可继续在模型面上单击并标注尺寸，如图 5-19 所示。否则，按 Esc 键退出点命令并进行几何约束或尺寸标注。

图 5-19　添加其他点

(4) 对于步骤(12)：圆角特征的面圆角功能非常强大，可以建立其他圆角类型不能实现的圆角，如相交面上的等宽圆角。

5.1.5　知识总结

1. 圆角

圆角特征用来将零件棱角处的尖角使用平滑的圆弧进行过渡，系统可根据用户选择的对象和对象相邻的几何条件不同，自动判断并完成内圆角或外圆角。用户可以为一个面的所有边线、所选的多组面以及所选的边线、拉伸体或边线环生成圆角，如图 5-20 所示。

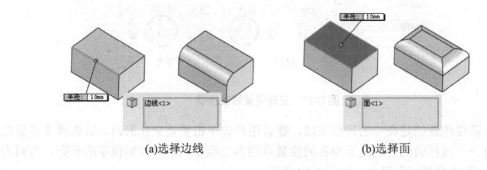

(a)选择边线　　　　　　　　　　　　　(b)选择面

图 5-20　圆角选择

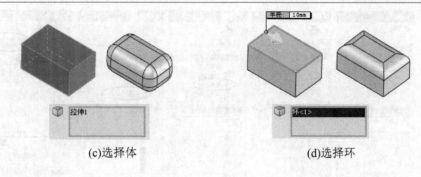

|(c)选择体|(d)选择环|

图 5-20 (续)

1) 圆角的类型

SolidWorks 可以建立 4 种不同类型的圆角，如表 5-1 所示。

表 5-1 圆角特征

类型	⊙ 等半径(C)		⊙ 变半径(V)	⊙ 面圆角(L)	⊙ 完整圆角(F)
功能	生成等半径的圆角		生成用户指定的不同半径的圆角	生成非相邻、非连续的面	生成三个相邻面组相切的圆角
操作说明	单击边线	单击面	单击边线	选择需要过渡的两个面	选择两个边侧面组和中央面组
图例说明					

- 等半径圆角：生成的圆角在每个测量位置的半径值相等。
- 变半径圆角：生成的圆角在每个测量位置的半径值根据用户的确定可以不相等。
- 面圆角：可以利用【面圆角】选项对非相邻或非接触的面进行圆角过渡。
- 完整圆角：用于建立三个相邻面组相切的圆角。

2) 圆角操作

(1) 单击【特征】工具栏上的【圆角】按钮 ，或选择【插入】|【特征】|【圆角】命令，激活【圆角】属性管理器对话框。

(2) 在【圆角类型】选项组中选择圆角类型，然后设定其他属性管理器。

(3) 选择要进行圆角的对象(通常是边角)。

(4) 单击【确定】按钮 即可生成圆角。

说明：用户在学习或工作中可以使用如图 5-21 所示的 5 种圆角工具。

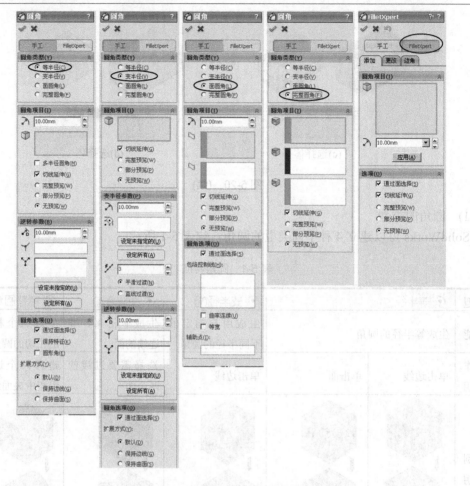

图 5-21 【圆角】属性管理器对话框

3) 选项的应用

- 【切线延伸】选项的应用效果如图 5-22 所示。
- 【保持特征】选项的应用效果如图 5-23 所示。

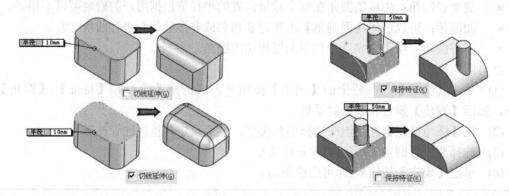

图 5-22 【切线延伸】选项的应用效果　　　　图 5-23 【保持特征】选项的应用效果

- 【圆形角】选项的应用效果如图 5-24 所示。

- 圆角的【扩展方式】选项的应用效果如图 5-25 所示。

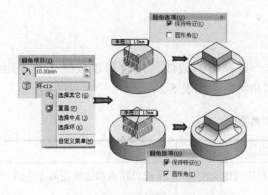

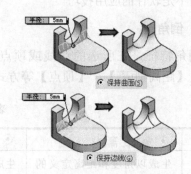

图 5-24 【圆形角】选项的应用效果 　　　　图 5-25 【扩展方式】选项的应用效果

- 【平滑过渡】与【直线过渡】选项的应用效果如图 5-26 所示。
- 【包络控制线】选项的应用效果如图 5-27 所示。

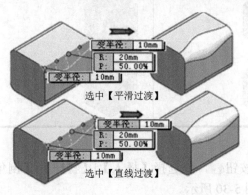

选中【平滑过渡】

选中【直线过渡】

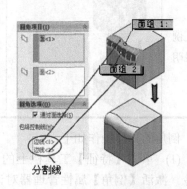

图 5-26 【平滑过渡】与【直线过渡】选项的应用效果 　　图 5-27 【包络控制线】选项的应用效果

- 【等宽】选项的应用效果如图 5-28 所示。

4) FilletXpert(圆角特征专家)

利用 FilletXpert(圆角特征专家)建立圆角更方便而且功能更强大，如图 5-29 所示。

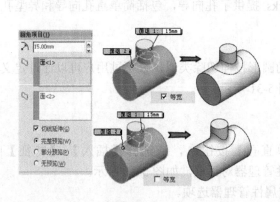

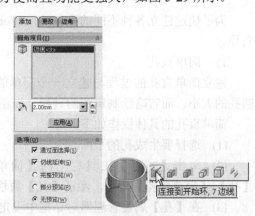

图 5-28 【等宽】选项的应用效果 　　　　图 5-29 使用 FilletXpert

利用 FilletXpert 建立圆角解放了设计人员的思路，使得设计人员能够更加专注于设计本身而不是软件的应用技巧。

2. 倒角

倒角特征是在所选的边线或顶点上生成一条倾斜的边线。用户可以按照【角度距离】、【距离-距离】、【顶点】等方式建立倒角特征。如表 5-2 所示。

表 5-2　倒角特征

类型	⊙ 角度距离(A)	⊙ 距离-距离(D)	⊙ 顶点(V)
功能	生成以角度和距离定义的倒角	生成以距离和距离定义的倒角	生成以顶点和边线距离定义的倒角
操作说明	单击边线	单击面	单击点
图例说明			

倒角的具体操作如下。

(1) 单击【特征】工具栏上的【倒角】按钮，或选择【插入】|【特征】|【倒角】命令，激活【倒角】属性管理器对话框，如图 5-30 所示。

(2) 选择倒角类型，然后设定其他属性管理器。

(3) 在图形区域选择要进行倒角的对象(通常是边线)。

(4) 单击【确定】按钮 即可生成倒角。

3. 异型孔向导

为了快速建立各种不同的孔，SolidWorks 提供了孔向导，包括简单直孔向导和异型孔向导。

1) 简单直孔

建立简单直孔的过程与建立一个简单的圆形拉伸切除类似，只不过用户可以通过定义圆孔的大小，而省略绘制草图的过程，如图 5-31 所示。

简单直孔的具体操作如下。

(1) 选择要生成孔的平面。

(2) 单击【特征】工具栏上的【简单直孔】按钮，或选择【插入】|【特征】|【孔】|【简单直孔】命令，激活【孔】属性管理器对话框，如图 5-32 所示。

(3) 在【孔】属性管理器对话框中设定属性管理器选项。

(4) 单击【确定】按钮 即可生成简单直孔。

图 5-30　【倒角】属性管理器对话框

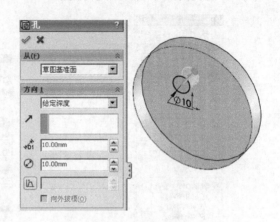

图 5-31　简单直孔

2)　异型孔向导

异型孔特征包含两个草图，即孔轮廓草图和孔位置草图。

- 孔轮廓草图：用于定义异型孔的轮廓，如表 5-3 所示。
- 孔位置草图：用于定义异型孔的位置和数量。SolidWorks 只对孔位置草图中的草图点有效，也就是说，草图中的一个点表示在那个点的位置上有一个孔。

表 5-3　异型孔向导

类型	柱孔	锥孔	孔	螺纹孔	管螺纹孔	旧制孔
命令图标						
功能	生成柱孔	生成锥孔	生成孔	生成螺纹孔	生成管螺纹孔	可自由设定尺寸，生成非标准的孔
操作说明	先单击面，后选择命令					
图例说明						

一般说来，建立异型孔之前应该首先确定用于打孔的表面(即用于定义异型孔位置的草图平面)，如图 5-33 所示，具体操作步骤如下。

(1) 选择打孔平面。

(2) 选择孔的类型并确定相关参数,包括选用的标准和规格。

(3) 确定孔的数量。

(4) 标注孔的尺寸或约束几何关系。

图 5-32　【孔】属性管理器对话框

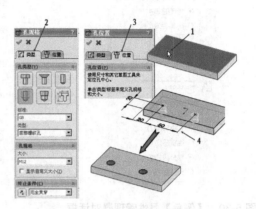

图 5-33　使用异型孔向导的步骤

5.2　筋

5.2.1　案例介绍及知识要点

设计如图 5-34 所示的斜连接。

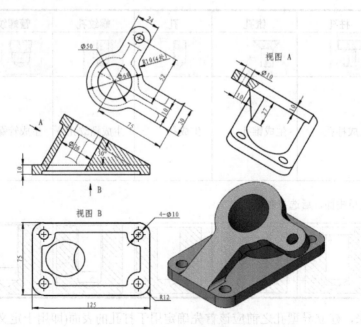

图 5-34　斜连接

知识点：

- 理解零件建模思路。
- 掌握筋的建立方法。

5.2.2　模型分析

通过图 5-34，发现该模型具有以下几个特点。

(1) 模型主体为长方体和圆柱体，可以采用【拉伸】命令实现。

(2) 模型加强筋可以采用【筋】命令实现。

于是，该模型可以通过以下分解思路来完成，如图 5-35 所示。

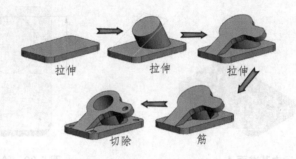

图 5-35　模型分析

5.2.3　操作步骤

(1) 新建零件。

新建零件"斜连接"。

(2) 绘制草图 1。

在上视基准面上绘制草图，如图 5-36 所示，然后退出草图。

(3) 建立基体特征。

按 S 键，在 S 工具栏中单击【拉伸凸台/基体】按钮，激活【拉伸】属性管理器对话框，其他保持默认设置，如图 5-37 所示。然后单击【确定】按钮。

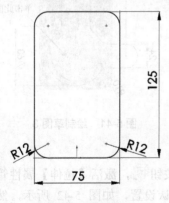

图 5-36　绘制草图 1

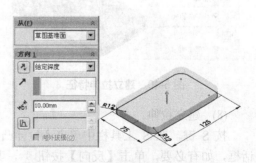

图 5-37　建立基体特征

(4) 建立基准面。

按 S 键，在 S 工具栏中单击【基准面】按钮，激活【基准面】属性管理器对话框。在激活的【参考实体】列表框中选择如图 5-38 所示的实体边线和面，在【两面夹角】微调框中输入"30.00deg"，然后单击【确定】按钮。

(5) 绘制草图。

单击步骤(4)建立的基准面，进入草图绘制状态，绘制如图 5-39 所示的草图，注意几何关系，然后退出草图。

图 5-38　建立基准面 1

图 5-39　绘制草图 2

(6) 建立拉伸特征。

按 S 键，在 S 工具栏中单击【拉伸凸台/基体】按钮，激活【拉伸】属性管理器对话框。在【终止条件】下拉列表框中选择【成形到一面】选项，在激活的【面/平面】列表框中选择如图 5-40 所示的面，然后单击【确定】按钮。

(7) 绘制草图。

单击模型的表面，绘制如图 5-41 所示的草图，然后退出草图。

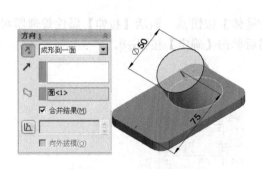

图 5-40　建立拉伸特征

图 5-41　绘制草图 3

(8) 建立拉伸。

按 S 键，在 S 工具栏中单击【拉伸凸台/基体】按钮，激活【拉伸】属性管理器对话框，如有必要，单击【反向】按钮，其他保持默认设置，如图 5-42 所示，然后单击【确定】按钮。

(9) 绘制草图 4。

单击【右视基准面】，进入草图绘制状态，绘制如图 5-43 所示的草图，然后退出草图。

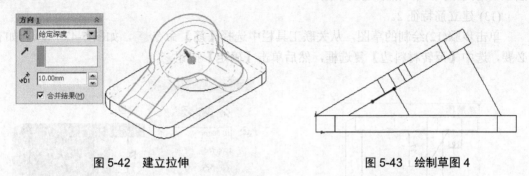

图 5-42 建立拉伸   图 5-43 绘制草图 4

(10) 建立筋特征 1。

单击步骤(9)绘制的草图，从关联工具栏中选择【筋】命令 ，激活【筋】属性管理器对话框，如图 5-44 所示。设置厚度为【两侧】，在【筋厚度】微调框中输入"10.00mm"并回车，设置拉伸方向为【平行于草图】，其他保持默认设置，然后单击【确定】按钮 。

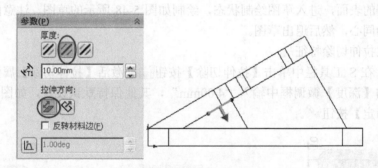

图 5-44 建立筋特征 1

(11) 建立基准面 2。

在特征设计树中单击【拉伸 2】中的【草图 2】选项，在关联工具栏中单击【显示】按钮 ，按 S 键，在 S 工具栏中单击【基准面】按钮 ，激活【基准面】属性管理器对话框。在激活的【选择】列表框中选择如图 5-45 所示的直线和点，然后单击【确定】按钮 。

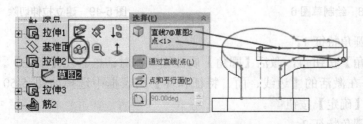

图 5-45 建立基准面 2

(12) 绘制草图 5。

单击【基准面 2】，进入草图绘制状态，单击【正视于】按钮 ⊥ 调整视图，绘制如图 5-46 所示的草图，然后退出草图。

(13) 建立筋特征 2。

单击步骤(12)绘制的草图，从关联工具栏中选择【筋】命令 ，如图 5-47 所示。如有必要，选中【反转材料边】复选框，然后单击【确定】按钮 。

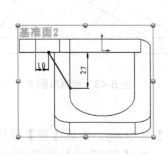

图 5-46　绘制草图 5

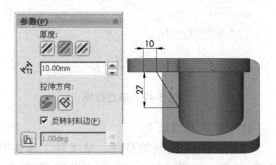

图 5-47　建立筋特征 2

(14) 绘制草图 6。

单击模型的表面，进入草图绘制状态，绘制如图 5-48 所示的草图，注意圆弧与对应的模型圆弧线为同心，然后退出草图。

(15) 建立拉伸切除特征。

按 S 键，在 S 工具栏中单击【拉伸切除】按钮 ，激活【拉伸切除】属性管理器对话框。在激活的【深度】微调框中输入"4.00mm"，其他保持默认设置，如图 5-49 所示，然后单击【确定】按钮 。

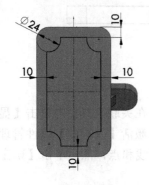

图 5-48　绘制草图 6

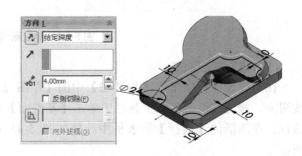

图 5-49　建立拉伸切除

(16) 建立圆角特征 1。

单击【圆角】按钮 ，激活【圆角】属性管理器对话框。在【半径】 微调框中输入"3.00mm"，在激活的【边线、面、特征和环】列表框中选择如图 5-50 箭头所示的边线，然后单击【确定】按钮 。

(17) 建立圆角特征 2。

单击【圆角】按钮 ，激活【圆角】属性管理器对话框。单击 FilletXpert 按钮，在

【半径】微调框中输入"2.00mm"，在激活的【边线、面、特征和环】列表框中选择如图 5-51 所示的【边线<1>】，在关联菜单中单击【特征内部】按钮 ，然后单击【确定】按钮 。

造，选择 5-50 所示，加上【位置】标签，下拉列【位置】选项，添加调框后点。

如果从所示的位置没有出现大小，则添加关系。

（22）

如果没有出现大小，则添加关系，那么所需要的大小的添加关系。

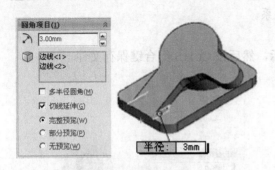

图 5-50　建立圆角特征 1

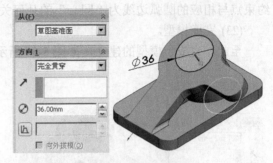

图 5-51　建立圆角特征 2

(18) 建立孔特征 1。

单击模型的表面，如图 5-52 所示，选择【插入】|【特征】|【孔】|【简单直孔】命令，在激活的对话框中的【终止条件】下拉列表框中选择【完全贯穿】选项，在激活的【孔直径】微调框中输入"36.00mm"并回车。然后单击【确定】按钮 。

(19) 对孔草图进行定位 1。

单击【草图 7】，进入草图绘制状态，按住 Ctrl 键选择如图 5-53 所示的边线和圆弧，添加"同心"的几何约束关系。然后单击【确定】按钮 。

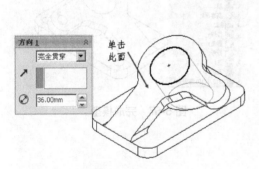

图 5-52　建立孔特征 1

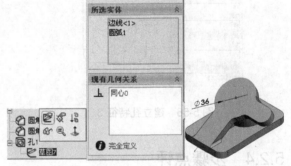

图 5-53　建立孔的定位 1

(20) 建立孔特征 2。

单击模型的表面，选择【插入】|【特征】|【孔】|【简单直孔】命令，在激活的对话框中的【终止条件】下拉列表框中选择【成形到下一面】选项，在【孔直径】微调框中输入"10.00mm"并回车，如图 5-54 所示。然后单击【确定】按钮 。

(21) 对孔草图进行定位 2。

单击【草图 8】，系统进入草图绘制状态，按住 Ctrl 键选择如图 5-55 所示的边线和圆弧，添加"同心"的几何关系，然后单击【确定】按钮 。

(22) 建立孔特征 3。

选择模型的表面，单击【正视于】按钮 ，按 S 键，在 S 工具栏中单击【异型孔向导】按钮，激活【孔规格】属性管理器对话框。在【孔类型】选项组下单击【孔】按钮，在【大小】下拉列表框中选择φ10.0，在【终止条件】下拉列表框中选择【完全贯穿】选项，如图 5-56 所示。单击【位置】标签，切换到【位置】选项卡，添加草图点，并分别约束点与相应的圆弧边线为"同心"的几何关系。

(23) 完成模型。

至此，完成了模型的建立，如图 5-57 所示，然后按 Ctrl+S 组合键保存文件。

图 5-54　建立孔特征 2

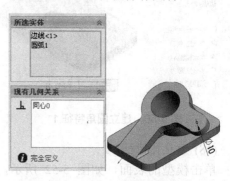

图 5-55　建立孔的定位 2

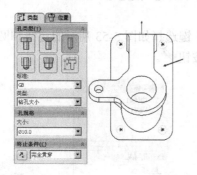

图 5-56　建立孔特征 3

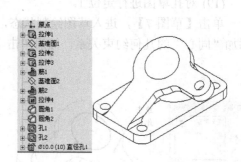

图 5-57　完成模型

5.2.4　步骤点评

(1) 对于步骤(8)：新建的拉伸特征覆盖了部分圆柱体，那么重叠的部分是否质量叠加？这里具体问题具体分析，如果新建的特征为多实体，那么质量叠加；反之，不叠加。

(2) 对于步骤(9)和步骤(10)：筋特征草图也可以在其他边线上建立，如图 5-58 所示。

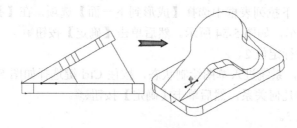

图 5-58　筋特征草图建在边线上

(3) 对于步骤(17)：使用 FilletXpert 编辑圆角非常方便。

5.2.5　知识总结

1. 筋

所谓筋是指零件上增加强度的部分。生成筋特征前，必须先绘制一个与零件相交的草图，该草图既可以是开环的也可以是闭环的。

筋特征可以认为是一类特殊的拉伸特征。利用筋特征的草图轮廓进行凸台拉伸，可延伸到现有零件的内部表面。

1) 筋的分类

筋的分类可以分厚度方向、拉伸方向和延伸方向，如表 5-4 所示。

2) 筋的操作

(1) 在与基本零件的基准面等距的基准面上生成一个草图。

(2) 单击【特征】工具栏上的【筋】按钮 ，或选择【插入】|【特征】|【筋】命令，激活【筋】属性管理器对话框，如图 5-59 所示。

(3) 在【筋】属性管理器对话框中设定属性管理器选项。

(4) 单击【确定】按钮 即可生成筋。

表 5-4　筋的分类

	类　型	选项图标	功　能	图例说明
筋特征	筋的厚度方向 第一边		生成的筋在草图的一侧	
	两边		生成的筋在草图的两侧	
	第二边		生成的筋在草图的一侧	
	筋的拉伸方向 平行于草图		生成的筋与草图相平行	
	垂直于草图		生成的筋与草图相垂直	
	筋的延伸方向 线性	⊙ 线性(L)	生成的筋沿草图实体的切线进行延伸	
	自然	⊙ 自然(N)	生成的筋沿草图实体的曲率进行延伸	

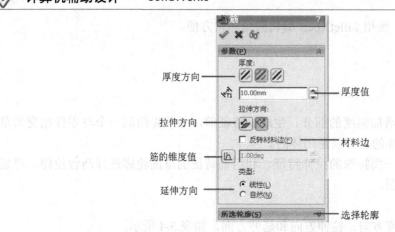

图 5-59　【筋】属性管理器对话框

3)　筋特征操作注意事项

● 筋的草图可以为开环，也可以为闭环，或者开环、闭环同时存在，如图 5-60 所示。

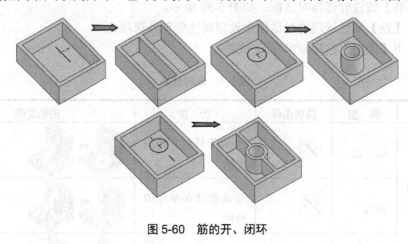

图 5-60　筋的开、闭环

● 筋的草图如果是开环，则延伸方向需要与已有特征相交，如图 5-61 所示。

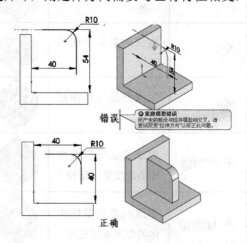

图 5-61　开环的延伸方向需要与已有特征相交

- 筋的草图如果是闭环，拉伸方向需要与已有特征相交。
- 相同的草图可以生成不同的筋特征。

2. 拔模

当今越来越多的产品需要使用模具产生，这就要求在产品设计阶段在相应的面上给予一定的拔模角度，从而使零件在脱出型腔时更容易。设计方法有两种，其一，直接在现有的零件上建立拔模特征，另外也可以在建立拉伸的过程中给定拔模角度。

建立拔模特征可以使用 3 种不同的方法，即中性面、分型线、阶梯拔模。表 5-5 所示为利用"中性面"方式建立的拔模。

表 5-5　中性面拔模

类　型	中性面				
面延伸的种类	无	沿切面	所有面	内部的面	外部的面
功　能	将所选的面进行拔模	将拔模延伸到所有与所选面相切的面	所有与中性面相邻的面以及从中性面拉伸的面都进行拔模	所有从中性面拉伸的内部面都进行拔模，不需要选拔模面	所有与中性面相邻的外部面都进行拔模，不需要选拔模面
操作说明	单击中性面，选中拔模面	单击中性面，选中拔模面	单击中性面	单击中性面	单击中性面
图例说明					

5.3　抽　壳

5.3.1　案例介绍及知识要点

设计如图 5-62 所示的上连接盖。

知识点：

- 理解零件建模思路。
- 掌握抽壳的使用方法。

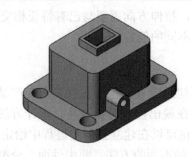

图 5-62　上连接盖

5.3.2　模型分析

图 5-63 所示为零件建模的分解思路。

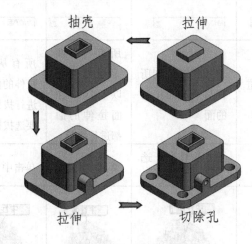

抽壳　　　　拉伸

拉伸　　　　切除孔

图 5-63　模型分析

5.3.3　操作步骤

(1)　新建零件。

新建零件"上连接盖"。

(2)　绘制草图 1。

在上视基准面上绘制如图 5-64 所示的草图，并进行草图尺寸的标注，然后退出草图。

(3)　建立基体特征。

按 S 键，在 S 工具栏中单击【拉伸凸台/基体】按钮，激活【拉伸】属性管理器对话框。在【深度】微调框中输入"8.00mm"，其他保持默认设置，如图 5-65 所示，然后单击【确定】按钮。

(4)　绘制草图 2。

单击模型的上表面，绘制如图 5-66 所示的草图，然后退出草图。

(5)　建立拉伸特征 1。

激活草图，按 S 键，在 S 工具栏中单击【拉伸凸台/基体】按钮，激活【拉伸】属

性管理器对话框。在【深度】微调框中输入"30.00mm"，其他保持默认设置，如图 5-67
所示，然后单击【确定】按钮✅。

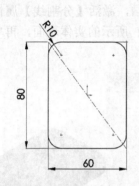

图 5-64　绘制草图 1

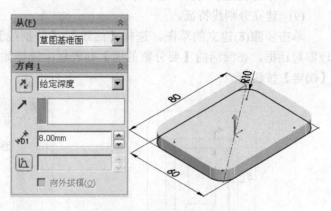

图 5-65　建立基体特征

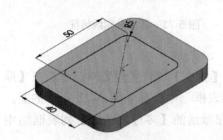

图 5-66　绘制草图 2

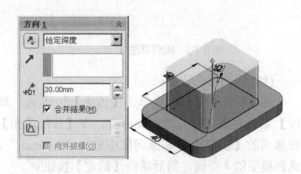

图 5-67　建立拉伸特征 1

(6)　绘制草图 2。

单击模型的上表面，绘制如图 5-68 所示的草图，然后退出草图。

(7)　建立拉伸特征 2。

激活草图，按 S 键，在 S 工具栏中单击【拉伸凸台/基体】按钮，激活【拉伸】属
性管理器对话框。在【深度】微调框中输入"5.00mm"，其他保持默认设置，如图 5-69
所示，然后单击【确定】按钮✅。

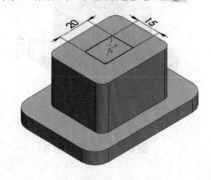

图 5-68　绘制草图 3

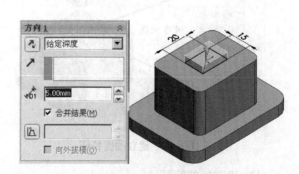

图 5-69　建立拉伸特征 2

(8) 绘制草图 4。

单击【上视基准面】，绘制草图，如图 5-70 所示。

(9) 建立分割线特征。

单击步骤(8)建立的草图，选择【曲线】|【分割线】命令 ，激活【分割线】属性管理器对话框，在激活的【要分割的面】列表框中选择如图 5-71 所示的实体表面，再单击【确定】按钮 。

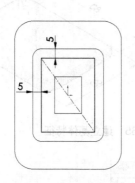

图 5-70　绘制草图 4

图 5-71　建立分割线特征

(10) 建立抽壳特征。

在【特征】工具栏中单击【抽壳】按钮 ，激活【抽壳】属性管理器对话框。在【厚度】 微调框中输入"5.00mm"，在【移除的面】列表框 中选择如图 5-72 所示的面，在激活的【多厚度】 微调框中输入"2.00mm"，在激活的【多厚度的面】列表框 中选择模型的 4 个面，然后单击【确定】按钮 。

(11) 绘制草图 5。

单击模型面，绘制如图 5-73 所示的草图，然后退出草图。

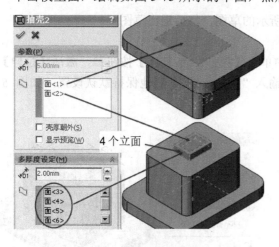

图 5-72　建立抽壳特征

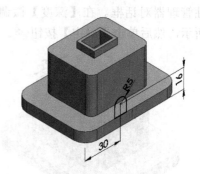

图 5-73　绘制草图 5

(12) 建立拉伸特征。

按 S 键，在 S 工具栏中单击【拉伸凸台/基体】按钮 ，激活【拉伸】属性管理器对话框，在【终止条件】下拉列表框中选择【成形到下一面】选项，其他保持默认设置，如图 5-74 所示。然后单击【确定】按钮 ✅ 。

(13) 绘制草图 6。

单击模型面，绘制如图 5-75 所示的草图，然后退出草图。

(14) 建立切除特征(1)。

按 S 键，在 S 工具栏中单击【拉伸切除】按钮 🔲，激活【拉伸切除】属性管理器对话框，在【终止条件】下拉列表框中选择【成形到下一面】选项，其他保持默认设置，如图 5-76 所示，然后单击【确定】按钮 ✅ 。

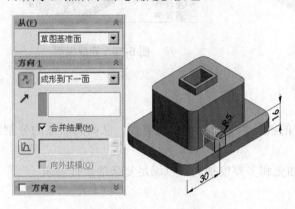

图 5-74 建立拉伸特征 3

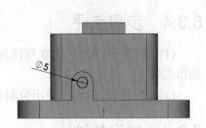

图 5-75 绘制草图 6

(15) 绘制草图 7。

单击模型面，绘制如图 5-77 所示的草图，然后退出草图。

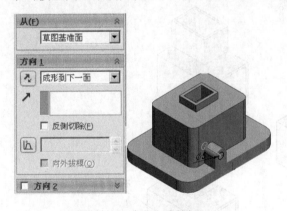

图 5-76 建立切除特征 1

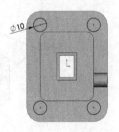

图 5-77 绘制草图 7

(16) 建立切除特征。

按 S 键，在 S 工具栏中单击【拉伸切除】按钮 🔲，激活【拉伸切除】属性管理器对话框，在【终止条件】下拉列表框中选择【完全贯穿】选项，其他保持默认设置，如图 5-78 所示，然后单击【确定】按钮 ✅ 。

(17) 完成模型。

至此，完成了零件的建模，如图 5-79 所示，然后按 Ctrl+S 组合键保存文件。

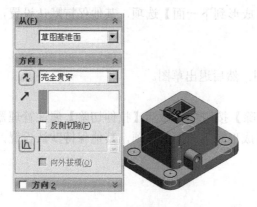

图 5-78　建立切除特征 2

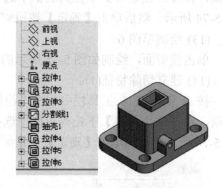

图 5-79　完成模型

5.3.4　步骤点评

(1) 对于步骤(8)：建立草图的目的就是为了分割模型的表面，从而为后续的分割线抽壳作准备。

(2) 对于步骤(10)：使用分割线抽壳和多厚度抽壳可以满足复杂的设计要求。

5.3.5　知识总结

按照一定的壁厚要求，从一个或多个面开始将零件的内部掏空，将所选面敞开并保持其他面的厚度称为抽壳，如图 5-80 所示。

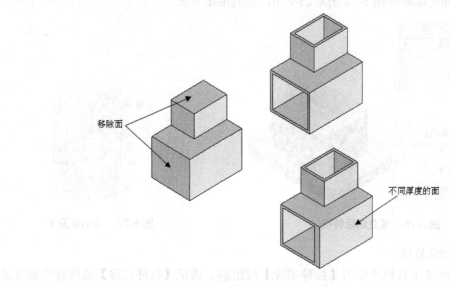

图 5-80　抽壳特征

1．抽壳的类型

抽壳有 4 种类型：单厚度抽壳、多厚度抽壳、特征抽壳和分割线抽壳，如表 5-6 所示。

表 5-6　抽壳的类型

类型	单厚度抽壳	多厚度抽壳	特征抽壳	分割线抽壳
功能	对实体指定的面挖空，生成单厚度壳体	对实体指定的面挖空，生成多厚度壳体	对实体内部挖空	对实体分割线区域挖空
操作说明	将选中的面切除，每个壁的厚度都相同	选择切除面并分别设定壁厚	选中特征	单击分割线区域
图例说明				

2．抽壳的操作

(1) 单击【特征】工具栏上的【抽壳】按钮 ▣，或选择【插入】|【特征】|【抽壳】命令，激活【抽壳】属性管理器对话框，如图 5-81 所示。

图 5-81　【抽壳】属性管理器对话框

(2) 在【抽壳】属性管理器对话框中设定属性管理器选项。

(3) 单击【确定】按钮 ✅ 即可生成抽壳。

3．抽壳特征操作注意事项

- 多厚度抽壳：利用多厚度面，可以设置若干个不同厚度的面，如图 5-82 所示，每次选择面时需要设定不同的厚度。
- 分割线抽壳：对相应的分割区域进行抽壳，如图 5-83 所示。
- 特征抽壳：对"拉伸 1"特征进行整体抽壳，如图 5-84 所示。

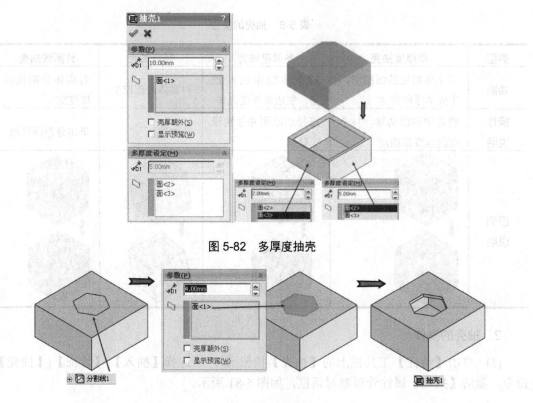

图 5-82 多厚度抽壳

图 5-83 分割线抽壳

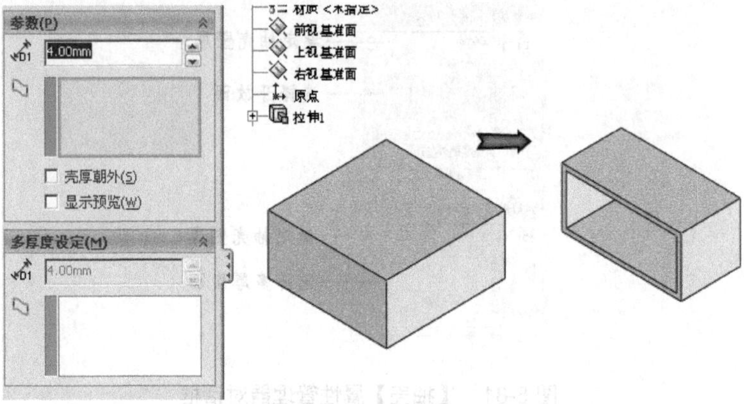

图 5-84 特征抽壳

5.4 包   覆

5.4.1 案例介绍及知识要点

设计如图 5-85 所示的量筒。

图 5-85　量筒

知识点：

- 理解零件建模思路。
- 掌握包覆的使用方法。

5.4.2　模型分析

量筒建模的分解思路如图 5-86 所示。

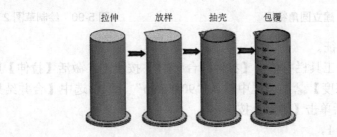

图 5-86　模型分析

5.4.3　操作步骤

(1) 新建零件。

新建零件"量筒"。

(2) 绘制草图 1。

单击【前视基准面】，绘制草图，如图 5-87 所示，然后退出草图。

(3) 建立旋转基体特征。

按 S 键，在 S 工具栏中单击【旋转凸台/基体】按钮 ，在弹出的对话框中保持默认设置，单击【确定】按钮 ，如图 5-88 所示。

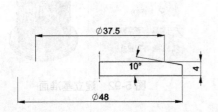

图 5-87　绘制草图 1

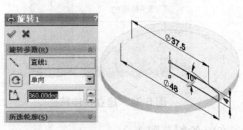

图 5-88　建立旋转基体特征

(4) 建立圆角特征。

按 S 键，在 S 工具栏中单击【圆角】按钮，激活【圆角】属性管理器对话框，建立如图 5-89 所示的圆角，然后单击【确定】按钮。

(5) 绘制草图 2。

单击模型的上表面并进入草图绘制状态，使用【草图】工具栏中的【转换实体引用】命令，绘制如图 5-90 所示的草图，然后退出草图。

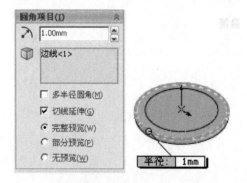

图 5-89　建立圆角特征

图 5-90　绘制草图 2

(6) 建立拉伸特征。

按 S 键，在 S 工具栏中单击【拉伸凸台/基体】按钮，激活【拉伸】属性管理器对话框。在激活的【深度】微调框中输入"90.00mm"，取消选中【合并结果】复选框，如图 5-91 所示，然后单击【确定】按钮。

(7) 建立基准面 1。

在前导视图工具栏中单击【等轴测】按钮调整视图，选择如图 5-92 所示的面，按 S 键，在 S 工具栏中单击【基准面】按钮，激活【基准面】属性管理器对话框，在【等距距离】微调框中输入"9.00mm"，选中【反向】复选框，如图 5-92 所示，然后单击【确定】按钮。

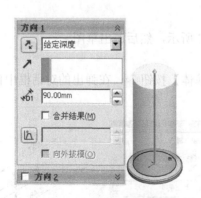

图 5-91　建立拉伸特征

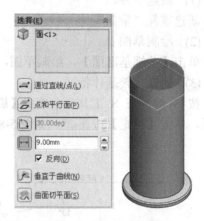

图 5-92　建立基准面

(8) 绘制草图 3。

选择"基准面 1"并进入草图绘制状态，绘制如图 5-93 所示的草图，然后退出草图。

(9)　绘制草图 4。

单击模型的上表面并进入草图绘制状态，绘制如图 5-94 所示的草图，然后退出草图。

(10)　建立放样特征。

按 S 键，在 S 工具栏中单击【放样凸台/基体】按钮，激活【放样】属性管理器对话框，在激活的【轮廓】列表框中按顺序选择【草图 3】、【草图 4】，如图 5-95 所示，然后单击【确定】按钮。

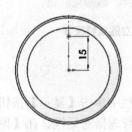

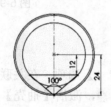

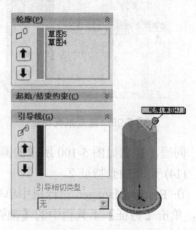

图 5-93　绘制草图 3　　　　图 5-94　绘制草图 4　　　　图 5-95　建立放样特征

(11)　建立圆角特征 2。

按 S 键，在 S 工具栏中单击【圆角】按钮，激活【圆角】属性管理器对话框，建立如图 5-96 所示的圆角，然后单击【确定】按钮。

同理，建立如图 5-97 所示的圆角。

(12)　建立抽壳特征 1。

在 FeatureManager 设计树中单击【旋转 1】选项，在关联工具栏中单击【隐藏】按钮，单击【特征】工具栏中的【抽壳】按钮，激活【抽壳】属性管理器对话框。在【厚度】微调框中输入"0.85mm"，在【移除的面】列表框中选择如图 5-98 所示的上下两个面("面<1>"和"面<2>")，其他保持默认设置，然后单击【确定】按钮。

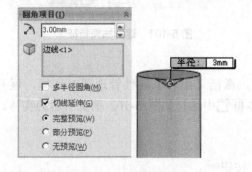

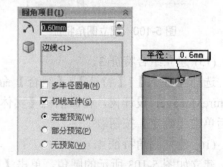

图 5-96　建立圆角特征 2　　　　　　　图 5-97　建立圆角特征

(13)　建立圆角特征 3。

按 S 键，在 S 工具栏中单击【圆角】按钮，激活【圆角】属性管理器对话框，建立如图 5-99 所示的圆角，然后单击【确定】按钮。

图 5-98　建立抽壳特征 1

图 5-99　建立圆角特征 3

同理，建立如图 5-100 所示的圆角。

(14) 建立抽壳特征 2。

在 FeatureManager 设计树中单击【旋转 1】选项，在关联工具栏中单击【显示】按钮，单击【特征】工具栏中的【抽壳】按钮，激活【抽壳】属性管理器对话框。在【厚度】微调框中输入"0.80mm"，在【移除的面】列表框中选择如图 5-101 所示的【面1】，其他保持默认，然后单击【确定】按钮。

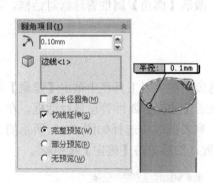

图 5-100　建立圆角特征

图 5-101　建立抽壳特征 2

(15) 建立组合特征 3。

选择【插入】|【特征】|【组合】命令，激活【组合】属性管理器对话框，展开 FeatureManager 设计树，在激活的【实体】文本框中选择如图 5-102 箭头所示的实体。然后单击【确定】按钮。

(16) 建立圆角特征 4。

建立如图 5-103 所示的圆角，单击【确定】按钮。

(17) 建立基准面 2。

选择如图 5-104 所示的面，按 S 键，在 S 工具栏中单击【基准面】按钮，激活【基准面】属性管理器对话框。在【等距距离】微调框中输入"80.00mm"，选中【反向】

复选框，如图 5-104 所示，然后单击【确定】按钮 ✅。

(18) 绘制草图 5。

在 FeatureManager 设计树中单击【右视基准面】选项 ◈，绘制如图 5-105 所示的草图，退出草图。

图 5-102　建立组合特征 3

图 5-103　建立圆角特征 4

图 5-104　建立基准面 2

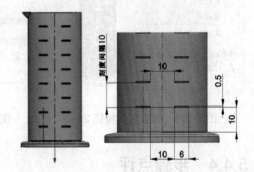

图 5-105　绘制草图 5

(19) 建立包覆特征 1。

单击【特征】工具栏中的【包覆】按钮 📦，激活【包覆】属性管理器对话框，选中【刻划】单选按钮，在激活的【包覆草图的面】列表框 ⤵ 中选择如图 5-106 所示的面，然后单击【确定】按钮 ✅。

(20) 绘制草图 6。

在 FeatureManager 设计树中单击【右视基准面】选项 ◈，绘制如图 5-107 所示的草图，然后退出草图。

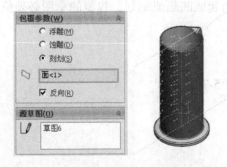

图 5-106　建立包覆特征 1

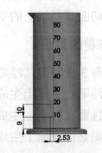

图 5-107　绘制草图 6

(21) 建立包覆特征 2。

单击【特征】工具栏中的【包覆】按钮 ，激活【包覆】属性管理器对话框，选中【刻划】单选按钮，在激活的【包覆草图的面】列表框 中选择如图 5-108 所示的面，然后单击【确定】按钮 。

(22) 添加透明度。

在 FeatureManager 设计树中右击【量筒】选项，在弹出的快捷菜单中选择【外观】|【颜色】命令，激活【颜色和光学】属性管理器对话框，在【透明度】微调框 中输入"0.70mm"，如图 5-109 所示。然后单击【确定】按钮 。

(23) 完成模型。

至此，完成了模型的建立，如图 5-110 所示，然后按 Ctrl+S 组合键保存文件。

图 5-108　建立包覆特征 2　　　　图 5-109　添加透明度　　　　图 5-110　完成模型

5.4.4　步骤点评

(1) 对于步骤(8)：对放样特征来说，点可以作为单独的草图使用。

(2) 对于步骤(15)：对于多实体的组合命令，在特征树中的实体文件夹下选择实体相对来说较容易。

(3) 对于步骤(18)：包覆的草图一定要封闭。

(4) 对于步骤(22)：对于玻璃量器来说，调整透明度是模拟真实产品外观较简单的方法。

5.4.5　知识总结

包覆是将草图轮廓缠绕到包覆面上，形成凸起或凹陷或刻划。包覆的草图必须位于包覆面的相切面或相切面的平行平面上。

1．包覆的类型

包覆有 3 种类型：浮雕、蚀雕、刻划，如表 5-7 所示。

● 浮雕：在面上生成一凸起特征。

● 蚀雕：在面上生成一缩进特征。

● 刻划：在面上生成一草图轮廓印记。

表 5-7　包覆的类型

类型	⊙ 浮雕(M)	⊙ 蚀雕(D)	⊙ 刻划(S)
功能	草图轮廓缠绕包覆面，形成凸起	草图轮廓缠绕包覆面，形成凹陷	草图轮廓缠绕包覆面，形成缠绕的草图，并将包覆面加以分割
操作说明	选中源草图，单击要包覆的面	选中源草图，单击要包覆的面	选中源草图，单击要包覆的面
图例说明			

2. 包覆的操作

(1) 在 FeatureManager 设计树中选取要包覆的草图。

(2) 单击【特征】工具栏上的【包覆】按钮，或选择【插入】|【特征】|【包覆】命令，激活【包覆】属性管理器对话框，如图 5-111 所示。

(3) 在【包覆】属性管理器对话框中设定属性管理器选项。

(4) 单击【确定】按钮 即可生成包覆特征。

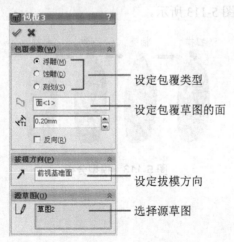

图 5-111　【包覆】属性管理器对话框

5.5 圆　顶

5.5.1　案例介绍及知识要点

设计如图 5-112 所示的香波瓶。

图 5-112　香波瓶

知识点：

- 理解零件建模思路。
- 掌握圆顶的使用方法。

5.5.2　模型分析

香波瓶的建模思路如图 5-113 所示。

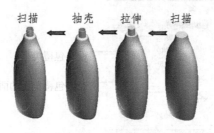

扫描　　抽壳　　拉伸　　扫描

图 5-113　模型分析

5.5.3　操作步骤

(1) 新建零件。

新建零件"香波瓶"。

(2) 绘制草图 1。

在前视基准面上绘制如图 5-114 所示的草图，然后退出草图。

（3）绘制草图 2。

在 FeatureManager 设计树中单击【前视基准面】，绘制如图 5-115 所示的草图，然后退出草图。

（4）绘制草图 3。

在 FeatureManager 设计树中单击【右视基准面】，绘制如图 5-116 所示的草图，然后退出草图。

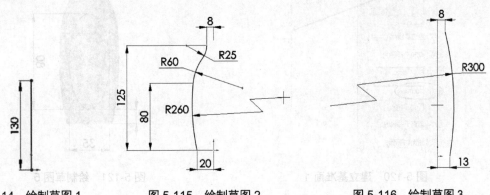

图 5-114　绘制草图 1　　　　　图 5-115　绘制草图 2　　　　　图 5-116　绘制草图 3

（5）绘制草图 4。

在 FeatureManager 设计树中单击【上视基准面】，绘制如图 5-117 所示的草图，然后退出草图。

（6）建立扫描特征。

在【特征】工具栏中单击【扫描】按钮，激活【扫描】属性管理器对话框，在列表框中选择如图 5-118 箭头所示的草图，然后单击【确定】按钮。

（7）建立圆顶特征。

单击【特征】工具栏中的【圆顶】按钮，激活【圆顶】属性管理器对话框，选择如图 5-119 所示的【面<1>】。如有必要，单击【反向】按钮，在激活的【距离】微调框中输入"3.00mm"，然后单击【确定】按钮。

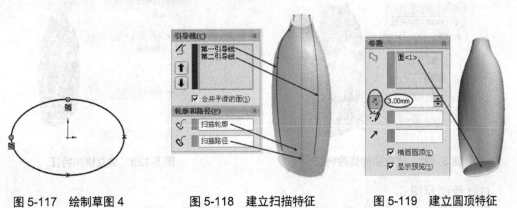

图 5-117　绘制草图 4　　　　　图 5-118　建立扫描特征　　　　　图 5-119　建立圆顶特征

（8）建立基准面 1。

单击【前视基准面】，在关联菜单中单击【基准面】按钮，激活【基准面】属性管理器对话框，如图 5-120 所示。在激活的【等距距离】微调框中输入"30.00mm"，然后单击【确定】按钮。

(9) 绘制草图 5。

单击步骤(8)建立的基准面，绘制如图 5-121 所示的草图，然后退出草图。

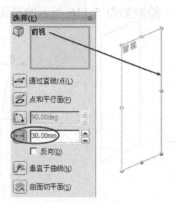

图 5-120　建立基准面 1

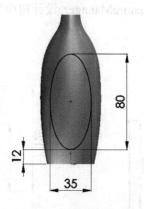

图 5-121　绘制草图 5

(10) 建立拉伸切除特征。

按 S 键，在 S 工具栏中单击【拉伸切除】按钮，激活【拉伸切除】属性管理器对话框。在【终止条件】下拉列表框中选择【到离指定面指定的距离】选项，在激活的【面/平面】列表框中选择如图 5-122 所示的面，在【深度】微调框中输入"0.50mm"，然后单击【确定】按钮。

(11) 建立镜向特征。

单击【特征】工具栏中的【镜向】按钮，激活【镜向】属性管理器对话框，展开 FeatureManager 设计树。在激活的【镜向面/基准面】列表框中选择【前视】选项，在激活的【要镜向的特征】列表框中选择【切除-拉伸 1】选项，如图 5-123 所示，然后单击【确定】按钮。

图 5-122　建立拉伸切除特征

图 5-123　建立镜向特征

(12) 绘制草图 6。

单击模型表面，绘制如图 5-124 所示的草图，然后退出草图。

(13) 建立拉伸特征。

按 S 键，在 S 工具栏中单击【拉伸凸台/基体】按钮，建立拉伸特征，如图 5-125 所示，然后单击【确定】按钮。

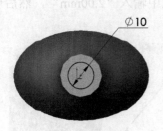

图 5-124 绘制草图 6

图 5-125 建立拉伸特征

(14) 建立圆角特征 2。

按 S 键，在 S 工具栏中单击【圆角】按钮，激活【圆角】属性管理器对话框，建立如图 5-126 所示的圆角，然后单击【确定】按钮。

同理，建立如图 5-127～图 5-129 所示的圆角。

图 5-126 建立圆角特征 2

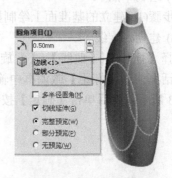

图 5-127 建立圆角特征 3

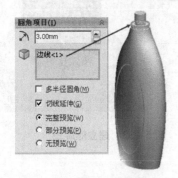

图 5-128 建立圆角特征 4

图 5-129 建立圆角特征 5

(15) 建立抽壳特征 2。

单击【特征】工具栏中的【抽壳】按钮，激活【抽壳】属性管理器对话框，在激活的【厚度】微调框中输入“0.80mm”，在激活的【移除的面】文本框中选择如图 5-130 所示的【面<1>】。然后单击【确定】按钮。

(16) 建立基准面 2。

按 S 键，在 S 工具栏中单击【基准面】按钮，激活【基准面】属性管理器对话框。选择如图 5-131 所示的面，在【等距距离】微调框中输入"2.00mm"，然后单击【确定】按钮。

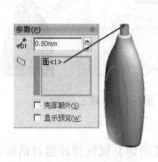

图 5-130　建立抽壳特征 2

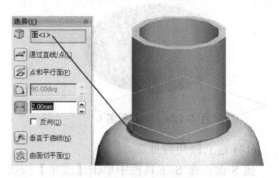

图 5-131　建立基准面 2

(17) 绘制草图 7。

在步骤(16)建立的基准面上绘制如图 5-132 所示的草图，然后退出草图。

(18) 建立螺旋线。

选择【插入】|【曲线】|【螺旋线/涡旋线】命令，激活【螺旋线/涡旋线】属性管理器对话框，在【螺距】微调框中输入"3.00mm"、在【圈数】微调框中输入"2"，如图 5-133 所示。然后单击【确定】按钮。

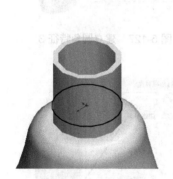

图 5-132　绘制草图 7

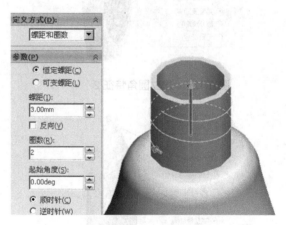

图 5-133　建立螺旋线

(19) 草图绘制(8)。

单击【右视基准面】，绘制如图 5-134 所示的草图，并添加"穿透"几何约束关系，然后退出草图。

(20) 建立扫描切除特征。

单击步骤(19)建立的草图，按 S 键，在 S 工具栏中单击【扫描】按钮，激活【扫描】属性管理器对话框，选择如图 5-135 箭头所示的草图与螺旋线，然后单击【确定】按钮。

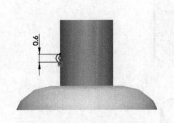

图 5-134　绘制草图 8

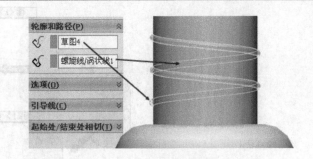

图 5-135　建立扫描切除特征

(21) 建立圆角特征 5。

按 S 键，在 S 工具栏中单击【圆角】按钮，激活【圆角】属性管理器对话框，建立如图 5-136 所示的圆角，然后单击【确定】按钮。

(22) 完成模型。

至此，完成了零件的建模，如图 5-137 所示，然后按 Ctrl+S 组合键保存文件。

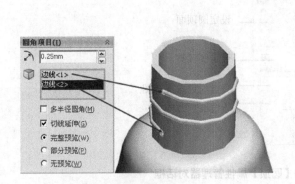

图 5-136　建立圆角特征 5

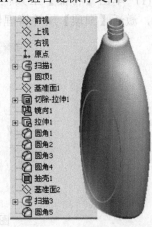

图 5-137　完成模型

5.5.4　步骤点评

(1) 对于步骤(5)：轮廓草图不需要定义尺寸，只需要和引导线草图建立"穿透"的几何约束关系。

(2) 对于步骤(7)：【圆顶】命令可以建立外凸或者内凹的特征。

(3) 对于步骤(17)：在草图中使用【转化实体引用】命令。

5.5.5　知识总结

圆顶是从选择的平面开始平滑过渡到指定距离的点上所形成的特征，是针对模型表面进行变形的一种操作，可以生成圆顶型凸起或凹陷，如图 5-138 所示。

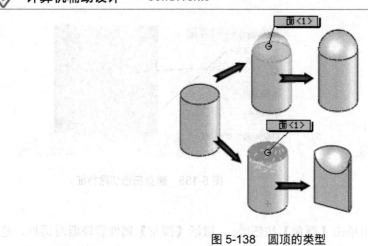

图 5-138　圆顶的类型

1．圆顶的操作

（1）单击【特征】工具栏上的【圆顶】按钮 ，或选择【插入】|【特征】|【圆顶】命令，激活【圆顶】属性管理器对话框，如图 5-139 所示。

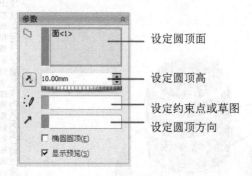

设定圆顶面

设定圆顶高

设定约束点或草图

设定圆顶方向

图 5-139　【圆顶】属性管理器对话框

（2）在【圆顶】属性管理器对话框中设定属性管理器选项。

（3）单击【确定】按钮 即可生成圆顶。

2．圆顶的应用

圆顶选项的应用如表 5-8 所示。

表 5-8　圆顶选项的应用

类型	☐ 椭圆圆顶(E)	☑ 椭圆圆顶(E)	约束点或草图	方向
功能图标	无	无		
功能	生成的是圆形圆顶	生成的是椭圆圆顶		
操作说明	单击面	单击面	单击面，选中草绘点	单击面，选择方向边线

续表

图例说明	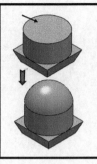	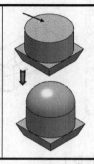	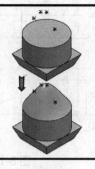	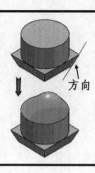

5.6 理 论 练 习

1. 在圆角特征中，圆角可延伸到所有与之相切的边线上。用户只需要在圆角项目中选择_____。

    A. 圆角延伸

    B. 切线延伸

    C. 延伸圆角

    D. 保持特征

    答案: B

2. 在圆角特征中，圆角可延伸到所有与之相切的边线上。用户只需要在圆角选项中选择_____。

    A. 圆角延伸   B. 切线延伸   C. 延伸圆角   D. 延伸到边

    答案: B

3. 在创建异型孔特征时，设定配合类型的是_____选项。

    A. 大小   B. 套合   C. 类型   D. 选项

    答案: C

4. 变半径圆角的两种过渡类型是_____。

    A. 平滑过渡

    B. 圆周过渡

    C. 直线过渡

    D. 曲线过渡

    答案: A、C

5. 可以在一个圆柱面建立简单直孔。(T/F)

    答案: F

5.7 实 战 练 习

设计如图 5-140～图 5-144 所示的模型。

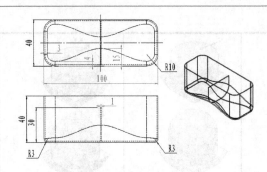

图 5-140　模型 1

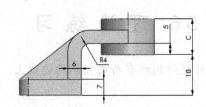

图 5-141　模型 2

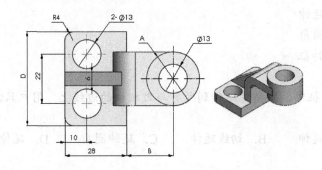

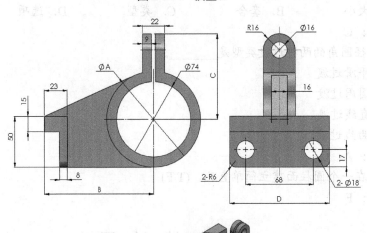

图 5-142　模型 3

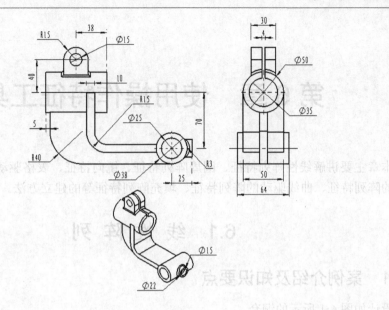

图 5-143 模型 4

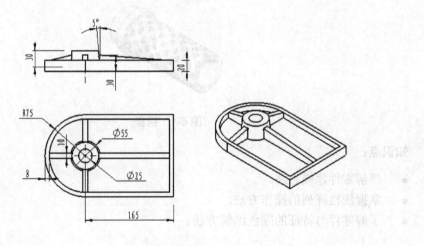

图 5-144 模型 5

第 6 章　使用操作特征工具

本章主要讲解线性阵列特征、圆周阵列特征、镜向特征、表格驱动的阵列特征、草图驱动的阵列特征、曲线驱动的阵列特征、填充阵列特征等的建立方法。

6.1　线　性　阵　列

6.1.1　案例介绍及知识要点

设计如图 6-1 所示的铜套。

图 6-1　铜套

知识点：

- 理解零件建模思路。
- 掌握线性阵列的操作方法。
- 了解零件与特征的颜色编辑方法。

6.1.2　模型分析

铜套的分解思路如图 6-2 所示。

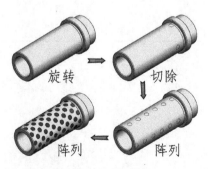

图 6-2　模型分析

6.1.3 操作步骤

(1) 新建零件。

新建零件"铜套"。

(2) 绘制草图 1。

在右视基准面上绘制如图 6-3 所示的草图，然后退出草图。

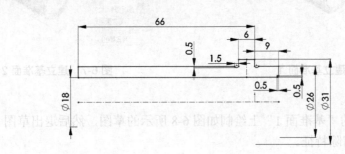

图 6-3 绘制草图 1

(3) 建立基体特征。

按 S 键，在 S 工具栏中单击【旋转凸台/基体】按钮 ，激活【旋转】属性管理器对话框。在激活的【旋转轴】列表框中选择如图 6-4 箭头所示的直线，其他保持默认，然后单击【确定】按钮 。

(4) 建立倒角特征。

按 S 键，在 S 工具栏中单击【倒角】按钮 ，激活【倒角】属性管理器对话框，在激活的【边线和面或顶点】 列表框中选择如图 6-5 箭头所示的面，然后单击【确定】按钮 。

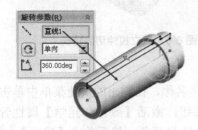

图 6-4 建立基体特征

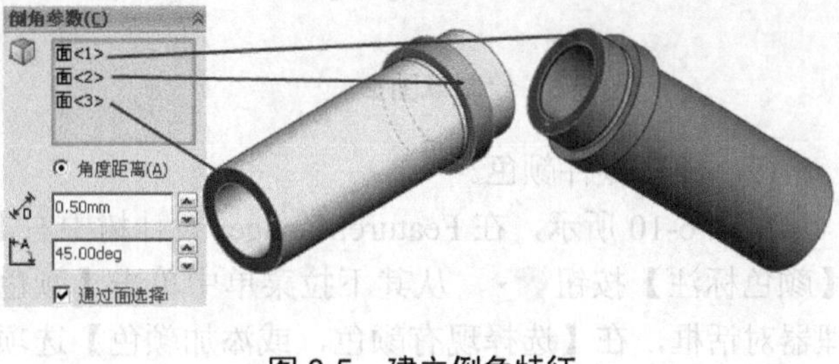

图 6-5 建立倒角特征

(5) 建立基准面 1。

在 FeatureManager 设计树中单击【上视基准面】选项，按 S 键，在 S 工具栏中单击【基准面】按钮 ，激活【基准面】属性管理器对话框。激活【曲面切平面】选项 ，在激活的【参考实体】 列表框中选择【面<1>】选项，如图 6-6 所示，如有必要，单击【其它解】按钮，然后单击【确定】按钮 。

(6) 建立基准面 2。

在 FeatureManager 设计树中单击【右视基准面】选项，按 S 键，在 S 工具栏中单击【基准面】按钮 ，激活【基准面】属性管理器对话框。激活【曲面切平面】选项 ，在激活的【参考实体】 列表框中选择【面<1>】选项，如图 6-7 所示。如有必要，单击

【其它解】按钮，然后单击【确定】按钮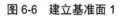。

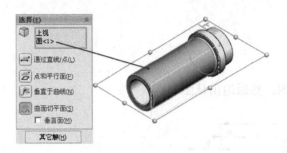

图 6-6　建立基准面 1　　　　　　　　　　　　图 6-7　建立基准面 2

(7)　绘制草图 2。

在步骤(5)建立的"基准面 1"上绘制如图 6-8 所示的草图，然后退出草图。

(8)　建立拉伸切除特征。

按 S 键，在 S 工具栏中单击【拉伸切除】按钮，激活【拉伸切除】属性管理器对话框。在【终止条件】下拉列表框中选择【到离指定面指定的距离】选项，在激活的【面/平面】列表框中选择如图 6-9 所示的面，选中【反向等距】复选框，在【深度】微调框中输入"0.05mm"，然后单击【确定】按钮。

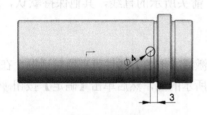　　　　　　　　　　

图 6-8　绘制草图 2　　　　　　　　　　　　图 6-9　建立拉伸切除特征

(9)　改变零件颜色。

如图 6-10 所示，在 FeatureManager 设计树中右击零件名称，在弹出的快捷菜单中单击【颜色标注】按钮，从其下拉菜单中单击【颜色】按钮，激活【颜色和光学】属性管理器对话框，在【选择现有颜色，或添加颜色】选项组中选择颜色，然后单击【确定】按钮。

(10) 改变特征颜色。

如图 6-11 所示，在 FeatureManager 设计树中右击特征，在弹出的快捷菜单中单击【颜色标注】按钮，从其下拉菜单中单击特征的【颜色】按钮，激活【颜色和光学】属性管理器对话框，在【选择现有颜色，或添加颜色】选项组中选择颜色，然后单击【确定】按钮。

(11) 绘制草图 3。

在步骤(6)建立的"基准面 2"上绘制如图 6-12 所示的草图，然后退出草图。

(12) 建立拉伸切除特征。

按 S 键，在 S 工具栏中单击【拉伸切除】按钮，激活【拉伸切除】属性管理器对话框。在【终止条件】下拉列表框中选择【到离指定面指定的距离】选项，在激活的【面/平面】列表框 中选择如图 6-13 所示的面，选中【反向等距】复选框，在【深度】 微调框中输入"0.05mm"，然后单击【确定】按钮 。

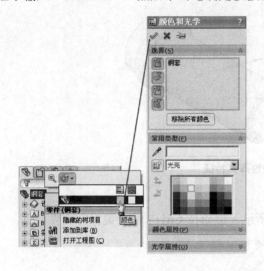

图 6-10 改变零件颜色

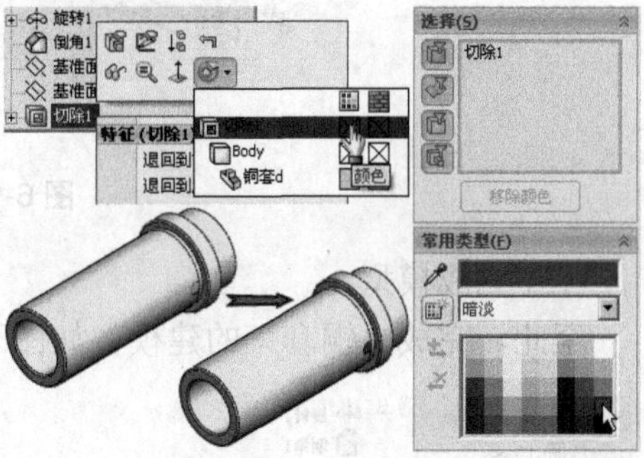

图 6-11 改变模型特征颜色

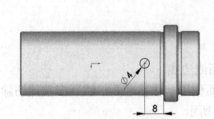

图 6-12 绘制草图

图 6-13 建立拉伸切除特征

(13) 线性阵列特征。

单击【视图】|【临时轴】按钮 ，再单击界面中的【线性阵列】按钮 ，激活【线性阵列】属性管理器对话框，手动展开 FeatureManager 设计树，在激活的【阵列方向】 列表框中选择【基准轴<1>】选项。如有必要，单击【反向】按钮 ，在激活的【间距】 文本框中输入"10.00mm"，在激活的【实例数】 微调框中输入"6"，在激活的【要阵列的特征】 列表框中选择【切除 1】和【切除 2】选项，如图 6-14 所示。然后单击【确定】按钮 。

(14) 建立圆周阵列特征。

在【特征】工具栏上单击【圆周阵列】按钮 ，激活【圆周阵列】属性管理器对话框，手动展开 FeatureManager 设计树。在激活的【阵列轴】 列表框中选择【面<1>】选项，在激活的【实例数】 微调框中输入"10"，在激活的【要阵列的特征】列表框中选择如图 6-15 所示的特征，然后单击【确定】按钮 。

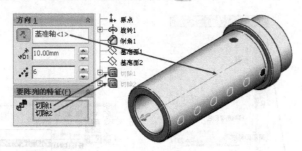

图 6-14　线性阵列特征

(15) 完成模型。

至此，完成"铜套"的建模，如图 6-16 所示，然后按 Ctrl+S 组合键保存文件。

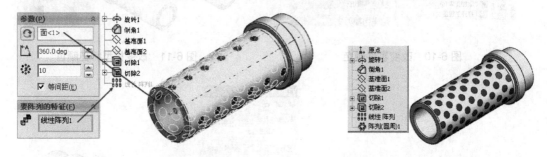

图 6-15　建立圆周阵列特征　　　　　　　　图 6-16　完成模型

6.1.4　步骤点评

(1) 对于步骤(4)：使用【倒角】命令，可以选择面或边线。

(2) 对于步骤(5)、(6)：可以省略建立此基准面，而使用默认基准面，然后在拉伸切除时设置开始条件为【曲面/面/基准面】选项，如图 6-17 所示。

图 6-17　拉伸切除时的开始条件

(3) 对于步骤(9)、(10)：可以分别设置零件的整体颜色和各个特征的颜色，甚至可以设置模型表面的颜色。

(4) 对于步骤(13)：对于线性阵列的阵列方向，可以使用草图、基准轴、临时轴、模型边线等。

(5) 对于步骤(14)：对于圆周阵列的阵列轴，可以使用临时轴、基准轴、圆柱面等。

6.1.5 知识总结

将特征沿一个或两个方向，每隔一定距离复制一个实例称为线性阵列。如图 6-18 所示，"种子"沿利用直线定义的方向复制，以线性阵列的形式形成多个实例。

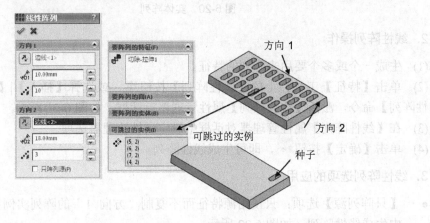

图 6-18 线性阵列

1．线性阵列的类型

线性阵列分为特征阵列、面的阵列、实体阵列。

- 特征阵列：使用所选择的特征作为源特征来生成阵列，如图 6-19 所示。

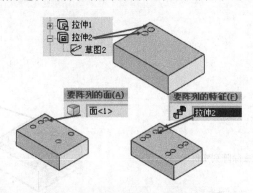

图 6-19 面的阵列与特征阵列

- 面的阵列：使用构成源特征的面生成阵列。如图 6-19 所示，对比了特征阵列与面的阵列的区别。另外使用【面的阵列】选项对只输入构成特征的面而不是特征本身的模型很有帮助。
- 实体阵列：在多实体零件中选择实体来生成阵列，如图 6-20 所示。

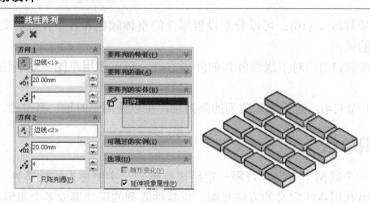

图 6-20　实体阵列

2．线性阵列操作

(1)　生成一个或多个要用来阵列的特征。

(2)　单击【特征】工具栏上的【线性阵列】按钮，或选择【插入】|【阵列/镜向】|【线性阵列】命令，激活【线性阵列】属性管理器对话框，如图 6-21 所示。

(3)　在【线性阵列】属性管理器对话框中设定属性管理器选项。

(4)　单击【确定】按钮，即可生成线性阵列。

3．线性阵列选项的应用

- 【只阵列源】选项：只使用源特征而不复制"方向 1"的阵列实例在"方向 2"中生成线性阵列，如图 6-22 所示。

图 6-21　【线性阵列】属性管理器对话框

（a）取消选中【只阵列源】（b）选中【只阵列源】

图 6-22　【只阵列源】选项的应用效果

- 【可跳过的实例】选项：用于生成阵列时跳过图形区域中选择的阵列实例，如图 6-23 所示。若要恢复阵列实例，可再次单击图形区域中的实例标号。

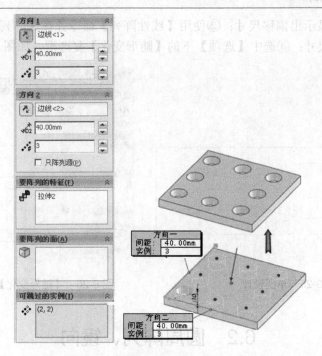

图 6-23　【可跳过的实例】选项的应用效果

- 【几何体阵列】选项：只使用特征的几何体(面和边线)来生成阵列，而不阵列和求解特征的每个实例，如图 6-24 所示。

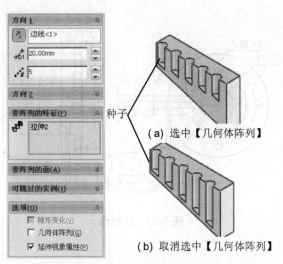

(a) 选中【几何体阵列】

(b) 取消选中【几何体阵列】

图 6-24　【几何体阵列】选项的应用效果

注意：在使用【几何体阵列】选项时，被阵列的特征在建立时有一定的要求。

- 【随形变化】：草图设计非常重要，需要把握两个重要的因素；第一，建立草图与控制随形变化参照之间的约束关系；第二，在阵列方向设定一个偏移尺寸，如图 6-25 所示。在生成特征时，有三点需要注意：①在使用命令前，先双击相应的特征以显示出偏移尺寸；②使用【线性阵列】命令并在【阵列方向】文本框中选择偏移尺寸；③选中【选项】下的【随形变化】复选框，如图 6-26 所示。

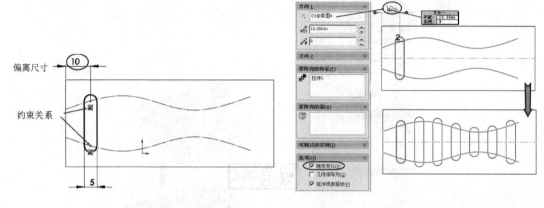

图 6-25　草图设计　　　　　　　图 6-26　【随形变化】选项的应用效果

6.2　圆周阵列、镜向

6.2.1　案例介绍及知识要点

设计如图 6-27 所示的指针盘。

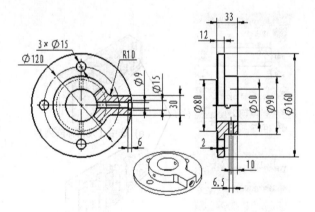

图 6-27　指针盘

知识点：

- 理解零件建模思路。
- 掌握圆周阵列的操作方法。

6.2.2　模型分析

指针盘的分解思路如图 6-28 所示。

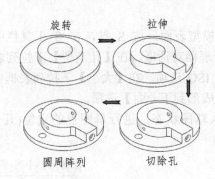

旋转　　拉伸

圆周阵列　　切除孔

图 6-28　模型分析

6.2.3　操作步骤

(1)　新建零件。

新建零件"指针盘"。

(2)　绘制草图 1。

在前视基准面上绘制如图 6-29 所示的草图，并进行草图尺寸的标注。

(3)　建立基体特征。

按 S 键，在 S 工具栏中单击【旋转凸台/基体】按钮，弹出【旋转】属性管理器对话框，如图 6-30 所示，然后单击【确定】按钮。

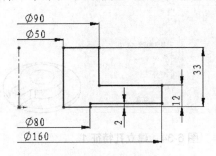

图 6-29　绘制草图 1

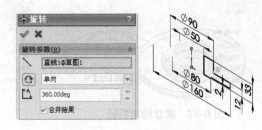

图 6-30　建立基体特征

(4)　绘制草图 2。

单击模型上表面，在关联工具栏中单击【草图绘制】按钮，进入草图绘制状态，绘制如图 6-31 所示的草图，然后退出草图。

(5)　建立拉伸特征。

按 S 键，在 S 工具栏中单击【拉伸】按钮，激活【拉伸】属性管理器对话框。在【终止条件】下拉列表框中选择【成形到一面】选项，在激活的【面/平面】列表框中选择如图 6-32 所示的面，然后单击【确定】按钮。

(6)　建立圆角特征。

按 S 键，在 S 工具栏中单击【圆角】按钮，激活【圆角】属性管理器对话框。在激活的【边线、面、特征和环】列表框中选择如图 6-33 所示的边线，然后单击【确定】按钮。

(7) 建立孔特征1。

选择如图 6-34 所示的模型表面，按 S 键，在 S 工具栏中单击【异型孔向导】按钮，激活【孔规格】属性管理器对话框。在【孔类型】下拉列表框中选择【孔】选项，在【标准】下拉表框中选择 ISO 选项，在【大小】下拉列表框中选择 M8 选项，在【终止条件】下拉列表框中选择【成形到下一面】选项。

单击【位置】标签进入草图状态，进行草图点的定位(几何关系为中点)，然后单击【确定】按钮。

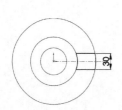

图 6-31　绘制草图 2

图 6-32　建立拉伸特征

图 6-33　建立圆角特征

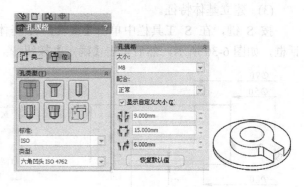

图 6-34　建立孔特征 1

(8) 绘制草图 3。

在前视基准面上绘制如图 6-35 所示的草图，然后退出草图。

(9) 建立拉伸切除特征。

按 S 键，在 S 工具栏中单击【拉伸切除】按钮，激活【拉伸切除】属性管理器对话框。在【终止条件】下拉列表框中选择【两侧对称】选项，在【深度】微调框中输入"120.00mm"，如图 6-36 所示，然后单击【确定】按钮。

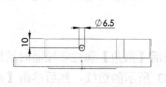

图 6-35　绘制草图 3

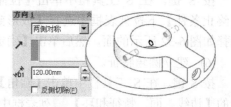

图 6-36　建立拉伸切除特征

(10) 建立孔特征 2。

选择如图 6-37 所示的模型表面，按 S 键，在 S 工具栏中单击【异型孔向导】按钮，激活【孔规格】属性管理器对话框。在【孔类型】下拉列表框中选择【孔】选项，在【标准】下拉列表框中选择 GB 选项，在【类型】下拉列表框中选择【钻孔大小】选项，在【大小】下拉列表框中选择φ15 选项，在【终止条件】下拉列表框中选择【完全贯穿】选项。

单击【位置】标签进入草图状态，进行草图点的标注，然后单击【确定】按钮。

(11) 建立圆周阵列特征。

单击【特征】工具栏上的【圆周阵列】按钮，激活【圆周阵列】属性管理器对话框。手动展开 FeatureManager 设计树。在激活的【阵列轴】列表框选择【面<1>】选项，在激活的【实例数】微调框中输入"4"，在激活的【要阵列的特征】列表框中选择如图 6-38 所示的特征，在激活的【可跳过的实例】列表框中选择如图 6-38 所示的要跳过的实例，然后单击【确定】按钮。

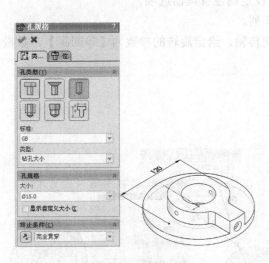

图 6-37　建立孔特征 2

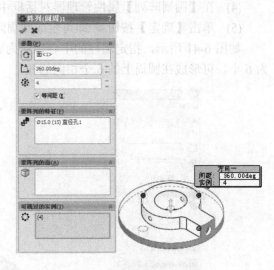

图 6-38　建立圆周阵列特征

(12) 完成模型。

至此，完成"指针盘"的建模，如图 6-39 所示，然后按 Ctrl+S 组合键保存文件。

图 6-39　完成模型

6.2.4　步骤点评

(1) 对于步骤(7)：建立在圆弧面上的异型孔特征，位置草图为 3D 草图。

(2) 对于步骤(11)：对于圆周阵列不需要阵列的孔，可以选择【可跳过的实例】选项。

6.2.5 知识总结

1. 圆周阵列

圆周阵列，是将一个或一组特征沿一个中心轴旋转形成多个特征。建立圆周阵列所需的中心轴可以为圆柱面、基准轴、临时轴或模型边线。

圆周阵列的操作方法如下。

(1) 生成一个或多个要用来阵列的特征。

(2) 生成一个中心轴，此轴将作为圆周阵列时的圆心位置。

(3) 单击【特征】工具栏上的【圆周阵列】按钮，或选择【插入】|【阵列/镜向】|【圆周阵列】命令，激活【圆周阵列】属性管理器对话框，如图 6-40 所示。

(4) 在【圆周阵列】属性管理器对话框中设定属性管理器选项。

(5) 单击【确定】按钮 即可生成圆周阵列。

如图 6-41 所示，指定圆柱的中心轴作为旋转轴，给定旋转的参数为【等间距】，数量为 6 个，可形成在圆周上的 6 个相同的孔。

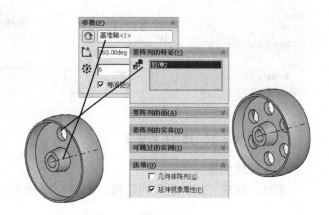

图 6-40　【圆周阵列】属性管理器对话框　　　　　图 6-41　圆周阵列

2. 镜向

镜向特征是将一个或多个特征沿指定的平面复制，生成平面另一侧的特征。镜向所生成的特征，与源特征是相关的，源特征的修改会影响到镜向中的特征。

镜向的操作方法如下。

(1) 单击【特征】工具栏上的【镜向】按钮，或选择【插入】|【特征】|【镜向】命令，激活【镜向】属性管理器对话框，如图 6-42 所示。

(2) 在【镜向】属性管理器对话框中设定属性管理器选项。

(3)　单击【确定】按钮 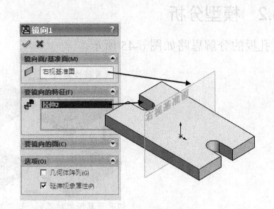，即可生成镜向特征。

　　建立镜向的条件是必须要有一个作为"镜"的平面(镜向平面)，它可以为基准面或模型的平面表面。在 SolidWorks 中，用户可以镜向特征、镜向面和镜向实体，以实现关于某个基准面对称的特征、面和实体。如图 6-43 所示，可以首先建立左侧的切除("拉伸2")，然后利用镜向特征工具，完成该特征关于右视基准面对称的右侧切除特征。

图 6-42　【镜向】属性管理器对话框

图 6-43　镜向特征

6.3　草图驱动的阵列和表格驱动的阵列

6.3.1　案例介绍及知识要点

　　如图 6-44 所示，孔板有 3 种规格的孔，分别使用线性阵列、草图驱动阵列和表格驱动阵列完成设计，具体如下。

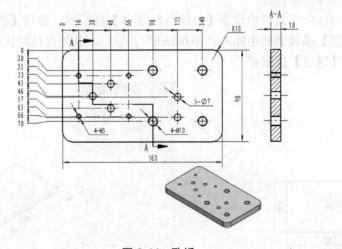

图 6-44　孔板

(1)　对 M5 的 4 个螺纹孔使用线性阵列。

(2) 对φ7 的 5 个光孔使用草图驱动阵列。

(3) 对 M10 的 4 个螺纹孔使用表格驱动阵列。

知识点：

- 掌握草图驱动阵列的操作方法。
- 掌握表格驱动阵列的操作方法。

6.3.2　模型分析

孔板的分解思路如图 6-45 所示。

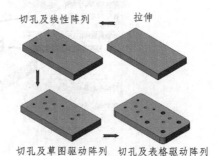

图 6-45　模型分析

6.3.3　操作步骤

(1) 新建零件。

新建零件"孔板"。

(2) 绘制草图 1。

在上视基准面中绘制如图 6-46 所示的草图，然后退出草图。

(3) 建立基体拉伸特征。

按 S 键，在 S 工具栏中单击【拉伸凸台/基体】按钮，激活【拉伸】属性管理器对话框。在【深度】微调框中输入"10.00mm"并回车，其他保持默认设置，如图 6-47 所示，然后单击【确定】按钮。

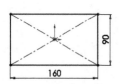

图 6-46　绘制草图 1

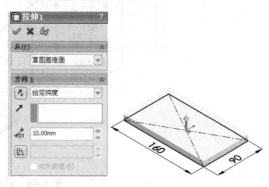

图 6-47　建立基体拉伸特征

(4) 选择孔规格。

单击模型上表面，按 S 键，在 S 工具栏中单击【异型孔向导】按钮 ，激活【孔规格】属性管理器对话框。选择孔类型为 ，标准为 GB，大小为 M5，终止条件为【完全贯穿】，如图 6-48 所示。

(5) 建立孔特征。

单击【位置】标签进入草图状态，进行草图尺寸的标注，如图 6-49 所示，然后单击【确定】按钮 。

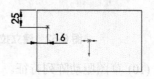

图 6-48 选择孔规格   图 6-49 建立孔特征

(6) 线性阵列特征。

单击【M5 螺纹孔 1】，再单击界面中的【线性阵列】按钮 ，激活【线性阵列】属性管理器对话框。在【方向 1】选项组中选择阵列方向为【边线<1>】，在【间距】 微调框中输入"50.00mm"，在【实例数】 微调框中输入"2"；在【方向 2】选项组下选择阵列方向为【边线<2>】，在【间距】 微调框中输入"40.00mm"，在【实例数】 微调框中输入"2"，如图 6-50 所示，然后单击【确定】按钮 。

(7) 绘制草图 2。

单击模型上表面，绘制如图 6-51 所示的草图，然后退出草图。

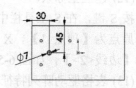

图 6-50 线性阵列特征   图 6-51 绘制草图 2

(8) 建立拉伸切除特征。

单击【草图 2】，按 S 键，在 S 工具栏中单击【拉伸切除】按钮，激活【拉伸切除】属性管理器对话框，如图 6-52 所示，然后单击【确定】按钮。

(9) 绘制驱动草图。

单击模型上表面，绘制如图 6-53 所示的草图，然后退出草图。

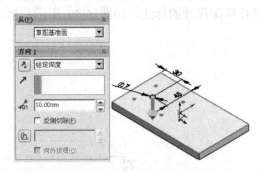

图 6-52　建立拉伸切除特征

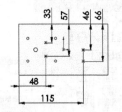

图 6-53　绘制驱动草图

(10) 草图驱动阵列特征。

在【特征】工具栏中单击【线性阵列】的下拉按钮，从其下拉菜单中选择【草图驱动阵列】命令，激活【由草图驱动的阵列】属性管理器对话框。将图等轴测，在激活的【要阵列的特征】列表框中选择【拉伸 2】选项，如图 6-54 所示，然后单击【确定】按钮。

(11) 建立孔特征。

参考步骤(4)、(5)，在模型的上表面建立如图 6-55 所示的孔(M10 螺纹孔)特征草图，然后单击【确定】按钮。

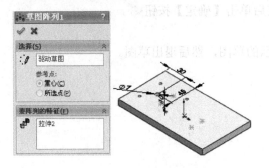

图 6-54　草图驱动阵列特征

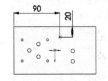

图 6-55　建立孔特征

(12) 建立坐标系。

按 S 键，在 S 工具栏中单击【坐标系】按钮，激活【坐标系】属性管理器对话框。选择原点为【顶点 1】，X 轴为【边线<1>】，并单击【反向】按钮改变方向，选择 Y 轴为【边线<2>】，如图 6-56 所示。然后单击【确定】按钮。

(13) 表格驱动阵列特征。

在【特征】工具栏中单击【线性阵列】按钮的下拉按钮，从其下拉菜单中选择【表格驱动阵列】命令，激活【由表格驱动的阵列】属性管理器对话框。在激活的【坐

标系】列表框中选择【坐标系 1】选项，在【要复制的特征】列表框中选择【M10 螺纹孔
1】选项，并按如图 6-57 所示的"坐标"输入坐标，其他保持默认设置，然后单击【确
定】按钮。

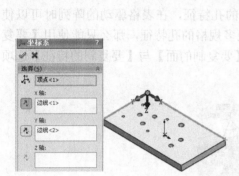

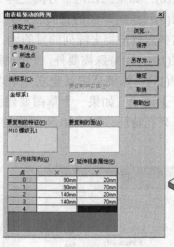

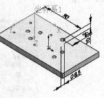

图 6-56　建立坐标系   图 6-57　表格驱动的阵列特征

(14) 建立圆角特征。

按 S 键，在 S 工具栏中单击【圆角】按钮，弹出【圆角 1】属性管理器对话框，建
立如图 6-58 所示的圆角特征。然后单击【确定】按钮。

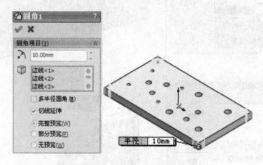

图 6-58　建立圆角特征

(15) 完成模型。

至此，完成"零件"的建模，如图 6-59 所示，然后按 Ctrl+S 组合键保存文件。

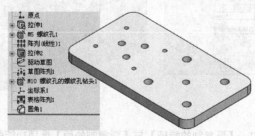

图 6-59　完成模型

6.3.4　步骤点评

(1)　对于步骤(6)：如果想在两个方向上阵列，可同时选择两个方向的边线。

(2)　对于步骤(9)：绘制草图的目的就是为草图驱动阵列服务，所以绘制的点的位置和数量非常关键，这些点就是将来阵列的目的地。

(3)　对于步骤(10)：除特殊需要外，一般情况下，参考点为重心。

(4)　对于步骤(11)：如果草图只建立一个规格的孔特征，在表格驱动的阵列时可以使用【要复制的特征】选项；如果一个草图要建立很多规格的孔特征，那么只能使用【要复制的面】选项去阵列孔特征。图 6-60 所示比较了【要复制的面】与【要复制的特征】选项的功能。

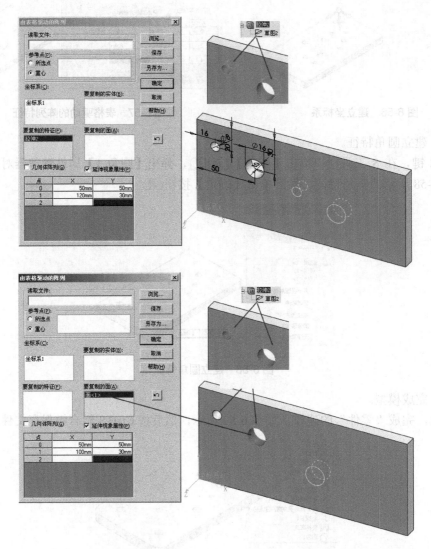

图 6-60　【要复制的特征】与【要复制的面】选项功能的比较

(5)　对于步骤(12)：建立坐标系的目的是为后续的表格驱动提供坐标输入的参考。

(6) 对于步骤(13)：使用表格驱动阵列时，必须输入需要阵列的各个点的坐标。

6.3.5 知识总结

1. 草图驱动的阵列

一般说来，草图驱动的阵列用于完成阵列实例没有一定的排列规律的情况。在实际设计过程中，草图驱动阵列的应用比较广泛。即使对于具有线性阵列规律的阵列实例，使用草图驱动的阵列也具有相当的优势，如图 6-61 所示，主要优点如下。

- 可以在源特征的草图中使用中心线或其他方式给定阵列实例的位置，从而便于在工程图中插入尺寸。
- 在装配体设计中，便于参考草图驱动阵列中的草图点的位置完成另一配合零件的特征。
- 当阵列的设计意图发生变化需要修改阵列时，草图驱动的阵列相对线性阵列具有更大的灵活性。

草图驱动的阵列操作方法如下。

(1) 生成包括草图驱动的阵列的零件。

(2) 基于源特征，单击【草图】工具栏上的【草图绘制】按钮 ，进入草图绘制状态，单击【草图】工具栏上的【点】按钮 ，或选择【工具】|【草图绘制实体】|【点】命令，然后添加多个草图点来代表要生成的阵列。

(3) 单击【特征】工具栏上的【草图驱动的阵列】按钮 ，或选择【插入】|【阵列/镜向】|【草图驱动的阵列】命令，激活【由草图驱动的阵列】属性管理器对话框，如图 6-62 所示。

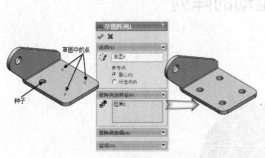
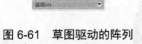

图 6-61　草图驱动的阵列　　　　图 6-62　【由草图驱动的阵列】属性管理器对话框

(4) 在【由草图驱动的阵列】属性管理器对话框中设定属性管理器选项。

(5) 单击【确定】按钮 ，即可生成由草图驱动的阵列。

2. 表格驱动的阵列

表格驱动的阵列是指根据用户指定的表格(以 X-Y 坐标来表示)中设定的位置，形成阵列。它适用于进行不规则排列，但其形状尺寸相同的阵列。

表格驱动的阵列的操作方法如下。

(1) 生成一个或多个要用来阵列的特征。

(2) 生成一个参考坐标系。

(3) 单击【特征】工具栏上的【表格驱动的阵列】按钮 ，或选择【插入】|【阵列/镜向】|【表格驱动的阵列】命令，激活【由表格驱动的阵列】属性管理器对话框，如图 6-63 所示。

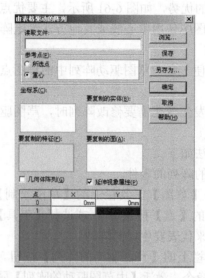

图 6-63　【由表格驱动的阵列】属性管理器对话框

(4) 在【由表格驱动的阵列】属性管理器对话框中进行设置，读取文件或输入坐标值。

(5) 单击【确定】按钮 ✅，即可生成由表格驱动的阵列。

6.4　曲线驱动的阵列

6.4.1　案例介绍及知识要点

设计如图 6-64 所示的棒球。

图 6-64　棒球

知识点：

- 理解零件建模思路。
- 掌握曲线驱动阵列的建立方法。

6.4.2　模型分析

棒球的分解思路如图 6-65 所示。

旋转　　分割线　　旋转　　阵列　　圆角

图 6-65　模型分析

6.4.3　操作步骤

(1)　新建零件。

新建零件"棒球"。

(2)　绘制草图 1。

在前视基准面上绘制如图 6-66 所示的草图，并进行草图尺寸的标注。

(3)　建立基体特征。

按 S 键，在 S 工具栏中单击【旋转凸台/基体】按钮，激活【旋转 1】属性管理器对话框。在激活的【旋转轴】列表框中选择如图 6-67 箭头所示的草图【直线 1】，其他保持默认，然后单击【确定】按钮。

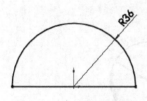

图 6-66　绘制草图 1

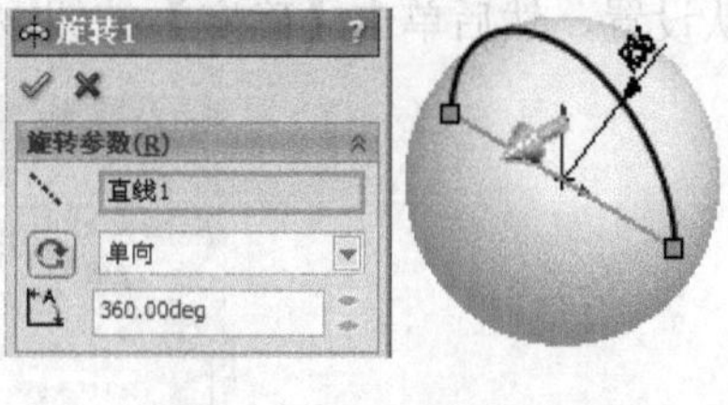

图 6-67　建立基体特征

(4)　绘制草图 2。

在前视基准面上绘制如图 6-68 所示的草图，然后退出草图。

(5)　建立分割线特征。

单击步骤(4)建立的草图，再单击【曲线】下拉按钮，从其下拉菜单中选择【分割线】命令，激活【分割线】属性管理器对话框。在【要分割的面】列表框中选中如图 6-69 所示的实体面，然后单击【确定】按钮。

(6)　绘制草图 3。

单击【插入】|【3D 草图】按钮，进入 3D 草图绘制状态，利用转化实体引用绘制如图 6-70 所示的 3D 封闭草图，然后退出草图。

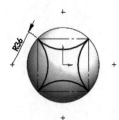

图 6-68 绘制草图 2

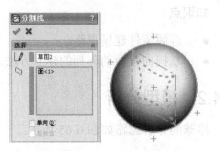

图 6-69 建立分割线特征

(7) 绘制草图 4。

在上视基准面上绘制如图 6-71 所示的草图，并添加"穿透"约束关系，然后单击【确定】按钮。

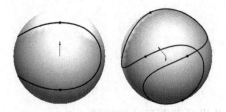

图 6-70 绘制草图 3

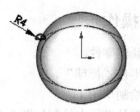

图 6-71 绘制草图 4

(8) 建立旋转特征。

按 S 键，在 S 工具栏中单击【旋转凸台/基体】按钮，激活【旋转 2】属性管理器对话框。在激活的【旋转轴】列表框中选择如图 6-72 箭头所示的草图【直线 1】，其他保持默认设置，然后单击【确定】按钮。

图 6-72 建立旋转特征

(9) 建立曲线驱动的阵列。

如图 6-73 所示，单击【曲线驱动的阵列】按钮，激活【曲线阵列 5】属性管理器对话框，手动展开 FeatureManager 设计树。在激活的【阵列方向】列表框中选择【3D 草图 1】选项，在激活的【要阵列的特征】列表框中选择【旋转 2】选项，如图 6-73 中的箭头所示，在【实例数】微调框中输入"114"，选中【等间距】复选框，然后单击【确定】按钮。

(10) 绘制草图 5。

在 FeatureManager 设计树中单击【上视基准面】选项，在关联工具栏中单击【草图绘制】按钮，进入草图绘制状态。绘制如图 6-74 所示的草图，然后单击【确定】按钮。

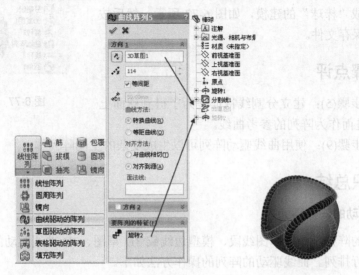

图 6-73　建立曲线驱动的阵列

(11) 建立旋转特征。

按 S 键，在 S 工具栏中单击【旋转凸台/基体】按钮，激活【旋转 3】属性管理器对话框。在激活的【旋转轴】列表框中选择如图 6-75 箭头所示的草图【直线 1】，其他保持默认，然后单击【确定】按钮。

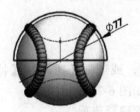

图 6-74　绘制草图 5

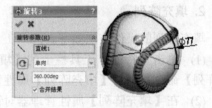

图 6-75　建立旋转特征

(12) 建立圆角特征。

按 S 键，在 S 工具栏中单击【圆角】按钮，激活【圆角】属性管理器对话框。在激活的【半径】微调框中输入 "3.00mm"，手动展开 FeatureManager 设计树，在激活的【边线、面、特征和环】列表框中选择如图 6-76 所示的特征，然后单击【确定】按钮。

图 6-76　建立圆角特征

(13) 完成模型。

至此，完成"棒球"的建模，如图 6-77 所示，然后按 Ctrl+S 组合键保存文件。

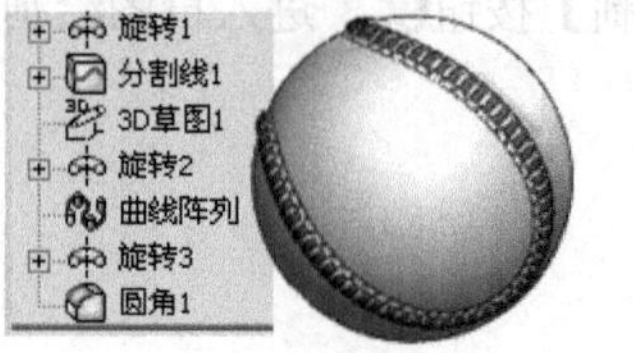

图 6-77　完成模型

6.4.4　步骤点评

(1) 对于步骤(5)：建立分割线特征是为了得到球面上的 3D 曲线，进而作为阵列的参考曲线。

(2) 对于步骤(9)：使用曲线驱动阵列可以生成复杂的空间阵列体。

6.4.5　知识总结

1. 曲线驱动的阵列

曲线驱动的阵列是指以草图线段、模型边线或 3D 草图、3D 曲线驱动的阵列，即阵列实例沿曲线进行排列。曲线驱动的阵列的操作方法如下。

(1) 生成包括曲线驱动的阵列特征的零件。

(2) 单击【特征】工具栏上的【曲线驱动的阵列】按钮，或选择【插入】|【阵列/镜向】|【曲线驱动的阵列】命令，激活【曲线驱动的阵列】属性管理器对话框，如图 6-78 所示。

(3) 在【曲线驱动的阵列】属性管理器对话框中设定属性管理器选项。

(4) 单击【确定】按钮，即可生成曲线驱动的阵列。

2. 填充阵列

填充阵列的操作方法如下。

(1) 单击【特征】工具栏上的【填充阵列】按钮，或选择【插入】|【特征】|【填充阵列】命令，激活【填充阵列】属性管理器对话框，如图 6-79 所示。

(2) 在【填充阵列】属性管理器对话框中设定属性管理器选项。

(3) 单击【确定】按钮，即可生成填充阵列。

3. 特征状态的压缩与解除压缩

1) 压缩特征

(1) 在 FeatureManager 设计树中或图形区域选择需要压缩的特征。

(2) 实现压缩的方法有以下几种。

- 单击【特征】工具栏上的【压缩】按钮。
- 选择【编辑】|【压缩】命令。
- 在 FeatureManager 设计树中右击要压缩的特征，在弹出的快捷菜单中选择【压缩】命令。父特征在压缩时，其相关的子特征也同时被压缩，如图 6-80 所示。

2) 解除压缩特征

解除压缩是压缩的逆操作，只有特征被压缩后，相应菜单中的【解除压缩】命令才能使用。用户可先在 FeatureManager 设计树中选择被压缩的特征，然后采用下列方法对其进行解除压缩特征。

(1)　单击【特征】工具栏上的【解除压缩】按钮。

(2)　选择【编辑】|【解除压缩】命令。

(3)　在 FeatureManager 设计树中右击被压缩的特征，在弹出的快捷菜单中选择【解除压缩】命令。子特征被解除压缩时，其父特征也同时被解除压缩，如图 6-81 所示。

图 6-78　【曲线驱动的阵列】属性管理器对话框　　　图 6-79　【填充阵列】属性管理器对话框

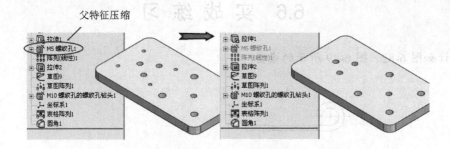

图 6-80　父子特征压缩

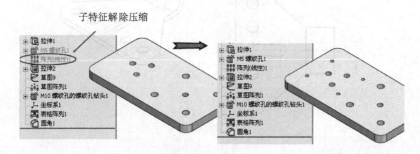

图 6-81　父子特征解除压缩

6.5 理论练习

1. 在线性阵列中，下列_____不能作为方向参数。

    A. 线性边线或直线   B. 圆形轮廓边线

    C. 轴   D. 尺寸

    答案：B

2. 对一个孔进行一个方向的线性阵列，在【实例】微调框中输入"6"，单击【确定】按钮，结果会增加_____个孔。

    A. 5   B. 6   C. 7   D. 8

    答案：B

3. 在由草图驱动的阵列中，可以使用_____作为参考点。

    A. 源特征的重心   B. 草图原点

    C. 顶点   D. 另一个草图点

    答案：A、B、C、D

4. 在阵列中，对源特征进行编辑时，阵列生成的特征不会一起变化。(T/F)

    答案：F

5. 如果使用基准面作为镜向面，在完成镜向后删除基准面，可以只保留镜向特征。(T/F)

    答案：F

6.6 实战练习

设计如图 6-82～图 6-89 所示的模型。

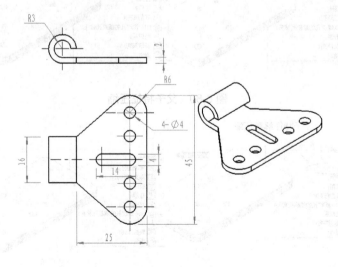

图 6-82 习题 1 图

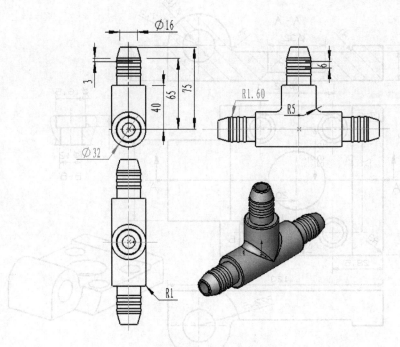

图 6-83　习题 2 图

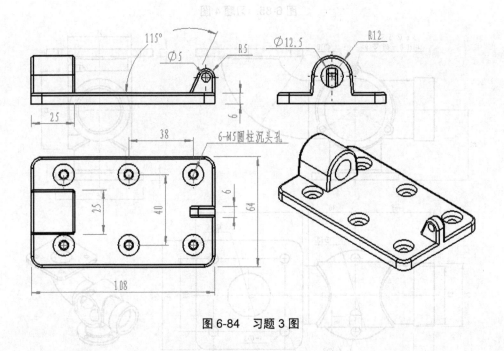

图 6-84　习题 3 图

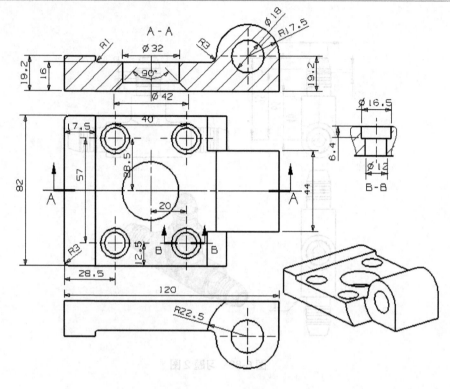

图 6-85　习题 4 图

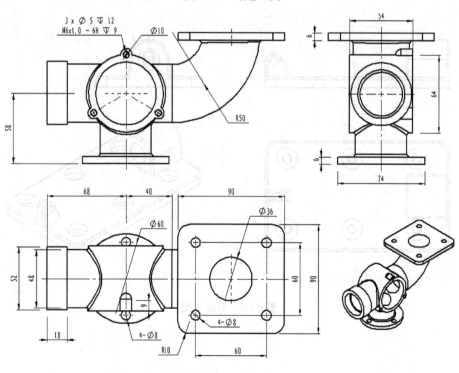

图 6-86　习题 5 图

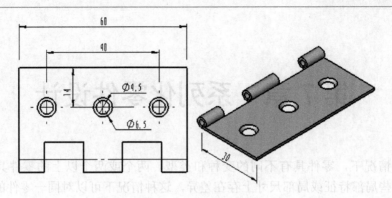

图 6-87 习题 6 图

图 6-88 习题 7 图

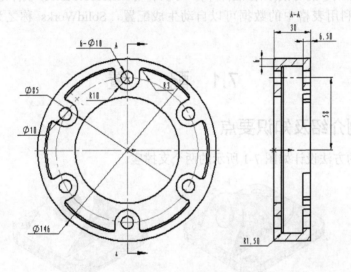

图 6-89 习题 8 图

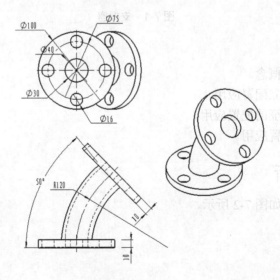

第 7 章　系列化零件设计

在许多情况下，零件具有不同的变种和类型。两个或两个以上的零件具有相同的特征，但在一些局部特征或局部尺寸上存在差异，这种情况下可以对同一零件的特征使用不同尺寸，或者压缩其中的特征以形成另一个零件，SolidWorks 把这种方法称为"配置"。

当系列零件很多的时候(如标准件库)，可以利用 Microsoft Excel 软件定义 Excel 表对配置进行驱动，利用表格中的数据可以自动生成配置，SolidWorks 称之为"系列零件设计表"。

7.1　配　　置

7.1.1　案例介绍及知识要点

利用配置的方法设计如图 7-1 所示的两个支撑座。

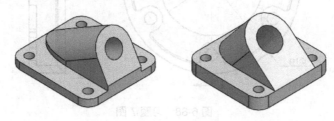

图 7-1　支撑座

知识点：

- 理解配置的概念。
- 掌握手动建立配置应用。
- 掌握压缩特征的配置应用。
- 掌握管理配置应用。

7.1.2　模型分析

模型的建模思路如图 7-2 所示。

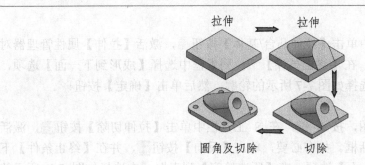

图 7-2 模型分析

7.1.3 操作步骤

(1) 新建零件。

新建零件"支撑座"。

(2) 绘制草图 1。

在上视基准面上绘制如图 7-3 所示的草图，然后退出草图。

(3) 建立拉伸特征。

按 S 键，在 S 工具栏中单击【拉伸凸台/基体】按钮 ，激活【拉伸】属性管理器对话框。在【深度】 微调框中输入"16.00mm"并回车，其他保持默认设置，如图 7-4 所示，然后单击【确定】按钮 。

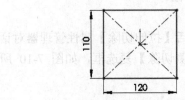

图 7-3 绘制草图 1

图 7-4 建立拉伸特征

(4) 建立基准面。

按 S 键，在 S 工具栏中单击【基准面】按钮 ，激活【基准面】属性管理器对话框，在【参考实体】 列表框中选择如图 7-5 所示的【边线 1】、【面 1】选项，在【两面夹角】 微调框中输入"60.00deg"，然后单击【确定】按钮 。

(5) 绘制草图 2。

在基准面 1 上绘制如图 7-6 所示的草图，然后退出草图。

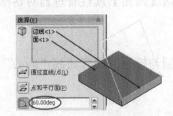

图 7-5 建立基准面

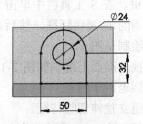

图 7-6 绘制草图 2

(6) 建立拉伸特征。

按 S 键，在 S 工具栏中单击【拉伸凸台/基体】按钮，激活【拉伸】属性管理器对话框。单击【反向】按钮，在【终止条件】下拉列表框中选择【成形到下一面】选项，在【所选轮廓】列表框中选择如图 7-7 所示的轮廓，然后单击【确定】按钮。

(7) 建立拉伸切除特征。

单击共享草图激活草图，按 S 键，在 S 工具栏中单击【拉伸切除】按钮，激活【拉伸切除】属性管理器对话框。如有必要，单击【反向】按钮，并在【终止条件】下拉列表框中选择【成形到下一面】选项，在【所选轮廓】列表框中选择如图 7-8 所示的轮廓，然后单击【确定】按钮。

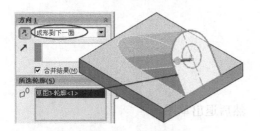

图 7-7　建立拉伸特征

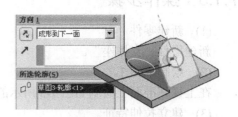

图 7-8　建立拉伸切除特征

(8) 转换实体引用。

选择模型表面，绘制如图 7-9 所示的草图，然后退出草图。

(9) 建立拉伸切除特征。

按 S 键，在 S 工具栏中单击【拉伸切除】按钮，激活【拉伸切除】属性管理器对话框，在【深度】微调框中输入"6.00mm"，并选中【反侧切除】复选框，如图 7-10 所示，然后单击【确定】按钮。

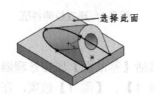

图 7-9　转换实体引用

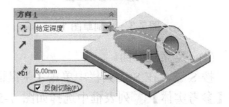

图 7-10　建立拉伸切除特征

(10) 建立圆角特征。

按 S 键，在 S 工具栏中单击【圆角】按钮，激活【圆角】属性管理器对话框，建立如图 7-11 所示的圆角特征，然后单击【确定】按钮。

(11) 绘制草图 3。

在上视基准面上绘制如图 7-12 所示的草图，建立圆与模型的圆弧边线"同心"的几何关系，然后退出草图。

(12) 建立拉伸切除特征。

按 S 键，在 S 工具栏中单击【拉伸切除】按钮，激活【拉伸切除】属性管理器对话框，如有必要单击【反向】按钮，并在【终止条件】下拉列表框中选择【成形到下一面】

选项，在【所选轮廓】列表框 🖳⁰ 中选择如图 7-13 所示的轮廓，然后单击【确定】按钮 ✅。

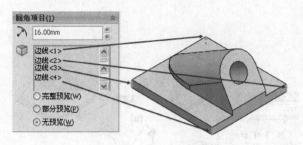

图 7-11　建立圆角特征　　　　　　　　　　　　　　　图 7-12　绘制草图 3

(13) 查看特征树。

至此，完成零件"支撑座"的建模，如图 7-14 所示。

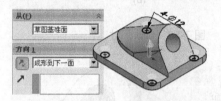

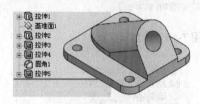

图 7-13　建立拉伸切除特征　　　　　　　　　　　　图 7-14　完成建模

下面添加一新的配置。

(14) 添加新配置。

单击 FeatureManager 设计树顶部的 ConfigurationManager 标签 🖳，并右击文件名称【支撑座】，在弹出的快捷菜单中选择【添加配置】命令，激活【添加配置】属性管理器对话框。在【配置名称】文本框中输入"32-50-40"，如图 7-15 所示，然后单击【确定】按钮 ✅。

(15) 修改尺寸。

双击特征树中的特征【拉伸 1】选项，显示出特征尺寸，下面修改尺寸"120"的值。

双击显示的尺寸"120"，在打开的【修改】对话框中将尺寸修改为"110"。单击【所有配置】 🖳 的下拉按钮 ▾，从其下拉菜单中选择【此配置】命令 🖳，然后单击【确定】按钮 ✅。

同理，修改特征"拉伸 2"的尺寸值，修改结果如图 7-16(b)所示，然后单击【重建模型】按钮 🖳。

(16) 压缩特征。

单击【FeatureManager 设计树】顶部的 🖳 标签，在特征树中右击【拉伸 3】选项，在弹出的快捷菜单中单击【压缩】按钮 ↓🖳，如图 7-17 所示。

(17) 对配置重命名。

在配置管理状态下右击配置名称【支撑座】，从弹出的快捷菜单中选择【属性】命令，激活【配置属性】属性管理器对话框。将【配置名称】文本框中的"支撑座"改为"24-32-60"，如图 7-18 所示，然后单击【确定】按钮 ✅。

图 7-15　添加新配置

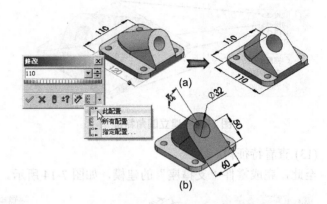

图 7-16　修改尺寸

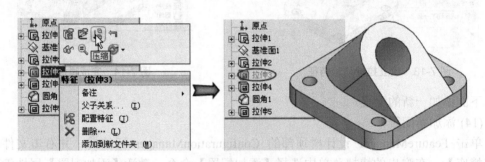

图 7-17　压缩特征

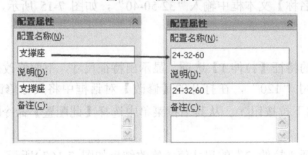

图 7-18　对配置重命名

(18) 显示配置。

单击 ConfigurationManager 标签，进入配置管理器，分别双击各配置，观察模型的变化，如图 7-19 所示。然后单击【保存】按钮保存配置。

(19) 定义配置的自定义属性。

在配置状态下右击配置名称"24-32-60"，从弹出的快捷菜单中选择【属性】命令，激活【配置属性】管理器对话框。单击【自定义属性】按钮并在弹出的对话框中输入如图 7-20(a)所示的内容。

同理，定义配置名称为"32-50-40"的自定义属性，如图 7-20(b)所示。

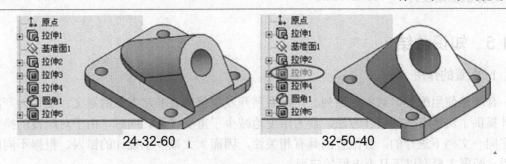

图 7-19　显示配置

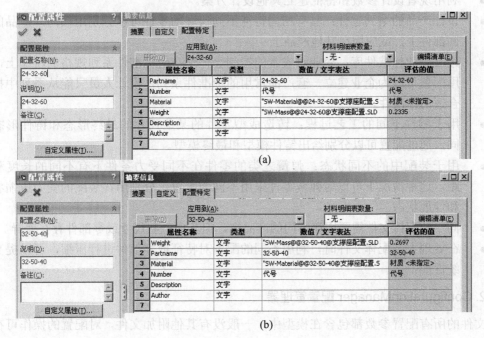

(a)

(b)

图 7-20　定义配置的自定义属性

7.1.4　步骤点评

(1) 对于步骤(14)：添加新配置，是右击文件名称，然后从弹出的快捷菜单中选择【添加配置】命令，而不是右击配置名称，然后从弹出的快捷菜单中选择【添加派生的配置】命令。

(2) 对于步骤(15)：建立新配置时，一定要选择【此配置】选项，否则所有配置都使用此配置的参数。如果想让模型立刻改变为修改后的状态，可单击【重建模型】按钮。

(3) 对于步骤(16)：因为是在新的配置中压缩特征，所以原配置并没有压缩此特征。

(4) 对于步骤(17)：对配置的名称进行修改时，可以再次进入配置属性中编辑。

(5) 对于步骤(18)：通过显示各个配置，来检验设计的正确与否。

(6) 对于步骤(19)：定义各个配置的自定义属性，是为工程图的标题栏或材料明细表服务的。

删除属性数值的方法是：选中数值后，按键盘上的空格键。

7.1.5 知识总结

1. 配置的作用

合理地使用配置，对零件系列、产品系列开发与管理有非常重要的意义。配置为产品设计提供了快速有效的设计方法，最大限度地减少了重复设计。同时，由于对配置的操作是在同一文档下进行的，各配置间具有相关性，因而大大减少了设计的错误。根据不同的作用，配置主要有以下几个方面的应用。

- 利用现有设计参数和特征建立其他设计方案。
- 设计产品的系列零件：具有相同特征不同尺寸的零件可以分别用在同一产品的不同部件上，或应用在其他产品上。
- 建立企业标准件库：企业对成本的控制会体现在对标准件系列规格的压缩上，利用配置可以为企业建立一套产品常用的标准件系列，设计人员只能从系列中挑选合适的标准件。
- 用于零件不同的工艺过程：铸造成型零件的某些尺寸的最终形态和铸件形态不同，通过配置可以分别给出铸件模型和最终模型。
- 用于装配中的不同状态：弹簧之类的零件在不同受力条件下有不同的长度和螺距，这种情况下可以对弹簧零件采用不同的配置，分别用在装配的受力压缩状态和伸展状态。
- 同一装配体文件需要用在不同的产品中，但其中一些尺寸或零部件存在差异。
- 在处理大装配体文件时，利用不同的配置对特征或零部件进行压缩，可以提高系统性能。

2. ConfigurationManager 配置管理器

文件的所有配置参数都包含在模型中，一般没有其他附加文件，对配置的操作可在模型文件中进行。

在文件窗口左侧的 FeatureManager 设计树中单击 ConfigurationManager 标签，可以对文件的配置进行管理。利用 ConfigurationManager 可以进行以下操作。

- 建立配置。
- 显示指定配置。
- 改变配置属性。
- 删除指定配置。

图 7-21 是含有配置的 ConfigurationManager 的样式。其中的含义如下。

- 最顶端显示的是零件文件的名称——"小球头 XS10-04-02"，跟随在后面的括号里的"默认"表示当前图形区域显示的配置的名称。如果零件不含有任何配置，则没有括号内的内容。
- 下面的分支显示了零件的所有配置，本例共有两个配置："工程图"和"默认"。这是配置的名称。
- 配置名称前面的图标如果是亮色显示的，则表示目前图形区域显示的模型是该配置。

- 双击其中一个配置可以显示该配置。
- 右击配置名称可以删除或定义配置的属性。

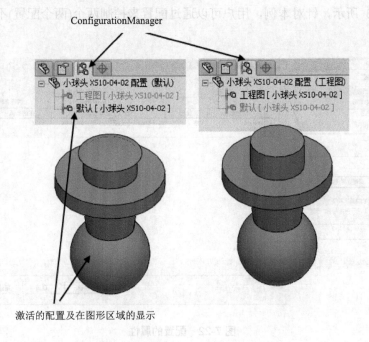

ConfigurationManager

激活的配置及在图形区域的显示

图 7-21 配置及 ConfigurationManager

3. 配置的属性

用户可以在添加配置时指定配置的属性，也可以在添加配置后设置配置的属性。右击配置名称，从弹出的快捷菜单中选择【属性】命令，如图 7-22 所示，可以编辑配置的属性。

- 配置名称：给定配置的名称，此名称在装配体和工程图中用来指定参考。不同的配置具有唯一指定的名称。
- 说明：用于给定配置的简短说明。
- 备注：用于给定配置的附加其他说明。
- 自定义属性：单击【自定义属性】按钮，可对配置添加特定的文件自定义属性。
- 材料明细表选项：用于定义当指定的配置用于装配体时显示的名称，包括文件名称(在材料明细表中，默认使用零件的文件名称)、配置名称、用户指定的名称。

4. 可通过配置管理的项目

在 SolidWorks 中，用户可以通过配置管理零件中的多种项目，这些项目根据不同的配置可以有不同的参数值。比较常用的项目有以下几种。

1) 尺寸

针对不同配置可指定不同的尺寸值。如图 7-23 所示，当模型包含多个配置的情况下，双击尺寸修改数值时，可以设定修改尺寸针对的配置。

- 此配置：只针对当前激活的配置修改尺寸，而保持其他配置的尺寸数值不变化。

- 所有配置：更改所有配置的尺寸数值。
- 指定配置：允许用户在下一步确定要修改哪个或哪些配置的尺寸。

如图 7-23 所示，针对本例，用户可以通过配置来控制两个(两个配置)不同规格的活塞杆的长度。

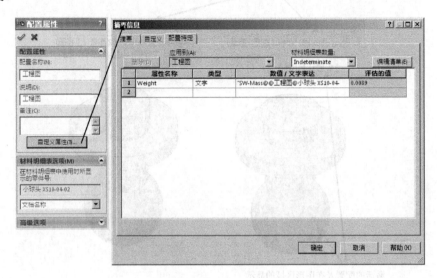

图 7-22　配置的属性

2)　特征状态

特征状态包括特征的压缩或解除压缩状态。当特征被压缩时，特征在当前的配置中被忽略。当需要在同一零件的不同配置中表达某些特征的"有"或者"无"时，应该使用特征的"压缩"和 "解除压缩"，而不能使用"删除"特征来实现，如图 7-24 所示。

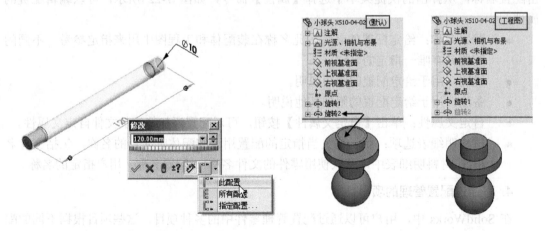

图 7-23　针对配置修改尺寸　　　　图 7-24　配置控制特征状态

3)　自定义属性

用户可以根据配置指定不同的自定义属性。

7.2 系列零件设计表

7.2.1 案例介绍及知识要点

设计系列的内六角圆柱头螺钉，如图 7-25 所示。

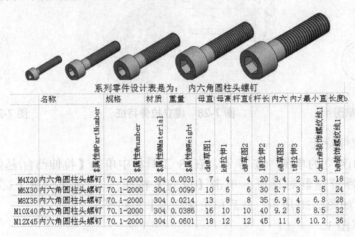

名称	规格	材质	重量	母直	母高	杆直	杆长	六内	内丁	最小直	长度b
$属性@PartNumber	$属性@Number	$属性@Material	$属性@Weight	d@草图1	k@拉伸1	d@草图2	l@拉伸2	e@草图3	t@拉伸3	dmin@装饰螺纹线1	b@装饰螺纹线1
M4X20 内六角圆柱头螺钉	70. 1-2000	304	0.0031	7	4	4	20	3.4	2	3.3	18
M6X30 内六角圆柱头螺钉	70. 1-2000	304	0.0099	10	6	6	30	5.7	3	5	24
M8X35 内六角圆柱头螺钉	70. 1-2000	304	0.0214	13	8	8	35	6.9	4	6.8	28
M10X40 内六角圆柱头螺钉	70. 1-2000	304	0.0386	16	10	10	40	9.2	5	8.5	32
M12X45 内六角圆柱头螺钉	70. 1-2000	304	0.0601	18	12	12	45	11	6	10.2	36

图 7-25 内六角圆柱头螺钉

知识点：

- 掌握系列零件设计表的使用方法。
- 掌握设计库的使用方法。

7.2.2 模型分析

内六角圆柱头螺钉的建模思路如图 7-26 所示。

装饰螺纹线　　切除　　拉伸　　拉伸

图 7-26 模型分析

7.2.3 操作步骤

(1) 新建零件。

新建零件"内六角圆柱头螺钉"。

(2) 绘制草图 1。

在前视基准面上绘制如图 7-27 所示的草图，然后退出草图。

(3) 建立拉伸特征。

激活步骤(2)建立的草图，按 S 键，在 S 工具栏中单击【拉伸凸台/基体】按钮，激活【拉伸】属性管理器对话框。在【深度】微调框中输入"6.00mm"并回车，其他保持默认，如图 7-28 所示，然后单击【确定】按钮。

(4) 绘制草图 2。

在前视基准面上，绘制如图 7-29 所示的草图，然后退出草图。

图 7-27 绘制草图 1   图 7-28 建立拉伸特征   图 7-29 绘制草图 2

(5) 建立拉伸特征。

激活步骤(4)建立的草图，按 S 键，在 S 工具栏中单击【拉伸凸台/基体】按钮，激活【拉伸】属性管理器对话框。单击【反向】按钮，在【深度】微调框中输入"30.00mm"，如图 7-30 所示，然后单击【确定】按钮。

(6) 绘制草图 3。

选择模型表面，绘制如图 7-31 所示的草图，然后退出草图。

图 7-30 建立拉伸特征   图 7-31 绘制草图 3

(7) 建立拉伸切除特征。

按 S 键，在 S 工具栏中单击【拉伸切除】按钮，激活【拉伸切除】属性管理器对话框，在【深度】微调框中输入"3.00mm"如图 7-32 所示，然后单击【确定】按钮。

(8) 绘制草图 4。

在右视基准面上绘制如图 7-33 所示的草图，然后退出草图。

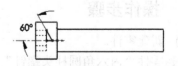

图 7-32 建立拉伸切除特征   图 7-33 绘制草图 4

(9) 建立旋转切除特征。

激活步骤(8)建立的草图，按 S 键，在 S 工具栏中单击【旋转切除】按钮，激活

【旋转切除】属性管理器对话框，如图 7-34 所示，然后单击【确定】按钮✔。

(10) 添加装饰螺纹线。

单击如图 7-35 所示的边线，选择【插入】|【注解】|【装饰螺纹线】命令∪，激活【装饰螺纹线】属性管理器对话框。在【深度】🆔微调框中输入"24.00mm"，在【次要直径】⊘微调框中输入"5.00mm"，如图 7-35 所示，然后单击【确定】按钮✔。

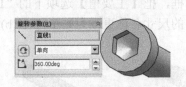

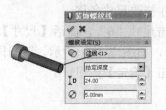

图 7-34　建立旋转切除特征　　　　图 7-35　添加装饰螺纹线

(11) 隐藏多余尺寸。

在 FeatureManager 设计树中右击【注解】选项▲，在弹出的快捷菜单中取消选中【显示特征尺寸】复选框，如图 7-36 所示，隐藏显示的尺寸。

(12) 建立圆角特征。

按 S 键，在 S 工具栏中单击【圆角】按钮🔘，激活【圆角】属性管理器对话框，建立如图 7-37 所示的圆角，然后单击【确定】按钮✔。

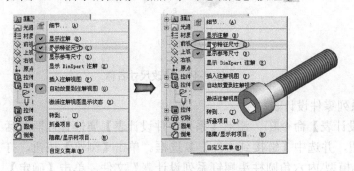

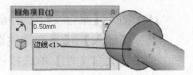

图 7-36　隐藏多余尺寸　　　　　　图 7-37　建立圆角特征

(13) 建立倒角特征。

按 S 键，在 S 工具栏中单击【倒角】按钮🔘，激活【倒角】属性管理器对话框，建立如图 7-38 所示的倒角，然后单击【确定】按钮✔。

(14) 查看特征树。

至此，完成零件"内六角圆柱头螺钉"的建模，如图 7-39 所示。

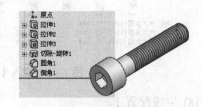

图 7-38　建立倒角特征　　　　　　图 7-39　查看特征树

(15) 显示尺寸名称。

在 FeatureManager 设计树中右击【注解】选项![A]，在弹出的快捷菜单中选择【显示特征尺寸】选项。选择【工具】|【选项】命令，在【系统选项】选项卡中选择【常规】选项，并选中【显示尺寸名称】复选框。单击【确定】按钮，在模型中，尺寸名称即出现在数值下面，如图 7-40 所示。

(16) 修改尺寸名称。

单击尺寸"6"，激活【尺寸】属性管理器对话框，把【主要值】选项下的"D1"改为"k"，如图 7-41(a)所示。以同样的方法将模型中的尺寸名称更改为如图 7-41(b)所示，然后单击【确定】按钮![✓]。

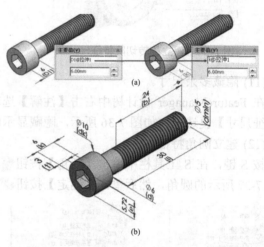

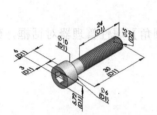

图 7-40　显示尺寸名称　　　　　　　　图 7-41　修改尺寸名称

(17) 插入【来自文件】的系列零件设计表。

选择【插入】|【系列零件设计表】命令![表]，激活【系列零件设计表】属性管理器对话框，选中【来自文件】单选按钮，并选中【链接到文件】复选框。单击【浏览】按钮，打开本书配套光盘中的"第 7 章\模型\内六角圆柱头螺钉系列设计表"文件，单击【确定】按钮![✓]，弹出 Excel 表格，如图 7-42 所示。

	名称	规格	材质	重量	母直径dk	母高k	杆直径d	杆长度l	直径e	深度t	最小直径	长度b
	$属性@PartNumber	$属性@number	$属性@Material	$属性@Weight	dk@草图1	k@拉伸1	d@草图2	l@拉伸2	e@草图3	t@拉伸3	dmin@装饰螺纹线1	b@装饰螺纹线1
M4	内六角圆	GB/T 70.	304	0.0004	7	4	4	20	3.44	3	3.3	18
M5	内六角圆	GB/T 70.	304	0.0099	10	5	6	30	5.72	3	5	24
M6	内六角圆	GB/T 70.	304	0.0214	13	8	8	35	6.86	4	6.8	28

系列零件设计表是为：　内六角圆柱头螺钉

图 7-42　插入【来自文件】的系列零件设计表

(18) 生成配置 1。

在空白处单击切换到 SolidWorks 界面，弹出如图 7-43 所示的提示框，单击【确定】

按钮，即可生成配置。

图 7-43　生成配置 1

(19) 查看配置 1。

分别双击各个配置，观察模型的变化，如图 7-44 所示。

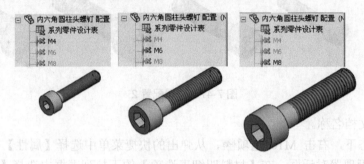

图 7-44　查看配置 1

(20) 在系列零件设计表中添加配置。

右击【配置】管理器中的【系列零件设计表】选项，在弹出的快捷菜单中选择【编辑表格】命令，添加 M10、M12 两种规格的配置，如图 7-45 所示。

系列零件设计表是为：　内六角圆柱头螺钉

名称	规格	材质	重量	母直	母高杆直	杆长	内六	内六最小直	长度b
	$属性@PartNumber	$属性@number	$属性@Material	$属性@Weight	dk@草图1	k@拉伸1	杆直@草图2	l@拉伸2	e@草图3	t@拉伸3	dmin@装饰螺纹线1	b@装饰螺纹线1

名称	规格	材质	重量	dk@草图1	k@拉伸1	杆直@草图2	l@拉伸2	e@草图3	t@拉伸3	dmin@装饰螺纹线1	b@装饰螺纹线1
M4内六角圆柱头螺钉	70.1-2000	304	0.0031	7	4	4	20	3.4	2	3.3	18
M6内六角圆柱头螺钉	70.1-2000	304	0.0099	10	6	6	30	5.7	3	5	24
M8内六角圆柱头螺钉	70.1-2000	304	0.0214	13	8	8	35	6.9	4	6.8	28
M10内六角圆柱头螺钉	70.1-2000	304	0.0386	16	10	10	40	9.2	5	8.5	32
M12内六角圆柱头螺钉	70.1-2000	304	0.0601	18	12	12	45	11	6	10.2	36

图 7-45　在系列零件设计表中添加配置

(21) 生成配置 2。

在空白处单击切换到 SolidWorks 界面，弹出如图 7-46 所示的提示框，单击【确定】按钮，即可生成配置。

(22) 查看配置 2。

分别双击各个配置，观察模型的变化，如图 7-47 所示。

图 7-46　生成配置 2

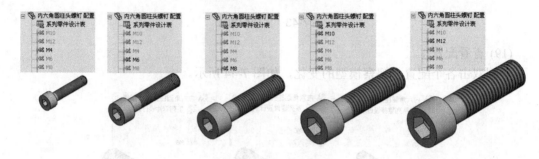

图 7-47　查看配置 2

(23) 使用文档名称。

在配置状态下，右击 M10 选项，从弹出的快捷菜单中选择【属性】命令，激活【配置属性】管理器对话框，在【材料明细表选项】的下拉列表框中选择【文档名称】选项，然后单击【确定】按钮。以同样的方法修改别的配置，如图 7-48 所示。

激活默认配置，保存后退出。

图 7-48　使用文档名称

(24) 编辑"内六角圆柱头螺钉"Excel 文件。

打开"内六角圆柱头螺钉"Excel 文件，编辑如图 7-49 所示的数据，保存后退出。

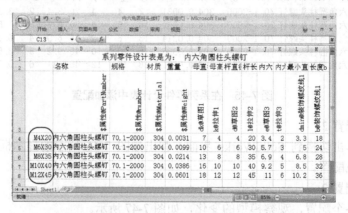

图 7-49　编辑"内六角圆柱头螺钉"Excel 文件

(25) 更新模型。

打开"内六角圆柱头螺钉"模型，在【链接的系列零件设计表】对话框中，保持【以在系列零件设计表中所作的更改来更新模型】选项被激活，单击【确定】按钮。在弹出的 SolidWorks 对话框中单击【确定】按钮，在后续的 SolidWorks 对话框中单击【是】按钮，完成后结果如图 7-50 所示。

(26) 放置于设计库中。

单击界面右侧的【设计库】标签 ，在激活的管理器中单击【自动隐藏开关】选项 ，选中 DesignLibrary 选项组 ，单击【生成新文件夹】按钮 ，生成新文件夹并将其命名为"My Design Library"。在 FeatureManager 设计树中拖动零件名称到此文件夹处，激活【添加到库】属性管理器对话框，在【文件名称】文本框中输入"内六角圆柱头螺钉"，如图 7-51 所示，然后单击【确定】按钮 。

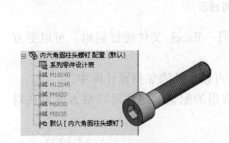

图 7-50　更新模型

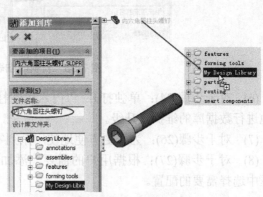

图 7-51　零件添加到库

(27) 从设计库中使用自建配置零件。

在装配体环境下，从设计库中选择 My Design Library 文件夹，拖动零件时激活【选择配置】属性管理器对话框，如图 7-52 所示。选择所需的配置后单击【确定】按钮，即可将选择的配置添加到装配体中。

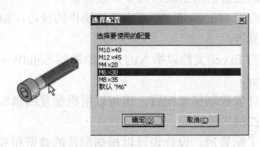

图 7-52　从设计库中使用自建配置零件

7.2.4　步骤点评

(1) 对于步骤(16)：修改的尺寸名称必须与系列零件设计表中的尺寸名称一致，否则生成配置失败。

(2) 对于步骤(17)：只有选中【链接到文件】复选框，将来才可以单独打开 Excel 文件进行维护和升级。

(3) 对于步骤(18)：只有在对话框中提示的配置与表格中建立的配置一致时，才表示生成配置成功。

(4) 对于步骤(20)：添加的配置数据必须准确，因为 SolidWorks 将根据这些数据生成模型。

(5) 对于步骤(23)：根据材料明细表零件号的需要，用户可以选择配置名称或者文档名称，甚至可以自定义名称，如图 7-53 所示。

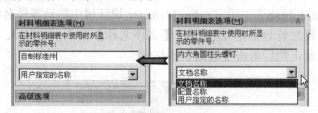

图 7-53　材料明细表零件号显示

(6) 对于步骤(24)：单独打开 "内六角圆柱头螺钉" Excel 文件进行编辑，可以更方便地进行数据库的维护或升级。

(7) 对于步骤(26)：为了更方便地使用系列零件，可以将其添加到设计库中。

(8) 对于步骤(27)：根据用户的需要，添加一些常用的配置，这样可以很方便地在对话框中选择需要的配置。

7.2.5　知识总结

1. 系列零件设计表

使用系列零件设计表的参数行和参数列来建立和管理配置，比手工建立配置有不可比拟的优势。其主要特点表现在以下几方面。

- 可以根据现有的配置自动生成系列零件设计表。
- 用户可以完全应用 Microsoft Excel 中表格操作的技巧，如复制/粘贴、单元格间的文字或数值计算等。
- 可以利用现有的 Excel 文件以插入的方式添加到 SolidWorks 或采用嵌入的方式链接到 SolidWorks。
- 既可以通过设计表控制模型配置，也可以根据配置编辑和修订设计表，即设计表可以为 "双向控制" 的。
- 当用户新添加了配置后，设计表可以根据配置的数据和参数自动修改，即往设计表中添加新的配置。
- 当用户新添加了不同于其他配置的新参数后，设计表可以根据新添的参数增加设计表控制项，即添加新参数。

系列零件设计表的样式如图 7-54 所示，横向箭头表示列参数控制配置的尺寸数值、特征状态、属性等，纵向箭头表示行参数控制生成的配置名称。

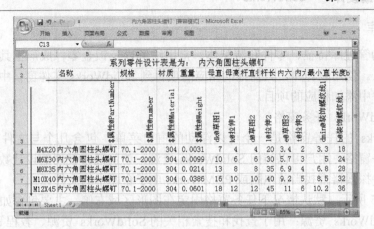

图 7-54　设计表的参数行和参数列

设计表中的参数介绍如下。

- 尺寸：这是最常用的参数，用于控制配置中特征的尺寸。
  - 参数格式：dim@feature，其中 dim 表示尺寸名称，feature 表示特征名称。
  - 举例：D1@拉伸 1。
  - 参数值：必须指定有效的数值。
- 特征状态：用于控制配置中特征的压缩状态。
  - 参数格式：$状态@feature，其中 feature 表示特征名称。
  - 举例：$状态@切除-拉伸 1 ，$状态@线光源 2。
  - 参数值：只有两个值可供选择，压缩(缩写为 S)和解压缩(缩写为 U)。
- 备注：控制配置的"备注"内容，添加到配置属性的备注栏。
  - 参数格式：$备注。
  - 参数值：任何字符串。
- 零件编号：控制显示在材料明细表中的名称。
  - 参数格式：$零件号。
  - 参数值：如果该值为"$D"，表示使用文件名称；如果该值为"$C"，表示使用配置名称；如果为其他字符串，则为用户指定名称。
- 零件的自定义属性：控制配置中用户建立的自定义属性。
  - 参数格式：$属性@name，其中 name 表示自定义属性的名称。
  - 举例：$属性@material , $属性@零件号 ，$属性@description。
  - 参数值：任意字符串。
- 颜色：控制配置的颜色，可以单独为不同配置指定不同颜色。
  - 参数格式：$颜色。
  - 参数值：32 位颜色值，如 0(黑色)、255(红色)、16 777 215(白色)。
- 用户自定义注释：为用户辨别设计表的内容和用于其他用途，该参数只用于显示，不参与模型计算。
  - 参数格式：$用户注释。
  - 参数值：任意字符串。

2. 设计库

设计库为管理库特征、零件和装配体、常用注解以及钣金零件成形工具提供了一种快捷的操作方法。使用设计库，只需拖动相应的项目到 SolidWorks 文件窗口中，就可以非常方便地在文件中添加相应的项目。

1) SolidWorks 任务窗格

SolidWorks 的任务窗格是一个可以浮动的窗口菜单，包含几个与文件操作相关的窗格。通过任务窗格，用户可以访问 SolidWorks 资源，访问经常使用的设计数据或者浏览文件，使用文件探索器查找当前电脑或 PDMWorks 电子仓库中的文件。

如图 7-55 所示，默认情况下任务窗格固定在图形区域右侧，主要包含如下部分。

- SolidWorks 资源：用于查找和搜索相关的 SolidWorks 资源、教程等内容。
- 设计库：管理和使用常用的特征、零件、注解和钣金成型工具。
- 文件探索器：查看当前已经打开的 SolidWorks 文件，用于查找当前计算机中的 SolidWorks 文件。
- 搜索：用于列出、管理和使用搜索的结果。
- 查看调色板：在建立工程图时可以直接选择用于建立视图的视图方向。

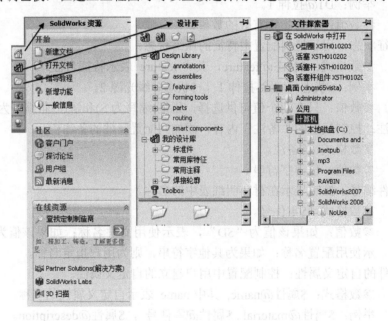

图 7-55 SolidWorks 任务窗格

2) 设计库和设计库资源

利用设计库可以提高设计效率，可以快速管理和使用特征、零件和装配体、钣金零件成形工具、常用注解。

- 特征：直接将设计库中的特征拖动到零件窗口中，从而可在零件中快速建立特征。
- 零件和装配体：将零件或装配体拖动到装配体窗口中，可在装配体文件中添加零部件。
- 钣金零件成形工具：使用成型工具可在钣金零件中生成钣金零件冲压形状。

- 文字注解：将常用的工程图注解利用设计库来管理，可以直接将其拖放到工程图文件中，从而快速建立各种常用注解。

设计库中提供了可用的常用设计资源，如图 7-56 所示，单击【设计库】按钮，在任务面板中即可显示 SolidWorks 设计库。

设计库窗口分为上下两个窗格，上面的窗格显示设计库的目录，下面的窗格显示目录中的文件和文件夹。

3) 设计库的文件结构

SolidWorks 软件提供了常用的设计库，其默认位置为"\安装目录\data\design library\"文件夹，如图 7-57 所示，显示了设计库的文件结构。

默认情况下，设计库管理的 3 类项目的文件分别存放在不同的目录中。每一个目录可以有相应的子目录或下级子目录，针对所设定的类别，只对特定的文件类型有效。

- "annotations"文件夹中保存常用注解：块文件(*.sldblk)。
- "assemblies" 文件夹中保存常用装配体：装配体文件(*.sldasm)。
- "features"文件夹中保存库特征：库特征文件(*.sldlfp)。
- "forming tools"文件夹中保存用于钣金零件的成形工具：零件文件(*.sldprt)。
- "parts"文件夹中保存常用的零件：零件文件(*.sldprt)。

图 7-56　设计库

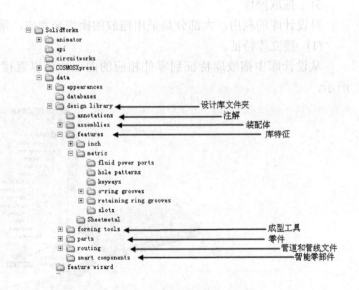

图 7-57　设计库的文件结构

4) 添加设计库位置

在使用过程中，用户可以指定用于设计库的其他文件夹位置。如图 7-58 所示，在设计库中单击【添加文件位置】按钮，浏览到相应的文件夹即可在设计库中添加用户自己的设计库位置。

用户添加设计库位置后，将在设计库中显示用户自己的文件，如图 7-59 所示。

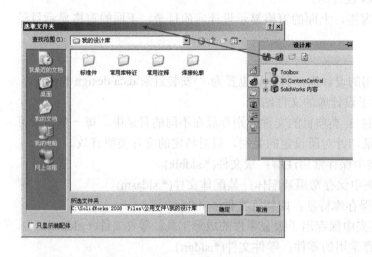

图 7-58　添加设计库文件位置　　　　　　　图 7-59　添加用户的设计库位置

5)　拖放操作

对设计库的利用，大部分是采用拖放的操作来完成，常用的操作如下。

(1)　建立库特征。

从设计库中拖放库特征到零件相应的面上，可以直接在零件中添加特征，如图 7-60 所示。

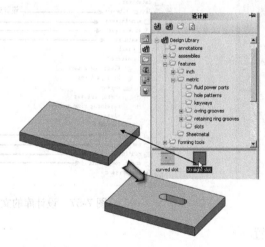

图 7-60　利用库特征建立特征

制作步骤如下。

①　制作特征：库特征通常由添加到基体特征的特征组成，最好不要包括基体特征本身。

②　选中特征并将其拖拉到设计库中，此时库特征中多了两个文件：【参考】和【尺寸】。注意：

- 尺寸标注被分配到【找出尺寸】或【内部尺寸】内。【找出尺寸】为可变尺寸，即能够让用户更改的尺寸；【内部尺寸】为不可更改的尺寸。
- 插入库特征时需要选择相应的参考，包括草图平面、尺寸、几何约束。建议不要为库特征的草图添加其他几何关系，最好只标注草图本身的几何关系和尺寸。
- 插入的库特征和库特征文件失去关联。

③　如有必要，可以单击库特征文件，并重命名尺寸名称，然后保存文件。

(2) 插入零部件。

从设计库中拖放零件或装配体到装配体文件中，可以在装配体中插入零部件。如果零件中已经建立了配合参考，当将其拖放到装配体相应的面、边线等实体上时，还可以自动添加配合关系。

(3) 建立钣金成形特征。

从设计库钣金成形工具文件夹中拖动成形工具到钣金零件表面，可以在钣金零件上建立成形特征，如钣金零件的拉伸和冲压特征。

(4) 插入注解。

从设计库中拖动注解到工程图的相应位置或相应实体上，可以在工程图中建立注解，例如文字注释、形位公差或表面粗糙度符号。

(5) 添加库特征文件。

从打开的零件窗口中拖动某个特征到特征库，可以在特征库中建立库特征文件。

(6) 添加设计库零件。

从打开的零件窗口中拖动设计库顶端特征(文件名称)到设计库，可以添加设计库零件。

6)　SolidWorks 搜索

SolidWorks 搜索工具实际上是借用了 Windows 的桌面搜索工具，并在 SolidWorks 界面中使用，因此用户必须正确安装和执行 Windows 的桌面搜索工具才能正常使用 SolidWorks 搜索。利用 SolidWorks 搜索，用户可以很方便地按照指定的路径、指定的方式进行文件搜索。

如图 7-61 所示，在用户界面的右上角，用户在【SolidWorks 搜索】文本框中输入相应的关键字和准则，即可在任务窗格中显示搜索结果。

为了明确搜索范围，提高搜索速度，用户最好将自己的工作目录设置添加为搜索路径。方法是：选择【工具】|【选项】命令，打开【系统选项】对话框，如图 7-62 所示，在【文件位置】标签页中添加搜索路径。

7)　分解利用现有模型和数据

SolidWorks 2008 的一个重大改进，就是提高了用户对现有数据的重复利用效率。用户通过搜索，可以将现有的设计数据进行分解，SolidWorks 会自动将搜索结果形成为可以在 SolidWorks 中应用的设计数据。举个简单的例子，在 SolidWorks 2008 以前，用户必须要首先建立库特征，才可以在其他零件中使用库特征。而在 SolidWorks 2008 中，用户只需让 SolidWorks 对包含某个特征的零件进行分解，就可以直接使用零件中现有的特征。

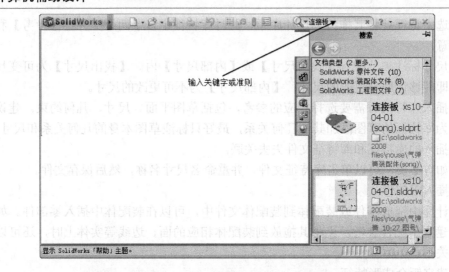

输入关键字或准则

图 7-61　使用 SolidWorks 搜索

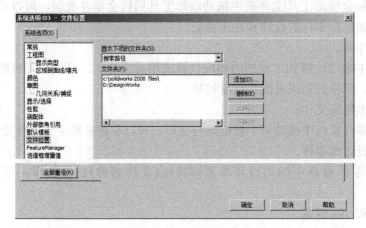

图 7-62　添加搜索路径

另外，SolidWorks 允许用户不需要任何设置重复使用来自 DWG 文件的视图、表格，甚至是图片，这可以帮助 2D 用户快速将他们的设计转入 SolidWorks，同时帮助 SolidWorks 用户通过便捷的数据重用节省时间。

SolidWorks 分解现有文件的规律如下。

- 零件将分解为特征(拉伸和切除)、草图和块。
- 特征将分解为草图。
- 工程图将分解为总表和块。
- DWG/DXF 文件将分解为表格、块和视图。

如图 7-63 所示，在【SolidWorks 搜索】文本框中给定搜索条件，将在任务窗格中显示搜索的结果。继续选择搜索的零件，单击【单击以在搜索中查看】按钮，将对零件进行分解。

零件分解后，用户可以直接将分解的特征应用于建立特征，与传统的库特征的应用方法完全相同，如图 7-64 所示。

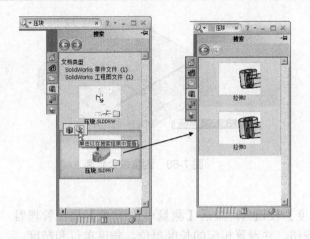

图 7-63　分解零件

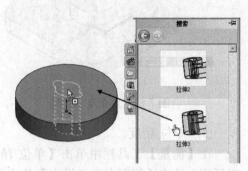

图 7-64　利用零件分解结果

3. 测量与质量属性

1)　使用测量工具

在 SolidWorks 中用户可以使用测量工具 对草图，3D 模型，装配体，工程图的点、线、面的距离、角度，以及它们彼此之间的距离、角度等进行测量。

(1)　打开文件。

打开本书配套光盘中的"第 7 章\模型\底板"文件，如图 7-65 所示。

(2)　测量中心到中心的距离。

单击【工具】|【测量】按钮 ，弹出【测量】工具栏，单击【圆弧/圆测量】|【中心到中心】按钮 ，依次选择如图 7-66 所示的两个圆弧，可测量其圆心之间的中间距离。

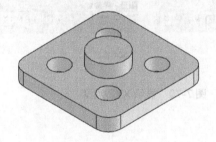

图 7-65　底板

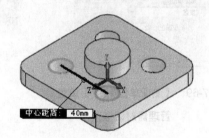

图 7-66　测量中心距离

(3)　测量最小距离。

在【测量】工具栏中单击【圆弧/圆测量】|【最小距离】按钮 ，依次选择如图 7-67 所示的两个圆弧，可测量其圆心之间的最小距离。

(4)　测量最大距离。

在【测量】工具栏中单击【圆弧/圆测量】|【最大距离】按钮 ，依次选择如图 7-68 所示的两个圆弧，可测量其圆心之间的最大距离。

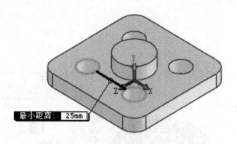

图 7-67　测量最小距离

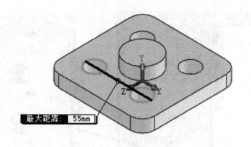

图 7-68　测量最大距离

(5)　单位/精度。

在【测量】工具栏中单击【单位/精度】按钮，激活【测量单位/精度】属性管理器对话框，选中【使用自定义设定】单选按钮，并设置相应的长度单位、角度单位和精度，如图 7-69 所示，然后单击【确定】按钮。

(6)　显示 XYZ 测量。

在【测量】工具栏中单击【显示 XYZ 测量】按钮后，【显示 XYZ 测量】命令处于被选中状态；再次单击【显示XYZ 测量】按钮后，该命令恢复撤销状态，如图 7-70 所示。

图 7-69　【测量单位/精度】属性
　　　　　管理器对话框

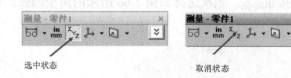

图 7-70　显示 XYZ 测量

(7)　使用 XYZ 测量。

在【测量】工具栏中单击【显示 XYZ 测量】按钮后，依次选择如图 7-71 所示的两个弧线，测量结果除了显示【圆弧/圆测量】设定的测量方式的数值外，还显示被选目标的X、Y、Z 方向的相对距离。

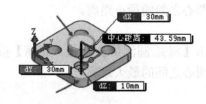

图 7-71　使用【XYZ 测量】

(8) XYZ 相对于。

在【测量】工具栏中单击【XYZ 相对于】按钮 ，其下拉菜单中仅出现【零件原点】按钮 ，当用户在工具栏中选择了【参考几何体】按钮 ，在模型中创建了新的坐标系后，此时【XYZ 相对于】按钮 下拉菜单中会多出一个选项，如图 7-72 所示。

(9) 使用【XYZ 相对于】命令。

在【测量】工具栏中单击【XYZ 相对于】|【坐标系 1】按钮 ，此时测量的结果为被测目标的相关尺寸数据相对于坐标系的距离，如图 7-73 所示。

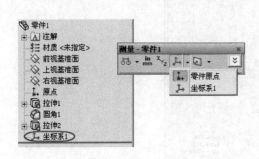

图 7-72 XYZ 相对于

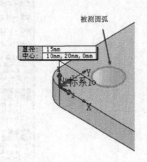

图 7-73 使用【XYZ 相对于】命令

(10) 投影于。

在【测量】工具栏中单击【投影于】按钮 ，其下拉菜单中提供了 3 个选项，分别是【无】 、【屏幕】 和【选择面/基准面】 ，分别表示被选目标不与任何参考物投影、与屏幕投影距离、与选择面或基准面投影距离。

2) 使用质量属性工具

在 SolidWorks 中同样可以使用质量属性工具 对模型进行单位、密度的自定义设置，以获得模型的体积、质量等参数值。

(1) 质量特性。

单击【工具】|【质量特性】按钮 ，激活【质量特性】属性管理器对话框，如图 7-74 所示。

(2) 打印。

单击【打印】按钮，激活【打印】属性管理器对话框，连接打印机，输出打印结果，如图 7-75 所示，然后单击【确定】按钮。

(3) 复制。

单击【复制】按钮，即可将质量特性的结果数据复制到 Windows 剪贴板中。

(4) 选项。

单击【选项】按钮，激活【质量/剖面属性选项】对话框，在【单位】选项组中选中【科学记号】复选框，则数值以科学记号来表示，如"6.12e+004"代表 61200。选中【使用自定义设定】单选按钮，可设置相应的长度、质量、单位体积和密度，并选中【默认的质量/剖面属性精度】单选按钮，如图 7-76 所示。然后单击【确定】按钮

(5) 重算。

单击【重算】按钮，系统将按照新的属性值计算模型的质量特性，如图 7-77 所示。

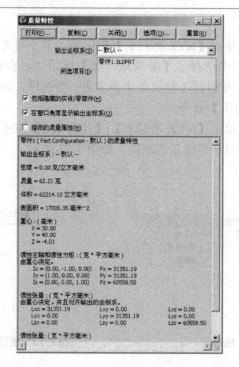

图 7-74 【质量特性】属性管理器对话框

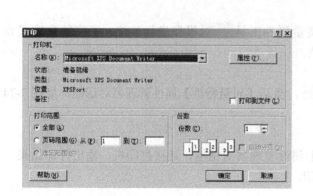

图 7-75 【打印】对话框

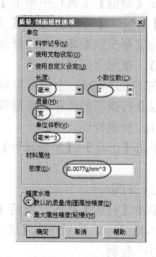

图 7-76 【质量/剖面属性选项】对话框

(6) 关闭。

单击【关闭】按钮，即可关闭【质量特性】属性管理器对话框。

(7) 设定材质。

在 FeatureManager 设计树中右击【材质<未指定>】选项，从弹出的快捷菜单中选择【普通碳钢】选项。再次选择【工具】|【质量特性】|【选项】命令，激活【质量/剖面属性选项】对话框，如图 7-78 所示的【材料属性】选项组中的密度值即是所选材质的密度，并且不可以重设。

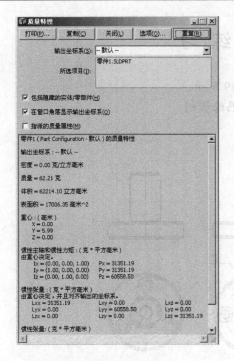

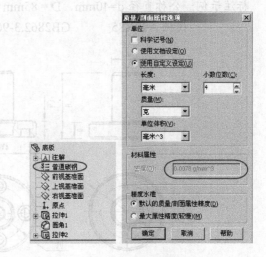

图 7-77 重算 图 7-78 材质的设定

7.3 理 论 练 习

1. 在方程式的_____放置驱动尺寸。
   A. 左边 B. 右边
   C. 同时有可实现递归 D. 都可以
   答案：D

2. 在创建方程式或系列零件设计表时，唯一需要做的准备是_____。
   A. 重命名尺寸或特征 B. 重命名模型名称
   C. 重新建模 D. 第一方程式或系列零件设计表名称
   答案：D

3. 除了尺寸和压缩状态外，还可以保存在配置中的项目有_____。
   A. 终止状态 B. 颜色
   C. 几何关系 D. 方程式
   答案：A、B、C、D

4. 库特征插入零件后不能编辑。(T/F)
   答案：F

5. 表格驱动的阵列是由系列零件设计表控制的。(T/F)
   答案：T

7.4 实战练习

1. 完成凸缘模柄(GB2862.3-90)设计，如图 7-79 所示。

标注示例：公称直径 d=40mm、D = 85mm 的凸缘模柄

模柄 A40X85　　　　GB2862.3-90

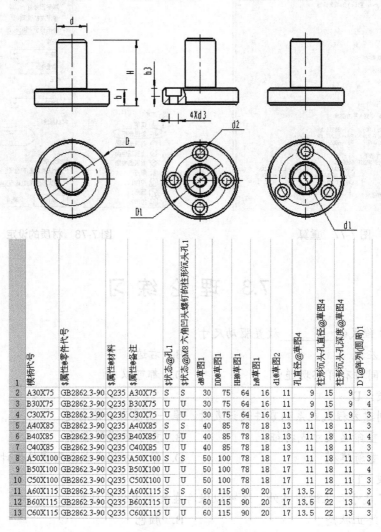

	模柄代号	$属性@零件代号	$属性@材料	$属性@备注	$状态@孔L1	$状态@M8六角凹头螺钉的柱形沉头孔L1	d@草图1	D@草图1	H@草图1	h@草图1	d1@草图2	孔直径@草图4	柱形沉头孔直径@草图4	柱形沉头孔深度@草图4	D1@阵列(圆周)1
2	A30X75	GB2862.3-90	Q235	A30X75	S	S	30	75	64	16	11	9	15	9	3
3	B30X75	GB2862.3-90	Q235	B30X75	U	U	30	75	64	16	11	9	15	9	4
4	C30X75	GB2862.3-90	Q235	C30X75	U	U	30	75	64	16	11	9	15	9	3
5	A40X85	GB2862.3-90	Q235	A40X85	S	S	40	85	78	18	13	11	18	11	3
6	B40X85	GB2862.3-90	Q235	B40X85	U	U	40	85	78	18	13	11	18	11	4
7	C40X85	GB2862.3-90	Q235	C40X85	U	U	40	85	78	18	13	11	18	11	3
8	A50X100	GB2862.3-90	Q235	A50X100	S	S	50	100	78	18	17	11	18	11	3
9	B50X100	GB2862.3-90	Q235	B50X100	U	U	50	100	78	18	17	11	18	11	4
10	C50X100	GB2862.3-90	Q235	C50X100	U	U	50	100	78	18	17	11	18	11	3
11	A60X115	GB2862.3-90	Q235	A60X115	S	S	60	115	90	20	17	13.5	22	13	3
12	B60X115	GB2862.3-90	Q235	B60X115	U	U	60	115	90	20	17	13.5	22	13	4
13	C60X115	GB2862.3-90	Q235	C60X115	U	U	60	115	90	20	17	13.5	22	13	3

图 7-79　习题 1 图

2. 完成中间导柱下模座(GB2855.10-90)设计，如图 7-80 所示。

标注示例：凹模周界 L=250mm、B = 200mm、厚度 H = 60mm 的中间导柱下模座

下模座 250X200X60　　　　GB2855.10-90

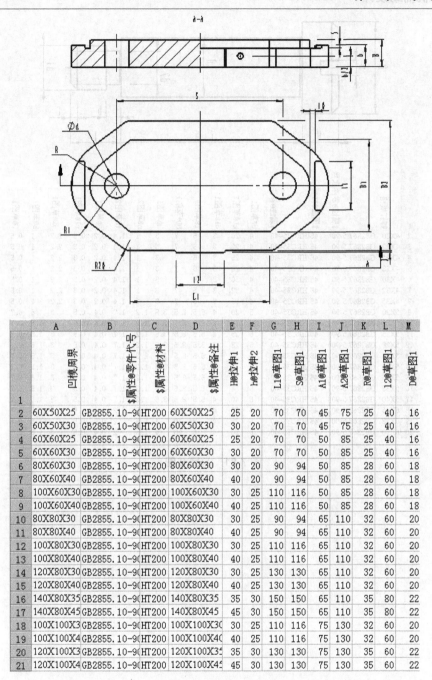

	A	B	C	D	E	F	G	H	I	J	K	L	M
1	凹模周界	$属性@零件代号	$属性@材料	$属性@备注	H@拉伸1	h@拉伸2	L1@草图1	S@草图1	A1@草图1	A2@草图1	R0@草图1	l2@草图1	D0@草图1
2	60X50X25	GB2855.10-9(	HT200	60X50X25	25	20	70	70	45	75	25	40	16
3	60X50X30	GB2855.10-9(	HT200	60X50X30	30	20	70	70	45	75	25	40	16
4	60X60X25	GB2855.10-9(	HT200	60X60X25	25	20	70	70	50	85	25	40	16
5	60X60X30	GB2855.10-9(	HT200	60X60X30	30	20	70	70	50	85	25	40	16
6	80X60X30	GB2855.10-9(	HT200	80X60X30	30	20	90	94	50	85	28	60	18
7	80X60X40	GB2855.10-9(	HT200	80X60X40	40	20	90	94	50	85	28	60	18
8	100X60X30	GB2855.10-9(	HT200	100X60X30	30	25	110	116	50	85	28	60	18
9	100X60X40	GB2855.10-9(	HT200	100X60X40	40	25	110	116	50	85	28	60	18
10	80X80X30	GB2855.10-9(	HT200	80X80X30	30	25	90	94	65	110	32	60	20
11	80X80X40	GB2855.10-9(	HT200	80X80X40	40	25	90	94	65	110	32	60	20
12	100X80X30	GB2855.10-9(	HT200	100X80X30	30	25	110	116	65	110	32	60	20
13	100X80X40	GB2855.10-9(	HT200	100X80X40	40	25	110	116	65	110	32	60	20
14	120X80X30	GB2855.10-9(	HT200	120X80X30	30	25	130	130	65	110	32	60	20
15	120X80X40	GB2855.10-9(	HT200	120X80X40	40	25	130	130	65	110	32	60	20
16	140X80X35	GB2855.10-9(	HT200	140X80X35	35	30	150	150	65	110	35	80	22
17	140X80X45	GB2855.10-9(	HT200	140X80X45	45	30	150	150	65	110	35	80	22
18	100X100X3(	GB2855.10-9(	HT200	100X100X30	30	25	110	116	75	130	32	60	20
19	100X100X4(	GB2855.10-9(	HT200	100X100X40	40	25	110	116	75	130	32	60	20
20	120X100X3(	GB2855.10-9(	HT200	120X100X35	35	30	130	130	75	130	35	60	22
21	120X100X4(	GB2855.10-9(	HT200	120X100X45	45	30	130	130	75	130	35	60	22

图 7-80　习题 2 图

3. 完成圆柱头卸料螺钉(GB2867.5-90)设计，如图 7-81 所示。

标注示例：公称直径 d=10mm、L = 48mm 的圆柱头卸料螺钉

卸料螺钉 10X48　　GB2867.5-90

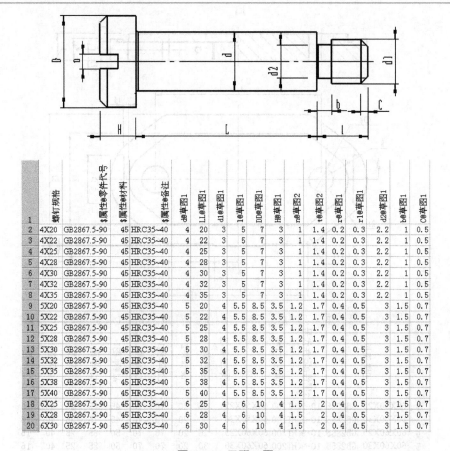

1	螺钉规格	$属性$零件代号	$属性$材料	$属性$备注	d$章图1	L1$章图1	d1$章图1	l$章图1	D0$章图1	H$章图1	n0$章图2	t0$章图2	r0$章图1	r1$章图1	d2$章图1	b0$章图1	C0$章图1
2	4X20	GB2867.5-90	45	HRC35~40	4	20	3	5	7	3	1	1.4	0.2	0.3	2.2	1	0.5
3	4X22	GB2867.5-90	45	HRC35~40	4	22	3	5	7	3	1	1.4	0.2	0.3	2.2	1	0.5
4	4X25	GB2867.5-90	45	HRC35~40	4	25	3	5	7	3	1	1.4	0.2	0.3	2.2	1	0.5
5	4X28	GB2867.5-90	45	HRC35~40	4	28	3	5	7	3	1	1.4	0.2	0.3	2.2	1	0.5
6	4X30	GB2867.5-90	45	HRC35~40	4	30	3	5	7	3	1	1.4	0.2	0.3	2.2	1	0.5
7	4X32	GB2867.5-90	45	HRC35~40	4	32	3	5	7	3	1	1.4	0.2	0.3	2.2	1	0.5
8	4X35	GB2867.5-90	45	HRC35~40	4	35	3	5	7	3	1	1.4	0.2	0.3	2.2	1	0.5
9	5X20	GB2867.5-90	45	HRC35~40	5	20	4	5.5	8.5	3.5	1.2	1.7	0.4	0.5	3	1.5	0.7
10	5X22	GB2867.5-90	45	HRC35~40	5	22	4	5.5	8.5	3.5	1.2	1.7	0.4	0.5	3	1.5	0.7
11	5X25	GB2867.5-90	45	HRC35~40	5	25	4	5.5	8.5	3.5	1.2	1.7	0.4	0.5	3	1.5	0.7
12	5X28	GB2867.5-90	45	HRC35~40	5	28	4	5.5	8.5	3.5	1.2	1.7	0.4	0.5	3	1.5	0.7
13	5X30	GB2867.5-90	45	HRC35~40	5	30	4	5.5	8.5	3.5	1.2	1.7	0.4	0.5	3	1.5	0.7
14	5X32	GB2867.5-90	45	HRC35~40	5	32	4	5.5	8.5	3.5	1.2	1.7	0.4	0.5	3	1.5	0.7
15	5X35	GB2867.5-90	45	HRC35~40	5	35	4	5.5	8.5	3.5	1.2	1.7	0.4	0.5	3	1.5	0.7
16	5X38	GB2867.5-90	45	HRC35~40	5	38	4	5.5	8.5	3.5	1.2	1.7	0.4	0.5	3	1.5	0.7
17	5X40	GB2867.5-90	45	HRC35~40	5	40	4	5.5	8.5	3.5	1.2	1.7	0.4	0.5	3	1.5	0.7
18	6X25	GB2867.5-90	45	HRC35~40	6	25	4	6	10	4	1.5	2	0.4	0.5	3	1.5	0.7
19	6X28	GB2867.5-90	45	HRC35~40	6	28	4	6	10	4	1.5	2	0.4	0.5	3	1.5	0.7
20	6X30	GB2867.5-90	45	HRC35~40	6	30	4	6	10	4	1.5	2	0.4	0.5	3	1.5	0.7

图 7-81　习题 3 图

第8章 工程图设计

工程图设计是三维设计的最后阶段，同时也是产品设计思想的交流方式和常规加工手段的数据依据，所以熟练地掌握工程图也是非常重要的。

用户在进行工程图设计时，大致分为以下几个阶段：

- 建立符合 GB 的工程图模板和符合企业标准的图纸格式。
- 根据三维模型生成所需的视图。
- 工程标注(尺寸及公差配合、形位公差、粗糙度及技术要求等)。
- 对于装配图，标注零件序号和建立材料明细表。

8.1 模板及图纸格式

8.1.1 案例介绍及知识要点

建立如图 8-1 所示的图纸格式。

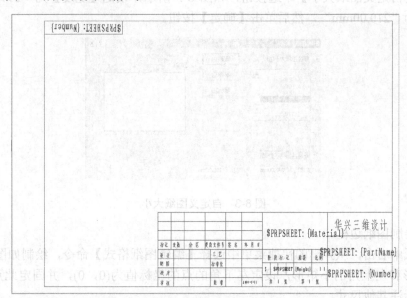

图 8-1 图纸格式

知识点：

- 理解工程图模板。
- 掌握图纸格式的建立方法。

8.1.2 操作步骤

(1) 选择工程图模板。

启动 SolidWorks，单击【标准】工具栏中的【新建】按钮，新建一个工程图文件，如图 8-2 所示。

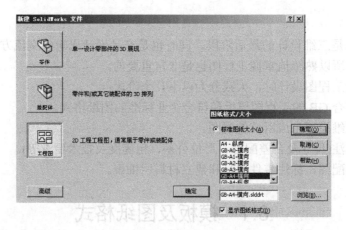

图 8-2 选择工程图模板

(2) 自定义图纸大小。

选中【自定义图纸大小】单选按钮，如图 8-3 所示，设定【宽度】为"297.00mm"，【高度】为"210.00mm"，然后单击【确定】按钮。

图 8-3 自定义图纸大小

(3) 绘制图纸边框。

在图纸中右击，从弹出的快捷菜单中选择【编辑图纸格式】命令，绘制如图 8-4 所示的两个矩形和左上角的小矩形，设定左下角的点的坐标值为(0，0)，并固定此点的两条边线，然后标注其他尺寸。

(4) 设置线粗。

在如图 8-5 所示的位置右击，从弹出的快捷菜单中选择【线型】命令，弹出【线型】工具栏。

选择如图 8-5 所示边线，从【线型】工具栏中定义直线的线粗为"正常"。

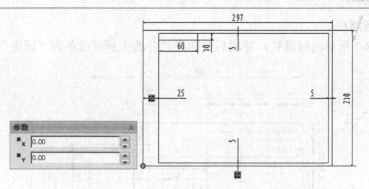

图 8-4　绘制图纸边框

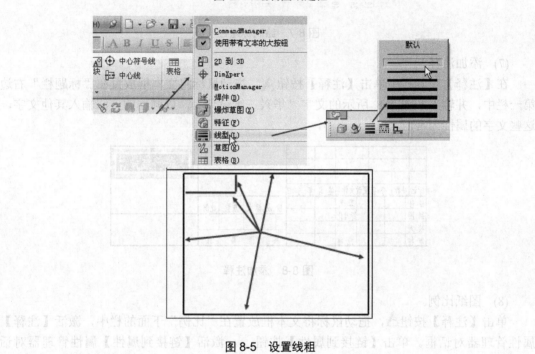

图 8-5　设置线粗

(5) 删除尺寸。

删除标注的所有尺寸，并将所有直线设定为"固定"几何关系，如图 8-6 所示。

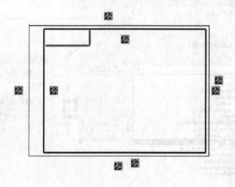

图 8-6　删除尺寸

(6) 绘制标题栏。

绘制如图 8-7 所示的标题栏，完成后删除尺寸并约束所有线条为"固定"几何关系。

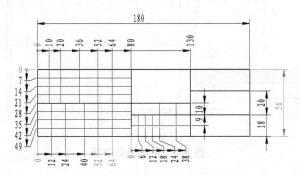

图 8-7　绘制标题栏

(7) 添加注释。

在【注释】工具栏中单击【注释】按钮**A**，拖动鼠标将文本框放置在"标题栏"右边第一栏中，并输入如图 8-8 所示的文字"华兴三维设计"。以同样的方法输入其他文字，这些文字的属性为常值。

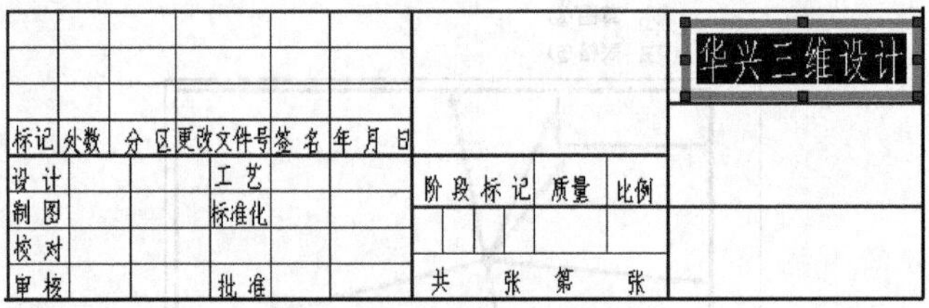

图 8-8　添加注释

(8) 图纸比例。

单击【注释】按钮**A**，拖动鼠标将文本框放置在"比例"下面的栏中，激活【注释】属性管理器对话框。单击【链接到属性】按钮，激活【链接到属性】属性管理器对话框，保持选中【当前文件】单选按钮，在下面的下拉列表框中选择【SW-图纸比例(Sheet Scale)】选项，如图 8-9 所示，然后单击【确定】按钮。

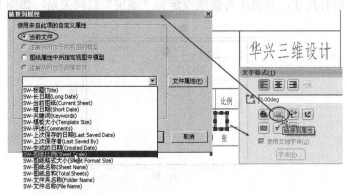

图 8-9　图纸比例

(9)　其他当前文件属性的链接。

以同样的方法链接"$PRP: 'SW-短日期(Short Date)'"、"$PRP: 'SW-图纸总和(Total Sheets)'"、"$PRP: 'SW-当前图纸(Current Sheet)'"，如图 8-10 所示。

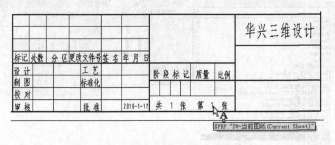

图 8-10　其他当前文件属性的链接

(10)　自定义属性。

单击【注释】按钮 **A**，激活【注释】属性管理器对话框，单击【链接到属性】按钮，激活【链接到属性】属性管理器对话框，选择【图纸属性中所指定视图中模型】单选按钮。单击【文件属性】按钮，激活【摘要信息】属性管理器对话框，单击【自定义】标签，切换到【自定义】选项卡，输入如图 8-11 所示的文本。

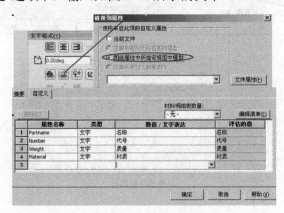

图 8-11　自定义属性

(11)　质量属性注释的链接。

单击【注释】按钮 **A**，拖动鼠标将文本框放置在"质量"下面的栏中，激活【注释】属性管理器对话框，单击【链接到属性】按钮，激活【链接到属性】属性管理器对话框，选择【图纸属性中所指定视图中模型】单选按钮，在下拉列表框中选择 weight 选项，如图 8-12 所示，然后单击【确定】按钮。

(12)　查看注释文字属性的区别。

右击标题栏"比例"的链接属性"1∶1"，从弹出的快捷菜单中选择【在窗口中编辑文字】命令，激活【编辑文字窗口】属性管理器对话框，显示属性为"$PRP: 'SW-图纸比例(Sheet Scale)'"，说明此文字链接当前工程图文件的属性。

以同样的方法查看"质量"属性注释的文字属性为"$PRPSHEET: 'Weight'"，说明此文字链接模型的文件属性，如图 8-13 所示，由此可以看出两者之间的区别。

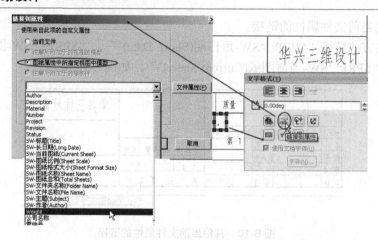

图 8-12 质量属性注释的链接

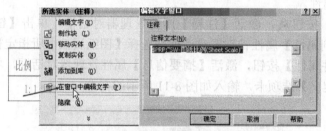

比例的注释属性

质量的注释属性

图 8-13 查看注释文字的属性

(13) 其他自定义属性的链接添加。

以同样的方法添加其他属性的链接，链接的属性有"$PRPSHEET ：{PartName}"、"$PRPSHEET ：{Number}"、"$PRPSHEET ：{Material}"，如图 8-14 所示。

图 8-14 其他自定义属性的链接添加

(14) 属性的链接。

以同样的方法添加左上角文本框“$PRPSHEET：{Number}”属性的链接，并在【注释】属性管理器对话框【角度】微调框中输入“180.00deg”，添加完成后结果如图 8-15 所示。

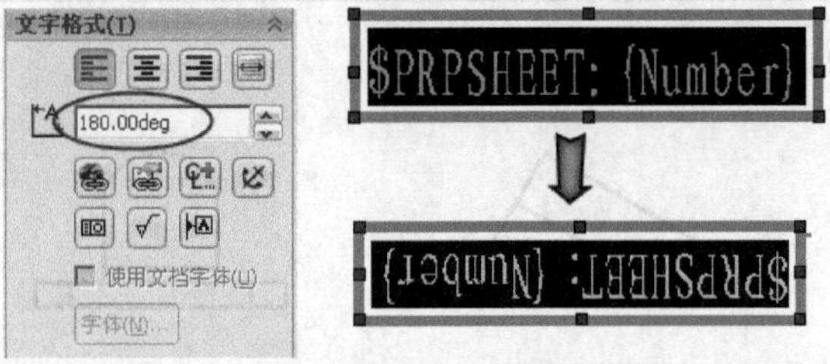

图 8-15　属性的链接

(15) 材料明细表定位点。

右击标题栏上边框的右端点，从弹出的快捷菜单中选择【设定为定位点】|【材料明细表】命令，如图 8-16 所示。

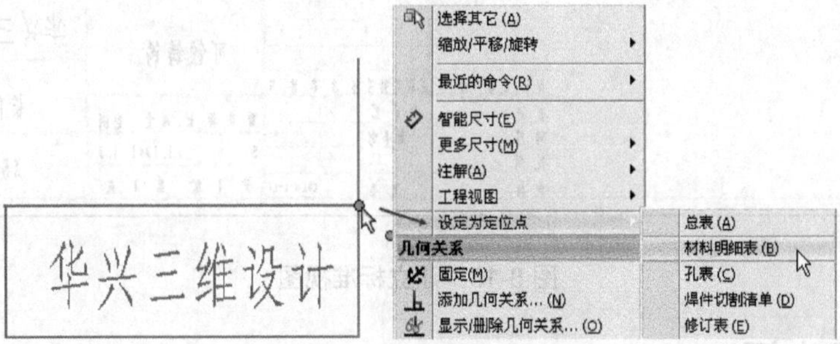

图 8-16　材料明细表定位点

(16) 保存图纸格式。

至此完成模板的建立，选择【文件】|【保存图纸格式】命令，并将其命名为“我的图纸模板”单击【保存】按钮，将其保存在默认文件夹下。

(17) 使用自建模板。

使用新建的“我的图纸模板”图纸格式建立工程图文件，如图 8-17 所示，然后单击【确定】按钮。

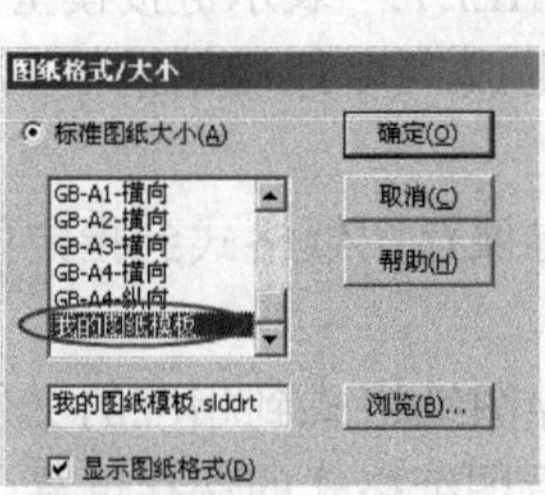

图 8-17　选择自建模板

(18) 建立标准视图。

在【视图布局】工具栏中单击【标准视图】按钮 ，激活【标准视图】属性管理器对话框，单击【浏览】按钮。打开本书配套光盘中的"第 8 章\模型\支撑座"零件文件，然后单击【打开】按钮，即可形成如图8-18所示的视图。

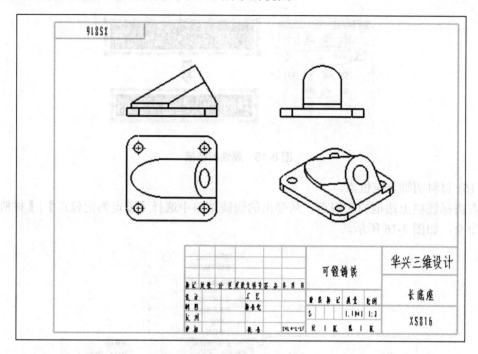

图 8-18   建立标准视图

8.1.3   步骤点评

(1)   对于步骤(2)：可以定义图框。

(2)   对于步骤(3)：输入点的坐标值，可以更好地定位图框的位置。

(3)   对于步骤(4)：根据需要，调用【线型】工具栏定义线条的粗细，同样也可以定义视图边线的粗细。

(4)   对于步骤(5)：也可以在隐藏所有的尺寸后，固定线条的位置。

(5)   对于步骤(9)："$PRP:"表示链接的工程图文件的属性。

(6)   对于步骤(13)："$PRPSHEET:"表示链接模型的文件属性。

(7)   对于步骤(15)：如果要生成"焊件切割清单"，需要设置"焊件切割清单"定位点。

(8)   对于步骤(16)：如果没有保存图纸格式到指定的位置，需要手工指定图纸格式的文件位置，如图8-19所示。

(9)   对于步骤(17)：只有保存图纸格式到相应的文件下，【图纸格式】对话框中才会出现相应的图纸格式。如果想查看图纸格式的保存位置，可以在如图8-19所示的对话框中进行查看。

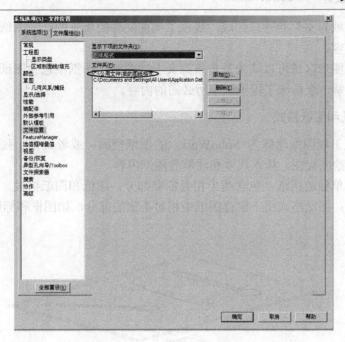

图 8-19　默认图纸格式保存位置

8.1.4　知识总结

1. 工程图文件

工程图文件是 SolidWorks 设计文件的一种，其后缀名为".slddrw"。

工程图文件窗口分为两部分，如图 8-20 所示。

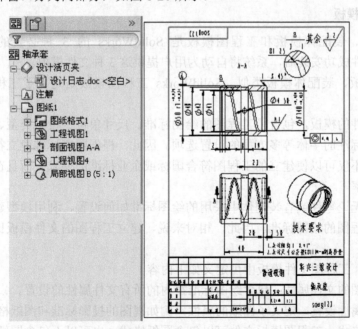

图 8-20　工程图文件窗口

- 左侧区域为文件的管理区域，显示了当前文件的所有图纸、图纸中包含的工程视图等内容。
- 右侧的图形区域可以认为是传统意义上的图纸，图纸中包含图纸格式、视图、尺寸、注解、表格等工程图纸中所必需的内容。

2. 工程图纸和图纸格式

读者可以把工程图纸理解为 SolidWorks 的图纸空间，或者说是一张真实的绘图纸，可以在图纸上面绘制视图、插入尺寸和注解等图纸内容。

对于每一张单独的图纸，包含两个相互独立部分：图纸和图纸格式。其中，图纸用于建立视图和注解；图纸格式用于保存图纸中相对不变的部分，如图框和标题栏，如图 8-21 所示。

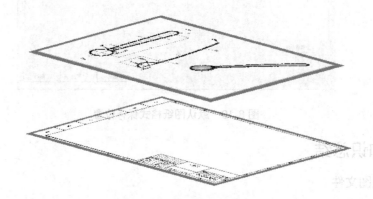

图 8-21　图纸和图纸格式

3. 工程图模板

零件模板、装配体模板和工程图模板是 SolidWorks 的 3 种必要的文件模板，在 SolidWorks 软件成功安装后，系统将自动为用户提供这 3 种文件模板。

与零件模板、装配体模板类似，SolidWorks 工程图模板是定义了工程图文件属性的文件。

工程图文件的模板，包含了工程图的绘图标准、尺寸单位、投影类型、尺寸标注的箭头类型、文字标注的字体等多方面的设置选项。因此，根据国家标准建立符合要求的工程图文件模板，不仅可以使建立的工程图符合国标或企业标准的要求，而且在操作过程中能够大大提高效率。

实际上，无论零件或者装配体中采用的绘图标准如何设置，利用模型建立工程图时，系统将使用工程图的绘图标准。因此，相对来说，建立工程图的文件模板比建立模型文件的模板更重要。

一般说来，工程图文件模板中可定义如下内容。

- 工程图的文件属性：包含绘图标准在内的所有文件属性的设置。
- 图纸属性设置：定义了图纸的属性，例如视图的投影标准和图纸格式。
- 图纸格式：工程图模板文件可以包含图纸格式，也可以不包含图纸。

　　工程图模板的设计较为复杂，大致思路为：建立一个空的工程图文件，然后选择【工具】|【选项】|【文件属性】命令，在每个选项里按照国家标准设置好即可，最后保存格式为"工程图模板"。

　　由于工程图的模板是按照国家标准设计的，所以具有通用性。在本书的配套光盘中提供的工程图模板文件位于"公用文件\我的文件模板"中，如图 8-22 所示，用户可以直接使用。同时，用户也可以根据自己的需要，利用提供的模板建立空的工程图文件，修改属性后保存为新的工程图模板。

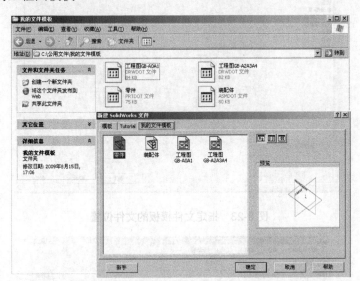

图 8-22　光盘中提供的工程图模板

　　通过在系统选项中设置文件模板的文件位置，用户可以在 SolidWorks 用户界面中方便地使用已经定义的文件模板。

　　选择【工具】|【选项】命令，在【系统选项】下单击【文件位置】选项，在【显示下项的文件夹】下拉列表框中选择【文件模板】选项，单击【添加】按钮。浏览文件夹到"C:\公用文件\我的文件模板"，单击【确定】按钮完成设置，如图 8-23 所示。

4. 图纸格式

　　图纸格式，可以简单地理解为图框和标题栏的样式。针对某个企业而言，图纸格式的内容和样式相对变化不大，因此用户可以根据不同的图幅大小建立不同的图纸格式。

　　在 SolidWorks 中，图纸格式文件的后缀名为".slddrt"。如图 8-24 所示，在本书提供的光盘中，已经为读者提供了 A0～A4 幅面常用的图纸格式，在学习中读者可以参考使用。

　　通过在【系统选项】对话框中设置图纸格式的文件位置，用户可以在 SolidWorks 用户界面方便地使用已经定义的图纸格式。

　　选择【工具】|【选项】命令，在【系统选项】下单击【文件位置】选项，在【显示下项的文件夹】下拉列表框中选择【图纸格式】选项，单击【添加】按钮。浏览文件夹到"C:\公用文件\我的图纸格式"，单击【确定】按钮完成设置，如图 8-25 所示。

图 8-23　指定文件模板的文件位置

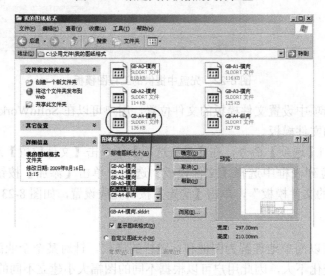

图 8-24　光盘中提供的图纸格式

5. 编辑图纸和编辑图纸格式

在工程图中，用户可以通过【编辑图纸】和【编辑图纸格式】两个命令来切换编辑图纸状态和编辑图纸格式状态，如图 8-26 所示。

6. 图纸格式中的简单文字注释

针对标题栏中内容不变的文字，读者可以使用简单的文字注释来实现。例如本例中的"设计"、"标记"之类的文字。

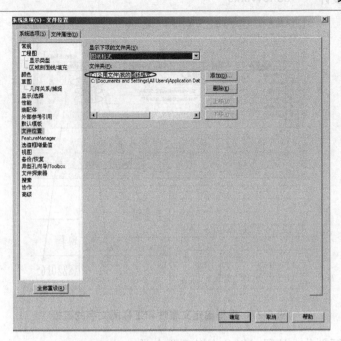

图 8-25　指定图纸格式的文件位置

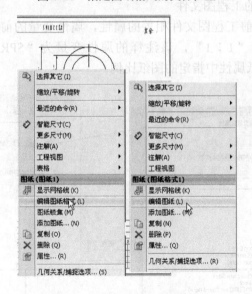

图 8-26　编辑图纸和编辑图纸格式

7. 工程图中的注释链接

在工程图中，用户可以建立很多与工程图文件、参考的零件、装配体中的零部件等模型文件相关的注释链接。这类文字注释的含义是，文字通过一个变量链接到参考的文件属性，当文件属性发生变化时，注释将发生相应的变化。

在 SolidWorks 中，注释链接是相当有用的工具之一。如图 8-27 所示，如果已经在零件中建立了自定义属性，并且在工程图的图纸格式中建立了相应的注释链接文字，则可以保持标题栏中的文字随模型的变化而变化。

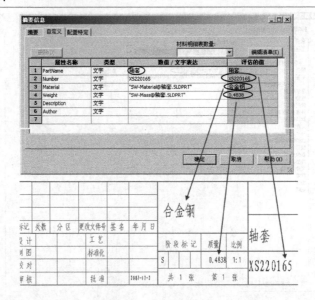

图 8-27 模型自定义属性和工程图文字的链接

从注释的来源划分，注释可以分为以下两大类。

1) 注释链接当前的工程图文件

此类注释链接与当前工程图文件相关的属性，属性变量的前缀为"$PRP："。例如图 8-28 中所示的比例"1：1"，该注释的属性变量为"$PRP:'SW-图纸比例(Sheet Scale)'"，显示的是图纸属性中指定的图纸比例。

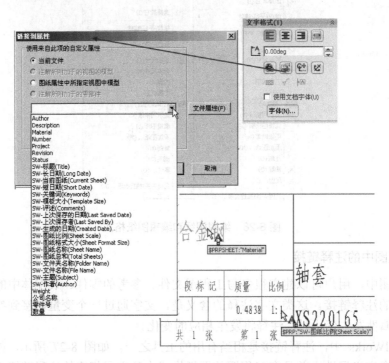

图 8-28 注释链接

2)　注释链接外部的参考模型

此类注释链接视图中的零件或装配体的属性，属性变量的前缀为"$PRPSHEET:"，如图 8-28 所示的"合金钢"，其属性变量为"$PRPSHEET: 'Material'"，即这个文字注释将显示参考模型中的"Material"自定义属性。

如图 8-28 所示，在 SolidWorks 中，注释可以按照以下 4 种类型进行链接。

- 【当前文件】：当前工程图文件的属性。
- 【注释所附加于的视图的模型】：注释箭头指向的视图参考模型的文件属性。
- 【图纸属性中所指定视图中模型】：当前图纸中指定的视图中模型的文件属性。
- 【注释所附加于的零部件】：仅用于装配图中。指注释箭头指向的装配体中的零件的文件属性。

8. 保存和使用图纸格式

图纸格式文件可以保存在当地计算机的任何位置，其后缀名为".slddrt"。通过设定图纸格式的查询路径，用户可以很方便地在建立新工程图时使用自定义的图纸格式。

9. 工程图操作环境

在 SolidWorks 中，用户可以根据自己的工作习惯设置最佳的操作方法，通过自定义菜单等方式定义可使操作更加快捷。

选择【工具】|【选项】命令，在【系统选项】下的【工程图】分支中设定工程图操作的有关选项。如图 8-29 所示，如果在【工程图】分支中取消选中【自动以视图增殖察看调色板】复选框，第一个视图只能通过模型视图命令来实现。

图 8-29　工程图操作的有关选项

在【工程图】|【显示类型】分支中，可设定新建视图的默认显示方式。

如图 8-30 所示，通过自定义用户界面，可以将【从零件/装配体制作工程图】按钮拖放到【标准】工具栏中，从而使建立工程图更加方便。【从零件/装配体制作工程图】工具的优点体现在如下两个方面。

● 自动利用当前窗口中的模型建立工程图文件。

● 如果当前工作目录中存在与模型同名的文件，系统则提示用户打开工程图文件。

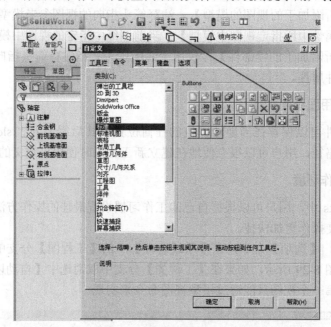

图 8-30 自定义【标准】工具栏

8.2 视图的建立

8.2.1 案例介绍及知识要点

建立如图 8-31 所示的几个视图。

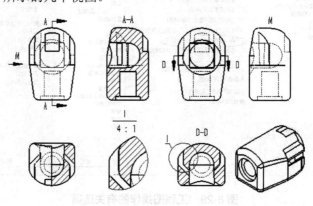

图 8-31 视图的建立

知识点：

- 掌握视图的建立方法。
- 掌握视图显示样式的设置方法。

8.2.2　操作步骤

(1)　打开零件。

打开本书配套光盘中的"第 8 章\模型\球窝"零件文件，如图 8-32 所示。

(2)　从零件制作工程图。

选择【标准】工具栏上的【文件】|【从零件制作到工程图】命令🔲。

(3)　选择模板和图纸格式。

在弹出的对话框中选择【我的文件模板】选项卡中的【工程图 GB-A2A3A4】模板，并选择图纸格式为【GB-A4 横向】，其他保持默认设置，如图 8-33 所示。然后单击【确定】按钮。

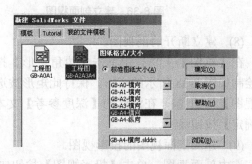

图 8-32　打开零件　　　　　　　　图 8-33　选择模板和图纸格式

(4)　建立主视视图。

在工程图的操作界面中将如图 8-34 所示的对话框中的【上视】选项拖动到图纸合适位置，如图 8-34 所示，然后单击【确定】按钮✅。

(5)　绘制剖切线。

选择【草图】|【直线】命令✏，注意几何关系的捕捉，绘制如图 8-35 所示的直线。

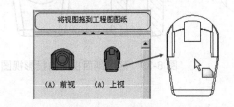

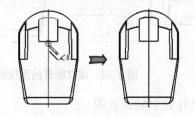

图 8-34　建立上视视图　　　　　　　图 8-35　绘制剖切线

(6)　建立剖面视图。

保持所绘制的直线被选中，单击【布局视图】工具栏中的【剖面视图】按钮🔳，在激活的【剖面视图】属性管理器对话框中选中【反转方向】复选框。向右移动鼠标至合适位置单击放置，生成剖面视图，如图 8-36 所示，然后单击【确定】按钮✅。

(7) 建立投影视图。

选中主视视图，单击【布局视图】工具栏中的【投影视图】按钮📇，向下移动鼠标至合适位置单击放置，生成主视视图的俯视图，如图 8-37 所示。

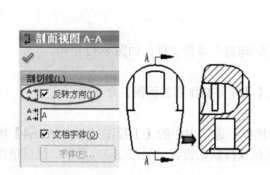

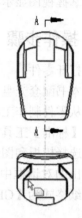

图 8-36　建立剖面视图　　　　　　　　图 8-37　建立投影视图

(8) 建立断开的剖视图。

在【草图】工具栏中单击【边角矩形】按钮□，在新建的俯视图上捕捉圆弧的中点并绘制如图 8-38 所示的矩形。保持此矩形被选中，单击【布局视图】工具栏中的【断开的剖视图】按钮🔲，在激活的【深度参考】文本框中选择如图 8-38 所示的边线，然后单击【确定】按钮✔。

(9) 建立剖面视图的投影视图。

选中剖面视图，单击【投影视图】按钮📇，向右移动鼠标至合适位置单击放置，生成剖面视图的左视图，如图 8-39 所示。

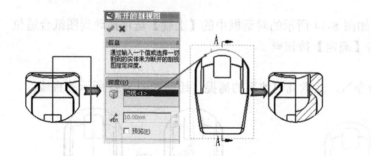

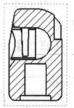

图 8-38　建立断开的剖视图　　　　　　图 8-39　建立剖面视图的投影视图

(10) 建立辅助视图。

选中如图 8-40 所示的直线，单击【布局视图】工具栏中的【辅助视图】按钮🔯，出现浮动的视图，向右移动鼠标至合适位置单击放置。激活【辅助视图】属性管理器对话框，在【标号】文本框🔠中输入"M"，选中【反转方向】复选框，并移动辅助视图的箭头至合适位置，建立"M"向视图。

(11) 绘制剖切线。

选择【草图】|【直线】命令＼，注意几何关系的捕捉，绘制如图 8-41 所示的直线。

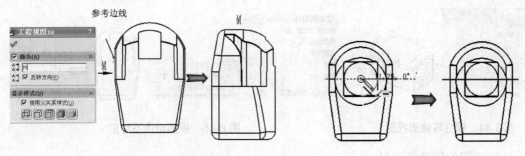

图 8-40　建立辅助视图　　　　　　　图 8-41 绘制剖切线

(12) 建立另一个剖面视图(D-D)。

保持步骤(11)所绘制的直线被选中，单击【布局视图】工具栏中的【剖面视图】按钮 ，在激活的【剖面视图】属性管理器对话框的【标号】 微调框中输入"D"。向下移动鼠标至合适位置单击放置，生成剖面视图，如图 8-42 所示，然后单击【确定】按钮 。

(13) 建立局部视图。

在【视图布局】工具栏中单击【局部视图】按钮 ，在"剖面视图(D-D)"上绘制如图 8-43 所示的圆，激活【局部视图】属性管理器对话框，从【样式】 下拉列表框中选择【带引线】选项，移动鼠标至合适位置单击放置，然后单击【确定】按钮 。

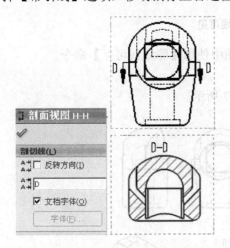

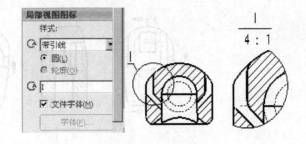

图 8-42　建立另一个剖面视图(D-D)　　　　　　图 8-43　建立局部视图

(14) 建立等轴测视图。

在【视图布局】工具栏中单击【模型视图】按钮 ，在激活的【模型视图】属性管理器对话框中单击【下一步】按钮 ，并选择【等轴测】命令 。移动鼠标到合适位置单击放置，如图 8-44 所示，然后单击【确定】按钮 。

(15) 视图切边不可见。

右击主视视图，从弹出的快捷菜单中选择【切边】|【切边不可见】命令，如图 8-45 所示。

除等轴测视图外，在其他所有视图中使用【切边不可见】命令。

| 图 8-44　建立等轴测视图 | 图 8-45　视图切边不可见 |

(16) 视图的隐藏线可见。

选中主视视图，选择【显示样式】 |【隐藏线可见】 命令，如图 8-46 所示。

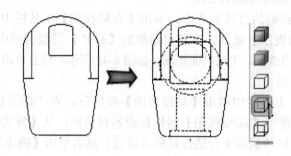

图 8-46　视图的隐藏线可见

除局部放大图和等轴测视图外，在其他所有视图中使用【隐藏线可见】命令。

(17) 完成视图的建立。

至此，完成零件"球窝"的视图建立，如图 8-47 所示。

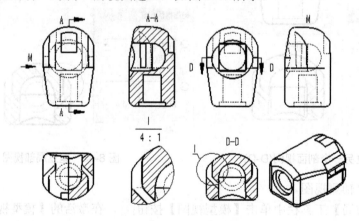

图 8-47　完成视图的建立

8.2.3　步骤点评

(1) 对于步骤(4)：如果【查看调色板】下无视图，需要在系统选项中进行如下设置。

选择【工具】|【选项】命令，弹出【系统选项(S)-工程图】对话框，在【系统选项】选项卡的【工程图】分支中选中【自动以视图增殖察看调色板】复选框，如图 8-48 所示。

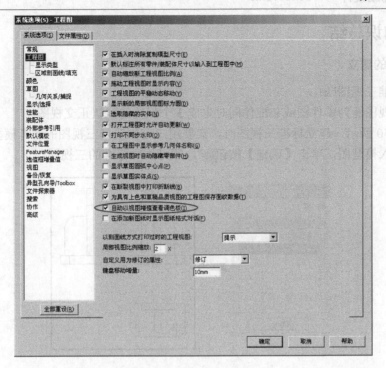

图 8-48 系统设置

(2) 对于步骤(6)：可以更换剖面显示样式如图 8-49 所示。

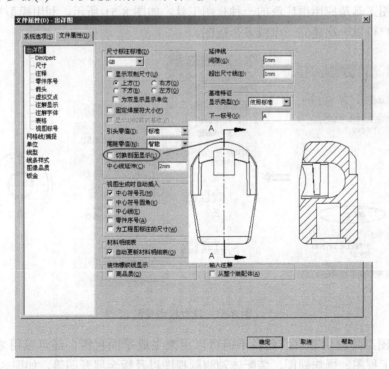

图 8-49 更换剖面显示

8.2.4　知识总结

1. 视图的建立

(1) 标准三视图 。

标准三视图能为零件图或装配体同时生成 3 个相关的默认正交视图。

如图 8-50 所示，建立标准三视图时，需要用户首先选择三视图的参考模型。在【打开文档】下插入模型图，单击【确定】按钮 ，即可生成标准的三视图。

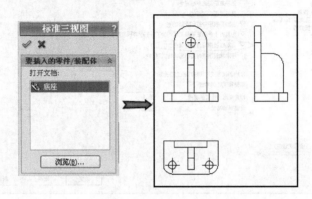

图 8-50　标准三视图

(2) 模型视图 。

模型视图工具是应用很广泛的一种视图工具。如图 8-51 所示，利用模型视图工具建立视图时，用户可以一次建立一个或多个视图。

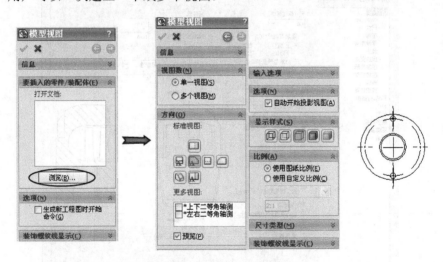

图 8-51　建立模型视图

模型视图工具应用非常广泛，不但可以用来生成平面视图，还可以用来生成轴测视图、透视的工程图、爆炸视图、装配体轴测剖视图以及钣金展开图等，如图 8-52 所示。

(3) 投影视图 。

利用投影视图工具生成视图的前提是：图纸中至少存在某一视图，此视图可以认为是父视图。相对于父视图在不同的投影方向，可生成不同的投影视图，如图 8-53 所示。

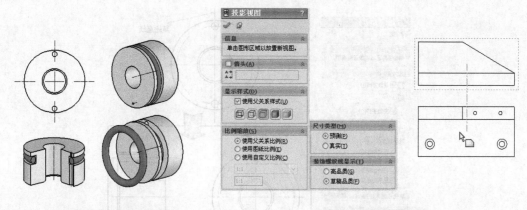

图 8-52　模型视图工具的其他应用　　　　　　　　图 8-53　建立投影视图

(4) 断裂视图 。

断裂视图适用于细长轴或长度远大于宽度的视图情况，如图 8-54 所示。

- 折断线布局：【添加竖直折断线】按钮 ，适用于水平放置的视图；【添加水平折断线】按钮 ，适用于竖直放置的视图。
- 缝隙大小：在【缝隙大小】微调框内编辑数值，可以设定折断线之间的距离。
- 【折断线样式】：单击【折断线样式】下拉按钮 ，在其下拉列表框中存在 4 种样式，用户可根据需要选择不同的样式。

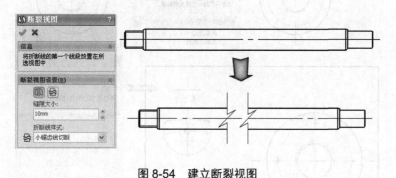

图 8-54　建立断裂视图

(5) 剖面视图 。

剖面视图属于需要绘制草图的视图，也就是说剖面视图的生成需要手工绘制一条草图直线，此直线就是将要生成的剖面视图的剖切线。绘制草图视图可以先绘制草图，然后单击命令；也可以先单击命令，然后绘制草图。

如图 8-55 所示，可以在 PropertyManager 中通过 反转方向(I)控制箭头方向，也可以在图形区域双击剖切线反转剖切方向。

(6) 局部视图 。

局部视图即局部放大图，也属于绘制草图视图。单击【局部视图】按钮 ，提示栏中会显示"请绘制一个圆来继续生成视图"，如图 8-56 所示。保持默认设置，在需要放大的位置绘制一个圆，此时生成一新的视图即局部视图。移动鼠标至合适的位置单击以放置新生成的局部视图，然后单击【确定】按钮✅。

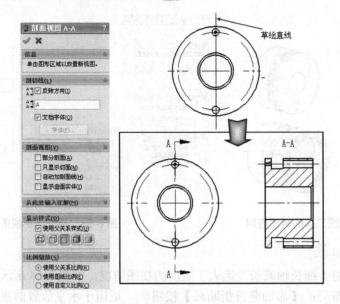

图 8-55　建立剖面视图

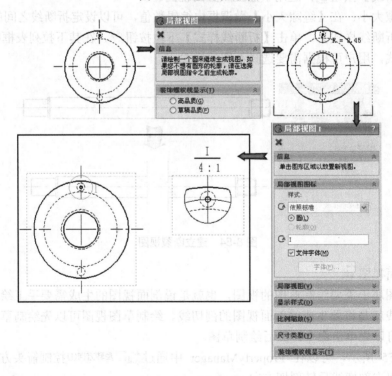

图 8-56　建立局部视图

(7) 断开的剖视图📷。

断开的剖视图，即国家标准中所说的"局部剖视图"，同样属于绘制草图视图。利用断开的剖视图工具，用户可以在现有视图上的某局部位置将视图进行剖切，显示其内部结构。如图 8-57 所示，先使用【样条曲线】绘制一封闭的轮廓线，再单击【断开的剖视图】按钮，确定剖切深度参考后单击【确定】按钮 ✓ ，即可完成一断开的剖视图。

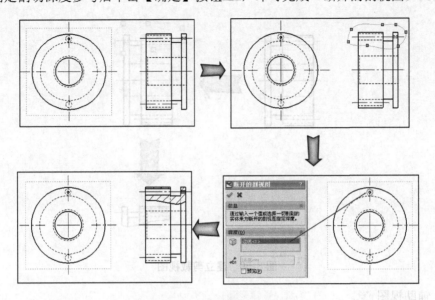

图 8-57 建立断开的剖视图

用户可以利用以下两种方法来确定局部剖视图的剖切深度，如图 8-58 所示。

- 给定数值确定剖切深度：即从当前视图的最前面开始计算，给定深度距离进行剖切。本书不推荐使用这种方法建立局部剖视图。
- 从其他视图中确定剖切位置：从其他视图中选择直线、圆形边线等参考几何体，确定剖切位置。本书推荐采用这种方法。

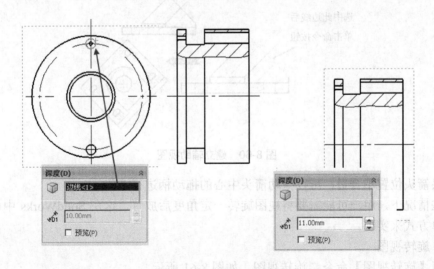

图 8-58 确定剖切深度

(8) 剪裁视图 ⬚。

剪裁视图是对当前视图进行剪裁，以便保留需要的部分而节省图面空间。如图 8-59 所示，在需要剪裁的视图上绘制一封闭区域，然后单击【剪裁视图】按钮 �，即可将视图剪裁，保留封闭区域内的部分。

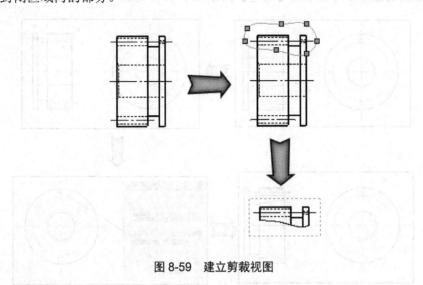

图 8-59　建立剪裁视图

（9）辅助视图 🔷。

辅助视图类似于投影视图，是垂直于现有视图中参考边线的一种视图。利用【辅助视图】命令，用户可以建立斜视图。

如图 8-60 所示，选中参考边线，单击【辅助视图】按钮 🔷，此时生成一辅助视图，移动鼠标到合适位置单击左键。如果方向不对，可以在 PropertyManager 中选中【反转方向】复选框以反转方向，箭头标号可以通过 🔲 A ▭ 进行编辑。

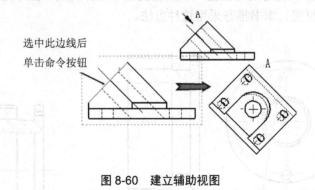

选中此边线后
单击命令按钮

图 8-60　建立辅助视图

如果箭头位置不合适，可以拖动箭头中心的拖动柄进行调整。

某些情况下，用户可能需要将视图旋转一定角度后放置，这在 SolidWorks 中可以通过如下简单方式来实现。

① 旋转视图

使用【旋转视图】命令 🔁 旋转视图，如图 8-61 所示。

② 对齐工程图视图

选择视图中的一条直线，可以将其水平或竖直放置。选中如图 8-62 所示的边线，然后选择【工具】|【对齐工程图视图】|【竖直边线】命令，可使视图中选择的边线竖直放置。

其值不仅有某个或某几个关头，正在利用下相对视图工具在组工程图设计中。如图 8-61 所示。建立图视图后，则可应用相对视图工具设计放置的视图。

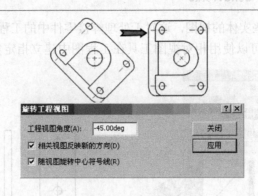

图 8-61　旋转视图

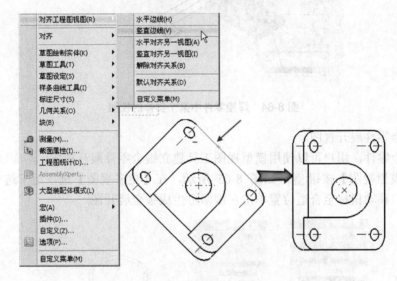

图 8-62　对齐工程视图

(10) 相对视图 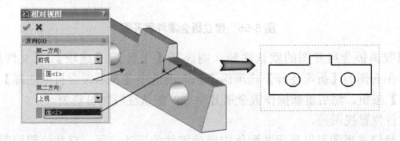。

如果说使用标准三视图、模型视图等工具建立视图时都存在标准的参考方向，那么在利用相对视图工具建立视图时则可以由用户定义视图的放置方向。如图 8-63 所示，在建立视图时由用户定义前面和参考面。

图 8-63　定义相对视图

大多数情况下，用户可以从标准视图中找到可以应用的视图方向，因此相对视图工具应用情况不多，但较为灵活。值得一提的是，对于多实体零件，用户可以使用相对视图工具建立零件中某个或某些实体的视图，这对于处理焊接零件中的工程图非常有用。如图 8-64 所示，对于焊接零件，可以使用相对视图工具在工程图中建立指定实体的视图。

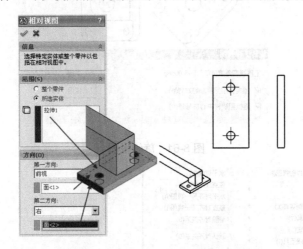

图 8-64 焊接零件中某个实体的视图

(11) 钣金零件展开视图。

对于钣金零件，用户可以使用模型视图工具建立钣金零件展开视图。

单击【模型视图】按钮，如图 8-65 所示，在【更多视图】选项组下选中【平板型式】复选框，移动鼠标至合适位置单击左键即可生成钣金展开图。

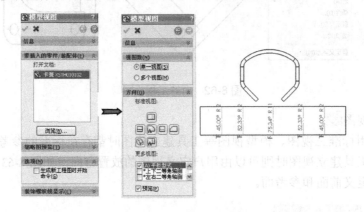

图 8-65 建立钣金零件展开图

如果想取消钣金展开图的默认注释，则选择【工具】|【选项】|【文件属性】|【钣金】命令，在右侧的【折弯注释】选项组下，取消选中【显示钣金折弯注释】复选框，并单击【确定】按钮。然后重新操作钣金展开命令，默认注释即可消失。

(12) 交替位置视图。

利用交替位置视图可以显示装配体中运动零件的运动位置，交替位置视图仅用于装配体的工程图中。

选中装配视图，单击【交替位置视图】按钮，打开【交替位置视图】的属性管理器对话框，如图 8-66 所示。用户既可以在建立视图时生成新的装配体配置，也可以直接利用装配体中的现有配置生成交替视图。

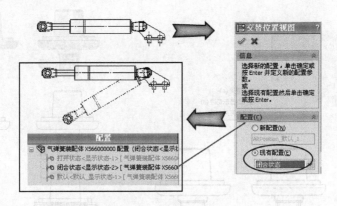

图 8-66　建立交替位置视图

2. 视图设置

右击视图，从弹出的快捷菜单中选择【属性】命令，可以查看或修改视图的属性。如图 8-67 所示，在【工程视图属性】对话框中，显示了视图的模型信息、参考的配置等。针对不同类型的视图，【工程视图属性】对话框包含的标签可能不同。

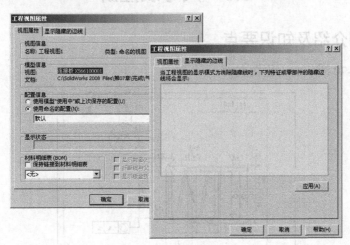

图 8-67　视图属性

(1) 模型中相切边线的显示方式。

用户可以控制形成工程视图中相切边线的显示方式，包括【切边可见】、【带线型显示切边】和【切边不可见】。习惯上，正投影视图采用【切边不可见】方式，而轴测图采用【切边可见】方式，如图 8-68 所示。

(2) 视图的显示样式。

视图的显示样式是指视图采用什么样式进行显示，包括【线架图】、【隐藏线可见】、【消除隐藏线】、【带边线上色】、【上色】，如图 8-69 所示。与模型中控制显示方式类似，在工程图中控制视图的显示样式同样使用前导视图工具栏中的【显示样式】下拉工具栏。

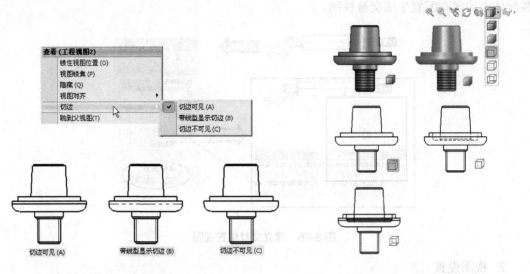

图 8-68　视图切边的显示方式　　　　　图 8-69　视图的显示样式

8.3　尺寸及注解

8.3.1　案例介绍及知识要点

建立如图 8-70 所示的工程图文件。

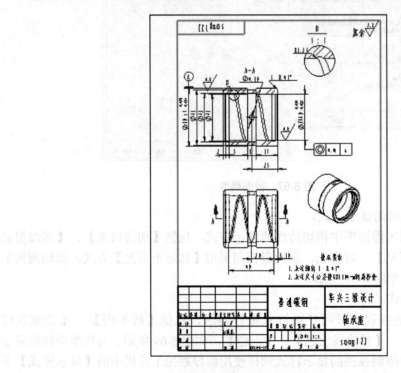

图 8-70　轴承座

知识点：

- 熟练掌握工程图的尺寸标注方法和技术要求。
- 熟练掌握工程图注解的使用方法。

8.3.2 操作步骤

(1) 打开零件。

打开本书配套光盘中的"第 8 章\模型\轴承座"零件文件，如图 8-71 所示。

(2) 从零件制作工程图。

选择【标准】工具栏上的【文件】|【从零件制作到工程图】命令 💷。

(3) 选择模板和图纸格式。

在弹出的对话框中选择【我的文件模板】下的【工程图 GB-A2A3A4】模板，并选择图纸格式为【GB-A4 纵向】，其他保持默认，如图 8-72 所示。然后单击【确定】按钮。

图 8-71 打开零件

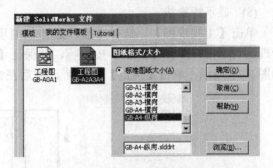

图 8-72 选择模板和图纸格式

(4) 建立主视视图。

在工程图的操作界面中将如图 8-73 所示的对话框中的【前视】选项，拖动到图纸合适位置，如图 8-73 所示，然后单击【确定】按钮 ✅。

(5) 查看标题栏。

当图纸中具有模型视图后，相应的模型属性被自动插入到标题栏中，如图 8-74 所示。

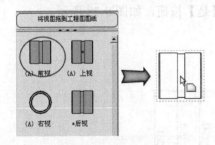

图 8-73 建立前视视图

				普通碳钢	华兴三维设计
标记 处数 分 区 更改文件号 签 名 年 月 日					轴承座
设计		工艺		阶段标记 质量 比例	
制图		标准化		S 0.2404 1:1	song123
校对				共 1 张 第 1 张	
审核		批准	2010-1-17		

图 8-74 查看标题栏

(6) 建立其他视图。

使用【模型视图】 💷、【局部视图】 Ⓐ 和【剖面视图】 💷 等命令建立如图 8-75 所示的视图。

(7) 改变显示样式。

选中主视图，在前导视图工具栏中单击【主视视图】，选择【显示样式】🗔｜【隐藏线可见】🗔命令，如图 8-76 所示。

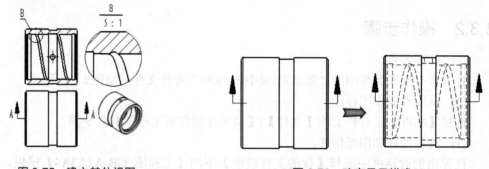

图 8-75　建立其他视图　　　　　　　　图 8-76　改变显示样式

(8) 显示螺旋线。

单击【主视视图】，选择【插入】｜【模型项目】命令❖，在激活的【模型项目】属性管理器对话框中单击【曲线】按钮☑，并保证【为工程图标注】按钮🖾为不可操作状态，如图 8-77 所示，单击【确定】按钮✔，然后在弹出的【提示】框中单击【确定】按钮。

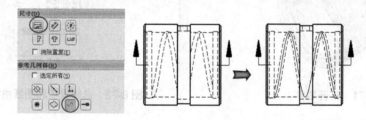

图 8-77　显示螺旋线条

(9) 插入尺寸。

单击剖面视图，然后选择【插入】｜【模型项目】命令❖，在激活的【模型项目】属性管理器对话框中单击【曲线】按钮☑，并保证【为工程图标注】按钮🖾为可操作状态，单击【确定】按钮✔，在弹出的【提示】框中单击【是】按钮，如图 8-78 所示。

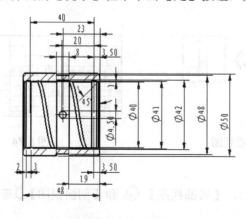

图 8-78　插入尺寸

(10) 尺寸的拖动。

分别选择剖面视图上的 "20"、"40"、"3.5" 尺寸，按住 Shift 键将其拖动到如图 8-79 所示的位置，先单击放置然后松开 Shift 键。最后单击【确定】按钮 ✅。

(11) 定义公差类型。

单击轴尺寸 "$\phi50$"，激活【尺寸】属性管理器对话框，在【公差/精度】选项组下，选择【公差类型】下拉列表框中的【与公差套合】选项，并选择【轴套合】下拉列表框中的 r7 选项。以同样的方法激活孔尺寸 "$\phi40$" 并定义孔公差类型，如图 8-80 所示，然后单击【确定】按钮 ✅。

图 8-79　尺寸的拖动　　　　　　　　　图 8-80　定义公差类型

(12) 倒角尺寸的标注。

在【注释】工具栏中选择【智能尺寸】|【倒角尺寸】命令，分别单击如图 8-81 所示的 "边线 1"、"边线 2"，单击放置，并把尺寸 "45°"、"1" 删除。

(13) 添加粗糙度。

在【注释】工具栏中单击【表面粗糙度符号】按钮 ✓，激活【表面粗糙度】属性管理器对话框，单击【要求切削加工】按钮 ✓，并在【最小粗糙度】文本框输入 "0.8" 并回车，在如图 8-82 所示的位置添加粗糙度，然后单击【确定】按钮 ✅。

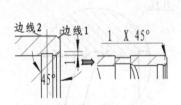

图 8-81　倒角尺寸的标注

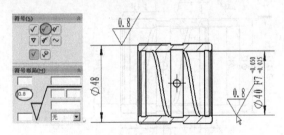

图 8-82　添加粗糙度

(14) 添加基准符号。

在【注释】工具栏中单击【基准特征】按钮，激活【基准特征】属性管理器对话框，捕捉尺寸线并拖动 ⬇ 至如图 8-83 所示的位置单击放置。

(15) 添加形位公差。

在【注释】工具栏中单击【形位公差】按钮，激活【形位公差】属性管理器对话框，选择【符号】下拉列表框中的【同心】选项 ◎，在【公差 1】文本框中输入 "0.01"，并在【主要】文本框中输入 "A"，拖动至如图 8-84 所示位置。然后单击【确定】按钮。

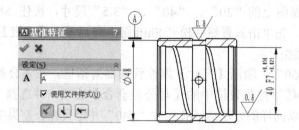

图 8-83　添加基准符号

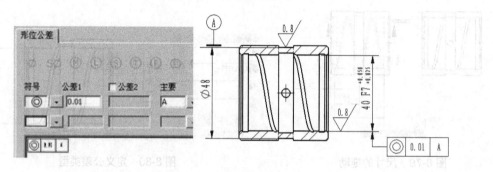

图 8-84　添加形位公差

(16) 调整尺寸。

如图 8-85 所示调整尺寸位置。

(17) 局部视图尺寸的标注。

在【注释】工具栏中单击【智能尺寸】按钮 ◇ ，对局部视图进行如图 8-86 所示的尺寸标注。

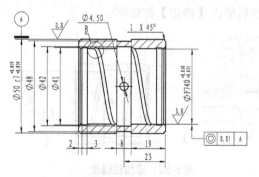

图 8-85　统一调整尺寸

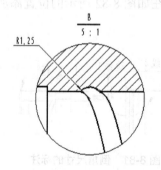

图 8-86　局部视图尺寸的标注

(18) 链接尺寸的注释。

单击【注释】按钮 **A** ，拖动鼠标至合适位置单击放置，输入如图 8-87 所示的文字，并移动光标到"未注倒角为"文字后，选择视图中的尺寸"1×45°"。此时注释的尺寸"1×45°"跟视图中的尺寸具有关联关系，然后单击【确定】按钮 ✔ 。

(19) 添加注释到设计库。

在【注释】工具栏中单击【注释】按钮 **A** ，拖动鼠标至图纸右上角单击放置，输入

"其余"，再单击【确定】按钮✅。右击"其余"，从弹出的快捷菜单中选择【添加到库】命令，激活【添加到库】属性管理器对话框，在【文件名称】文本框中输入"其余"，在【设计库文件夹】列表框中选择 annotation 文件夹，如图 8-88 所示，然后单击【确定】按钮✅。

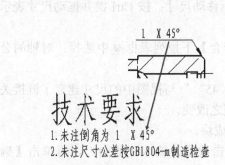

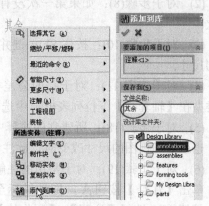

图 8-87　链接尺寸的注释　　　　　图 8-88　添加注释到设计库

(20) 使用设计库。

单击界面右侧的【设计库】按钮，打开 annotations 文件夹并拖动"其余"**A**至图框右上角放置，添加粗糙度为"3.2"，如图 8-89 所示。

(21) 完成工程图。

至此，完成"轴承座"工程图的建立，然后单击【保存】按钮保存文件，完成工程图如图 8-90 所示。

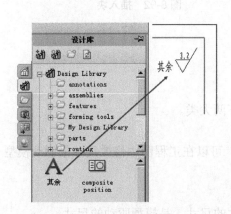

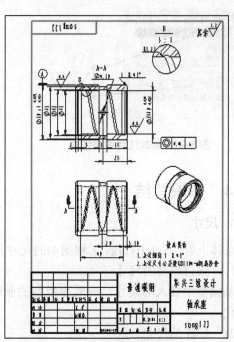

图 8-89　使用设计库　　　　　　　　图 8-90　完成工程图

8.3.3　步骤点评

（1）对于步骤(5)：如果标题栏中无信息，则单击【重建模型】按钮。

（2）对于步骤(8)：如果第一次没有出现螺旋线，可以单击【撤销】按钮，重新再做一次。

（3）对于步骤(10)：按住 Shift 键并拖动尺寸表示移动尺寸；按 Ctrl 键并拖动尺寸表示复制尺寸。

（4）对于步骤(11)：对于孔的公差类型在【孔套合】下拉列表框中选择；对轴的公差类型在【轴套合】下拉列表框中选择。

（5）对于步骤(18)：所建立的注释中的尺寸"1×45°"与视图中的尺寸建立了链接关系，也就是当视图的尺寸改变时，此注释的尺寸也随之改变。

（6）对于步骤(19)：对于常用的注解，也可以做成块。

单击【注释】按钮 A，拖动鼠标至合适位置单击放置，输入"其余"，再单击【确定】按钮。选择【注解】|【制作块】命令，激活【制作块】属性管理器对话框，单击刚才输入的注释，单击【插入点】选项，移动点至如图 8-91 所示的位置。单击【确定】按钮，即可制作成块。

（7）对于步骤(20)：可使用自建的块。方法是在 FeatureManager 设计树中右击【块1】选项，从弹出的快捷菜单中选择【插入块】命令，拖动鼠标至图框右上角单击放置，如图 8-92 所示，然后单击【确定】按钮。

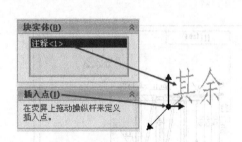

图 8-91　添加注释并制作块

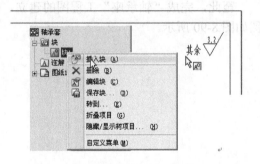

图 8-92　插入块

8.3.4　知识总结

1. 尺寸

总体上看，SolidWorks 工程图中的尺寸包括以下两大类。

1）来自模型的尺寸

从模型中插入的尺寸，一般为模型的驱动尺寸，可以在工程图中修改尺寸来驱动模型的变化。

2）标注的尺寸

标注的尺寸是指在工程图中参考现有的视图标注的尺寸，是模型驱动的尺寸。

(1) 插入模型尺寸。

通过此方法进行尺寸标注可以实现双向驱动，即模型图的尺寸改变可以驱动工程图的尺寸变化，同样工程图的尺寸修改可以驱动模型图的尺寸变化。此方法对模型的草图尺寸标注方法、标注位置要求较高。如果标注不当，插入到工程图的尺寸显得多余和凌乱，因此要求用户在模型中绘制草图标注尺寸时应考虑到将来在工程图中插入尺寸的需要。

在工程图环境下，单击【模型项目】按钮 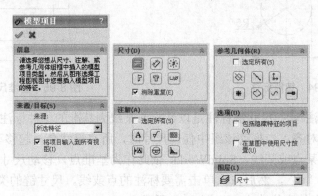，在 PropertyManager 中即可出现如图 8-93 所示的选项。

图 8-93　插入模型项目

- 【来源/目标】选项组：用于指定插入的模型项目来源和目标。

  对于零件的工程图有两个选项，即【整个模型】和【所选特征】，用于确定插入到当前工程图的项目来源——整个零件模型或者用户指定的特征。

  对于装配体的工程图有四个选项：【整个模型】、【所选特征】、【所选零部件】及【仅限装配体】。【所选零部件】选项应用于插入工程图中所选零部件的模型项目；【仅限装配体】选项应用于只插入装配体特征的模型项目。

  如果选中【将项目输入到所有视图】复选框，表示只要工程图涉及所选项目的视图，都被插入模型尺寸；如果取消选中此复选框，出现【目标视图】文本框，选择想要插入尺寸的视图，则尺寸仅仅插入到所选的视图中。

- 【尺寸】选项组：指定插入到工程图中的尺寸类型，包含 6 个选项，即为工程图标注 、智能尺寸标注 、实例/圈数计数 、异型孔向导轮廓 、异型孔向导位置 、孔标注 。

- 【注解】选项组：用于指定插入到工程图中的其他工程注解，包括在模型中建立的注释 A 、表面粗糙度 、形位公差 、基准点 、基准目标 以及焊接 等，对于装配体工程图，可指定插入到工程图中的装饰螺纹线 。

(2) 手工标注尺寸。

在工程图中标注的尺寸是从动尺寸，手工标注的方法较多。单击【注解】命令管理器中的【智能尺寸】 的下拉按钮，可以看到共有 8 种标注方式。这里重点介绍智能尺寸标注 、基准尺寸标注 、尺寸链标注 以及倒角尺寸标注 ，其他的不再赘述。

- 智能尺寸标注 ：此命令既简单又实用，单击要标注尺寸的几何体，根据指针相对于附加点的位置，系统将自动捕捉适当的尺寸类型(水平、竖直、线性、半径等), 如图 8-94 所示。

- 基准尺寸标注 : 单击作为基准的边线或顶点, 然后依次单击要标注尺寸的边线或顶点, 如图 8-95 所示。

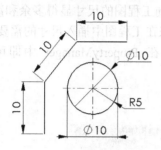

图 8-94　智能标注

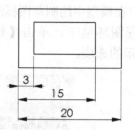

图 8-95　基准尺寸标注

- 尺寸链标注 : 尺寸链标注是以某点或某线为基准的一种标注方式, 并且自动成组以保持对齐。当拖动该组中任何尺寸时, 所有尺寸会一起移动。

  首先单击某点或某线, SolidWorks 依此作为基准点, 移动尺寸线于合适位置单击出现数值 "0", 然后依次单击需要标注的点或线。尺寸链的类型(水平或竖直)由所选点(线)的方位决定, 如图 8-96 所示。

- 倒角尺寸标注 : 先单击倒角的斜边, 然后单击与斜边相连的任意一直边, 移动鼠标于合适位置单击。如果尺寸的样式不符合要求, 可进行如图 8-97 所示的选择。

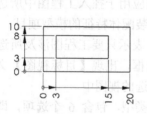

图 8-96　尺寸链标注

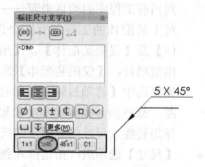

图 8-97　倒角尺寸标注

(3) 自动标注尺寸。

自动标注尺寸在工程图中的使用方法与在草图中基本一致。

单击【智能尺寸】按钮 , 在属性管理器对话框中单击【自动标注尺寸】标签, 切换到【自动标注尺寸】选项卡, 如图 8-98 所示, 选中【要标注尺寸的实体】选项组中的【所有视图中实体】单选按钮, 在图形区域单击主视图, 按照如图所示的箭头选择水平尺寸、竖直尺寸基准。然后单击【应用】按钮, 主视图的尺寸即自动标注出来。

再次选中俯视图, 同样按照如图所示选择水平尺寸、竖直尺寸基准, 单击【应用】按钮, 俯视图的尺寸也自动标注出来。最后单击【确定】按钮 。

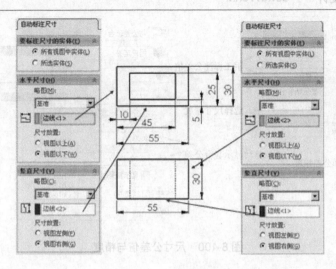

图 8-98　自动标注尺寸

(4) 尺寸的公差/精度。

尺寸的公差、文字等方面的内容可在尺寸的属性对话框中进行修改：当选择尺寸后，在属性管理器对话框中会出现尺寸的属性对话框。

SolidWorks 在尺寸的【公差/精度】选项的【公差类型】下拉列表框中提供了 10 种类型，如图 8-99 所示，用户可以根据需要选择不同的公差类型。

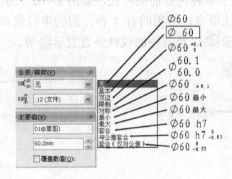

图 8-99　尺寸的公差类型

在公差值选项下可以指定适合于所选公差类型的最大变量 **+** 和最小变量 **—**，如图 8-100 所示，公差值可以手工标注，也可以通过套合公差自动显示，同时基本尺寸和公差的精度可以通过下拉按钮选择。

(5) 标注尺寸文字。

如图 8-101 所示，在属性管理器对话框中的【标注尺寸文字】选项组中，用户可以进行如下操作。

- 单击【添加括号】按钮(XX)，使尺寸加上括号。
- 单击【尺寸置中】按钮↔×→，使尺寸保持在尺寸线的中间。
- 单击【审查尺寸】按钮(XX)，检查尺寸的表达。
- 单击【等距文字】按钮↙，使尺寸引出标注。

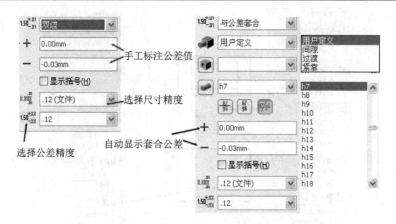

图 8-100　尺寸公差值与精度

尺寸可以加前缀或后缀，如图 8-101 所示，并且尺寸文字的编辑可以手工输入，也可以插入符号图库。

(6)　尺寸界线和引线。

在【尺寸界线/引线显示】选项组中，用户可以设定尺寸箭头的类型、圆的尺寸标注方式等，如图 8-102 所示。

- 尺寸箭头方向显示可分为【外面】、【里面】和【智能】。
- SolidWorks 提供了多种尺寸箭头样式，如图 8-102 所示。
- 圆的尺寸标注方法很多，常用的有 4 种：圆的半径表示、圆的直径表示、直径的线性水平表示以及直径的线性竖直表示等。

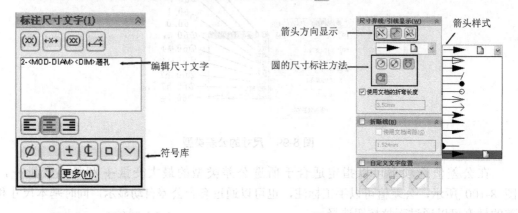

图 8-101　标注尺寸文字　　　　　　　　图 8-102　尺寸界线/引线显示

(7)　尺寸字体的编辑。

在【尺寸】属性管理器对话框的【其它】标签下，用于设定尺寸的有关单位、文本和图层属性，如图 8-103 所示。

- 【长度单位】：可使尺寸使用不同于默认单位的其他单位体系显示尺寸。
- 【文本字体】：修改尺寸的字体，其中包括字体及其样式、字体高度等。
- 【公差字体】：修改公差字体，可以修改公差字体相对于基本尺寸的比例大小等。
- 【套合公差字体】：进行配合公差的字体编辑。

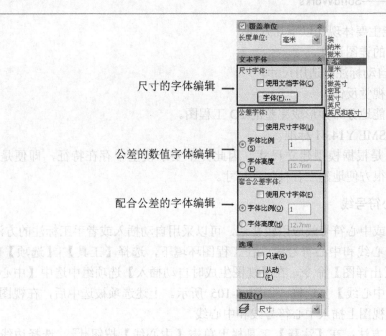

尺寸的字体编辑 ————

公差的数值字体编辑 ————

配合公差的字体编辑 ————

图 8-103　尺寸字体的编辑

(8)　DimXpert(尺寸专家)。

DimXpert 是 SolidWorks 2008 的一个新工具,允许用户根据 ASME Y14.41-2003 3D 说明书(此美国标准规定了在三维 CAD 中表达注释和尺寸线等非形状类设计信息的规则)自动创建尺寸和形位公差。DimXpert 零件尺寸和公差可以自动显示到 2D 图纸中。

如图 8-104 所示,用户可以在模型中通过 DimXpert 工具建立尺寸(是一种参考尺寸)和形位公差以及相关的注解,从而在三维设计阶段可以形成一套完整的、直接应用于加工的尺寸链,这样解决了用户在工程图阶段的标注上可能丢失尺寸、过于约束尺寸的问题,帮助用户实现完整的模型尺寸信息。

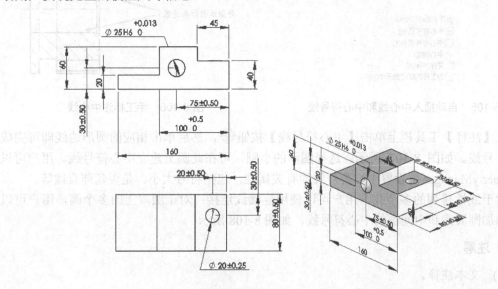

图 8-104　DimXpert 和工程图

DimXpert 的功能主要体现在以下几方面。

- 完整而无错的详图设计。
- 为 3D 零件自动标注制造用尺寸。
- 尺寸完整性视觉反馈。
- 所有尺寸智能地分布并形成完整的 2D 工程图。
- 完全支持 ASME Y14.41 标准。

由于 DimXpert 是根据模型建立尺寸，因此并不要求模型中存在特征，即便是一个"哑"模型，也可以很方便地建立各种加工尺寸。

2. 中心线及中心符号线

工程图的中心线或中心符号线应用较普遍，可以采用自动插入或者手工标注的方法。

- 自动插入中心线和中心符号线：在工程图环境下，选择【工具】|【选项】|【文件属性】|【出详图】命令，在【视图生成时自动插入】选项组中选中【中心符号孔】以及【中心线】复选框，如图 8-105 所示。上述选项被选中后，在视图形成后将自动在视图上插入中心符号线和中心线。
- 手工标注的方法：在【注释】工具栏上单击【中心线】按钮 ，选择边线或圆柱/圆锥面即可建立中心线。按照如图 8-106 所示单击箭头所指的两条边线，此时可产生一中心线。

中心线完成后，用户可以拖动中心线的两个端点来改变中心线的长度。

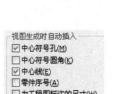

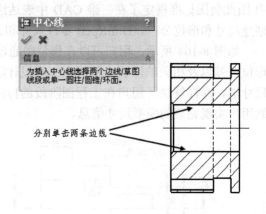

分别单击两条边线

图 8-105　自动插入中心线和中心符号线　　　　图 8-106　手工标注中心线

在【注释】工具栏上单击【中心符号线】按钮 ，然后单击相应的圆形边线即可完成中心符号线。如图 8-107 所示，选择图示的小圆，可在此圆上建立中心符号线。用户可以在 PropertyManager 中设置中心符号线的有关属性，包括符号大小、是否延伸直线等。

对于线性排列的多个孔，用户可以使用连接线连接；对于圆周上的多个圆，用户可以同时添加圆周线和中间圆的中心符号线，如图 8-108 所示。

3. 注解

(1) 文本注释。

在工程图中，注释不但可以添加文字信息，比如技术要求等，还可以建立引进模型中尺寸的注释。

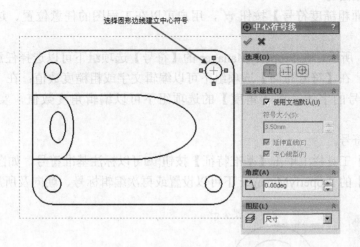

图 8-107　手工标注中心符号线

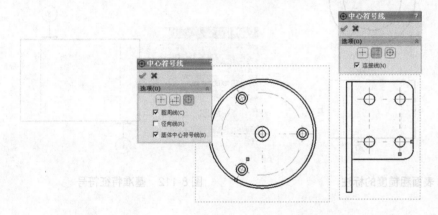

图 8-108　多个孔的连接线

在工程图中添加文字信息，如图 8-109 所示。

在输入文本注释时，用户可以直接在视图上单击尺寸数值，从而引进模型或工程图中的尺寸注释，如图 8-110 所示。

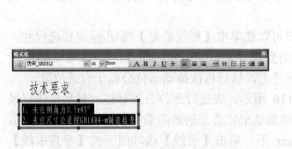

图 8-109　添加文字信息

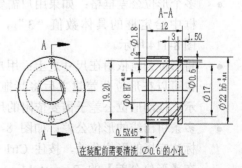

图 8-110　引进模型中尺寸的注释

（2）表面粗糙度。

单击【表面粗糙度符号】按钮 ，用户可以在工程图的任意位置、边线上建立表面粗糙度符号。

如图 8-111 所示，在 PropertyManager 的【符号】选项组下可以选择任意一种符合需要的粗糙度符号；在【符号布局】选项组下可以编辑文字或粗糙度数值；在【格式】选项组下可以编辑符号的字体；在【角度】的选项组下可以编辑角度数值，实现任何方位的标注。

（3）基准符号。

在【注释】工具栏上单击【基准特征】按钮可以标注基准符号，如图 8-112 所示，在【基准特征】的 PropertyManager 下可以设置或再次编辑标号、朝向及所属图层。

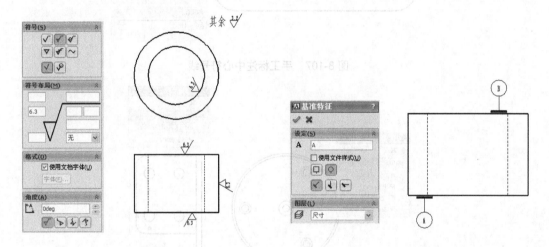

图 8-111　表面粗糙度的标注　　　　　图 8-112　基准特征符号

（4）形位公差。

形位公差的操作方法有多种，较简单的是先选择需要标注的线(或面，也可以是现有的尺寸)，然后单击【形位公差】按钮。如图 8-113 所示，用户可在形位公差属性对话框中设定形位公差的符号、公差参数、参照基准以及材料条件。

形位公差能够实现多种标注需求，下面重点介绍 3 种较常见的情况。

● 多个形位公差框格：如果用户需要 3 个以上的形位公差框格，可以在【框】文本框中给定框的具体数值"3"，这样可以继续进行形位公差的各种操作，如图 8-114 所示。

● 将形位公差依附在尺寸之上：用户可以在单击【形位公差】按钮前预选尺寸，也可以在形位公差建立后将其拖动到尺寸上，使之依附于尺寸。如图 8-115 所示，拖动形位公差于需要依附的尺寸上，然后再次拖动形位公差于合适位置。

● 多条引出线的形位公差：如图 8-116 所示，先进行形位公差标注；然后单击已经标注完毕的形位公差，按住 Ctrl 键拖动形位公差的依附箭头于另一实体上；最后在【形位公差】的 PropertyManager 下，单击【引线】选项组下的【垂直引线】按钮。

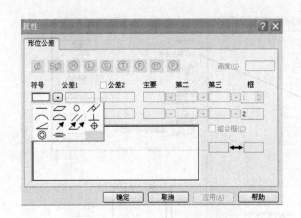

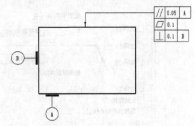

图 8-113　形位公差属性对话框　　　　　　　图 8-114　多个形位公差框格的建立

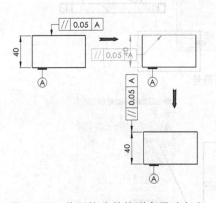

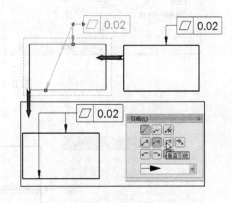

图 8-115　将形位公差依附在尺寸之上　　　　图 8-116　多条引出线的形位公差

(5) 焊接符号及标注。

对于焊接零件的标注方法，SolidWorks 提供了以下 3 种。

- 焊接符号：在【注释】工具栏上单击【焊接符号】按钮 ，弹出焊接符号【属性】对话框，可以设定各种焊接符号、焊接长度、焊接工艺等，如图 8-117 所示。
- 焊接毛虫：选择【插入】|【注解】|【毛虫】命令 ，出现【毛虫】属性管理器对话框，可以设定焊缝类型、焊缝大小、毛虫形状或位置等，如图 8-118 所示。
- 焊接端点处理：选择【插入】|【注解】|【端点处理】命令 ，出现【端点处理】属性管理器对话框，可以设定焊接端点依附的两条边线以及焊接支柱长度，如图 8-119 所示。端点处理主要应用于需要显示焊接的截面形状的场合。

(6) 孔标注。

孔标注可以非常方便地表达孔的一些信息。孔标注可以理解为是针对孔的尺寸标注，所以具有尺寸标注的一些共性(比如可以修改文字等)。但它又具有以下特点。

- 孔标注是从动尺寸，不能通过修改孔标注去驱动模型尺寸。
- 孔标注的轴线必须垂直于图纸。
- 孔标注常常应用于模型图是由"异型孔向导"特征建立的或由草图圆进行拉伸切除建立的工程视图的场合。

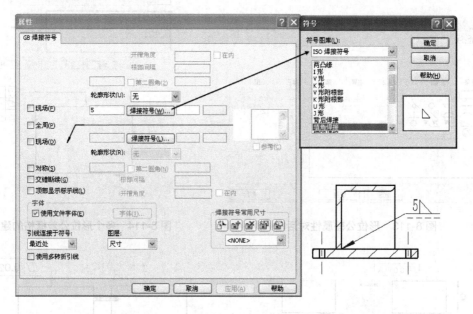

图 8-117　焊接符号

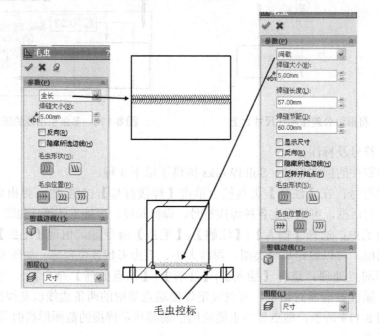

图 8-118　焊接毛虫

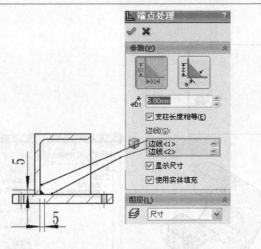

图 8-119　焊接端点处理

单击【孔标注】 ⊔∅ 按钮，然后在视图中单击需要标注的孔边线，即可完成孔标注，如图 8-120 所示。

图 8-120　孔标注

(7) 区域剖面线/填充。

在某些特殊情况下，用户需要对指定的封闭区域添加剖面线，但这些剖面线并非由剖切视图形成。这时，可以使用区域剖面线/填充工具来实现。

如图 8-121 所示，选择一个封闭区域，单击【区域剖面线/填充】按钮 ，在属性管理器对话框中设定剖面线的类型、比例等。

默认的剖面线属性在【系统选项】中进行设定，如图 8-122 所示。

(8) 销钉符号。

使用销钉符号进行工程标注主要应用于以下两种场合。

- 以销钉为配合的孔。
- 当图形中有大量的并且有多种规格的孔时，可以使用销钉符号进行孔的区分

选择【插入】|【注解】|【销钉符号】命令 ，激活【销钉符号】属性管理器对话框，在视图中选择需要标注的孔，即可完成销钉符号的标注。如果需要改变符号的方向，则选中【反转符号】复选框，如图 8-123 所示。

图 8-121　区域剖面线/填充

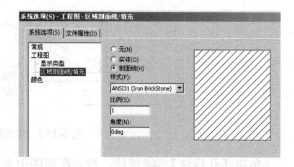

图 8-122　默认的区域剖面线属性设置

(9) 注解的分组。

用户可以将同一视图的某些注解组合在一起，便于操作，更重要的是通过此方法可以满足一些企业标注的习惯，例如尺寸与形位公差组合、尺寸与基准符号组合等。

选择需要组合的多个注解，选择【工具】|【对齐】|【组】|【分组】命令，再单击按钮 🔲，即可完成注解的组合，如图 8-124 所示。

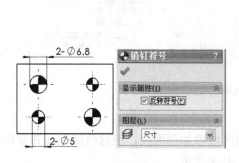

图 8-123　销钉符号

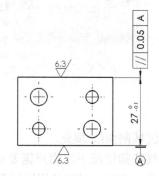

图 8-124　注解的组合

若某一注解需要从组合中解除，可单击此注解，然后选择【工具】|【对齐】|【组】|【解除组】按钮 🔲。

(10) 注解对齐工具。

SolidWorks 的【对齐】工具栏中提供了一些用于对齐注解的工具，这些工具可以帮助用户整理尺寸，使相应的注解按照指定的形式排列。除了前面介绍的分组和解除分组外，这里再介绍如下几种工具。

- 平行/同心对齐尺寸：平行/同心对齐尺寸工具可以将一组平行或同心的尺寸分组对齐，使尺寸排列和移动都以组的形式进行，如图 8-125 所示。

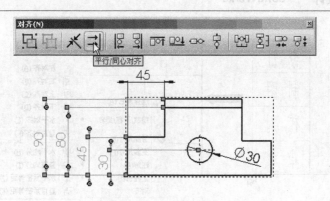

图 8-125　平行对齐尺寸

- 共线/径向对齐：共线/径向对齐工具使共线的尺寸分为一组进行移动，如图 8-126 所示。

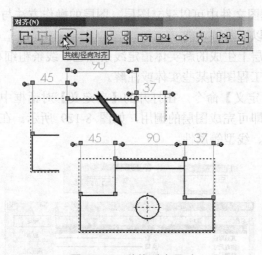

图 8-126　共线对齐尺寸

- 零件序号的对齐：零件序号的对齐工具可使装配图的零件序号对齐，如图 8-127 所示。

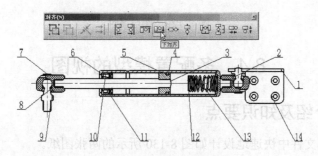

图 8-127　零件序号对齐

- 文字的对齐：如图 8-128 所示，选择需要对齐的文字并右击，在弹出的快捷菜单中选择【对齐】|【竖直对齐】命令即可将其竖直对齐。

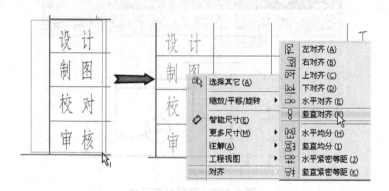

图 8-128　文字对齐

4. 图层

SolidWorks 在工程图文件中可以建立图层，图层的操作方法与 AutoCAD 命令基本一致。利用图层可以实现以下两种功能。

- 可以为每个图层上生成的新实体指定线条颜色、线条粗细和线型。
- 利用图层隐藏工程图的某些实体或注解。

选择【工具】|【自定义】命令，在打开的【自定义】对话框中选中【工具栏】选项组下的【图层】复选框，即可完成图层的调用，如图 8-129 所示。在【图层】对话框中可以设定名称、说明、颜色、线型等属性。

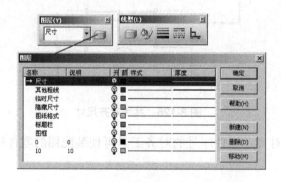

图 8-129　图层属性

8.4　多配置模型的视图

8.4.1　案例介绍及知识要点

在一个工程图文件中快速地设计如图 8-130 所示的两张图纸。

知识点：

- 掌握一个工程图文件里放置两张图纸的方法。
- 理解如何建立多配置模型的视图。

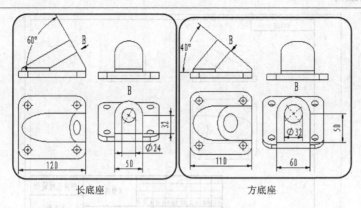

图 8-130 支撑座

8.4.2 操作步骤

(1) 新建工程图文件。

新建零件"支撑座"工程图。

(2) 选择模板和图纸格式。

在弹出的对话框中单击【我的文件模板】标签,切换到【我的文件模板】选项卡,选择【工程图 GB-A2A3A4】模板并选择图纸格式为【GB-A4 横向】,其他保持默认设置,如图 8-131 所示,然后单击【确定】按钮。

图 8-131 选择模板和图纸格式

(3) 建立标准三视图。

在【视图布局】工具栏中单击【标准视图】按钮,激活【标准视图】属性管理器对话框,单击【浏览】按钮。打开本书配套光盘中的"第 8 章\模型\支撑座"零件文件,单击【打开】按钮,形成如图 8-132 所示的视图。

(4) 建立辅助视图。

选中直线,在【视图布局】工具栏中单击【辅助视图】按钮,出现浮动的视图,向上移动鼠标至合适位置单击放置,如图 8-133 所示。

(5) 解除对齐关系。

右击步骤(4)建立的辅助视图,从弹出的快捷菜单中选择【视图对齐】|【解除对齐关系】命令,拖动视图至如图 8-134 所示的位置。

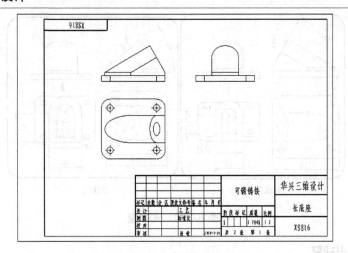

图 8-132　建立标准视图

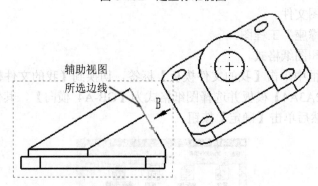

图 8-133　建立辅助视图

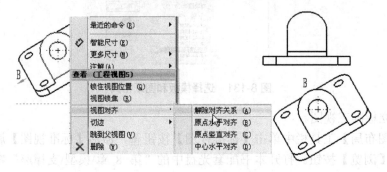

图 8-134　解除对齐关系

(6)　旋转视图。

选择辅助视图，在【视图布局】工具栏中单击【旋转视图】按钮，激活【旋转工程视图】属性管理器对话框，在【工程视图角度】文本框中输入"−30.00deg"并回车，如图 8-135 所示，然后单击【关闭】按钮。

(7)　标注尺寸。

在【注释】工具栏中单击【智能尺寸】按钮，标注如图 8-136 所示的尺寸。

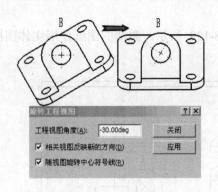

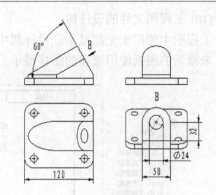

图 8-135 旋转视图   图 8-136 标注尺寸

(8) 复制图纸。

在工程图底部右击【图纸 1】标签，从弹出的快捷菜单中选择【重命名】命令，将名称修改为"长底座"；然后右击【长底座】标签，从弹出的快捷菜单中选择【复制】命令，再次右击【长底座】标签，从弹出快捷菜单中选择【粘贴】命令，如图 8-137 所示。在【插入粘贴】对话框保持默认设置，单击【确定】按钮，在弹出的【查看重新命名选项】对话框中单击【否】按钮，粘贴形成新的图纸。

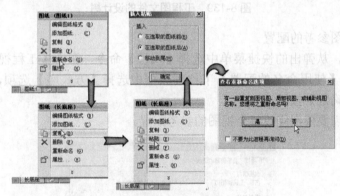

图 8-137 复制图纸

(9) 修改图纸名称。

右击新添的图纸名称【长底座(2)】，从弹出的快捷菜单中选择【重命名】命令，将名称修改为"方底座"，如图 8-138 所示。

图 8-138 修改图纸名称

(10) 工程图文件的设计树。

工程图中的图纸全部显示在设计树中，如图 8-139 所示，激活的图纸使用实体图标显示，未激活的图纸使用较虚的图标显示。

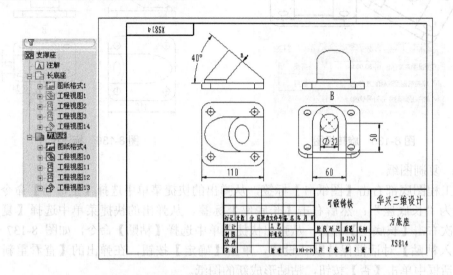

图 8-139 工程图文件的设计树

(11) 修改视图参考的配置。

右击主视图，从弹出的快捷菜单中选择【属性】命令，激活【工程视图属性】属性管理器对话框，在【使用命名的配置】下拉列表框中选择【方底座】选项，如图 8-140 所示，然后单击【确定】按钮。

注意，这里需要依次修改每个视图的参考配置。

图 8-140 修改视图参考的配置

(12) 尺寸的变化。

分别单击工程图底部的【长底座】、【方底座】标签，观察图纸视图所标尺寸的变化，如图 8-141 所示。

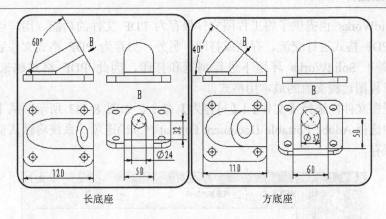

图 8-141 尺寸的变化

(13) 标题栏中的配置信息。

放大标题栏部分，标题栏中的文字链接分别对应零件的配置信息，如图 8-142 所示。这是零件模型中【配置特定】的自定义属性。

图 8-142 标题栏中的配置信息

8.4.3 步骤点评

(1) 对于步骤(7)：手工标注的尺寸无法驱动模型中的尺寸，因此也称为单向驱动尺寸。

(2) 对于步骤(11)：修改视图参考配置的方法还可以应用于其他目的，比如生成装配体爆炸图等。

(3) 对于步骤(13)：由于已经定义了配置特定的属性，所以不同的配置图纸标题栏中的信息也不一致。

8.4.4 知识总结

1. 工程图的保存格式

工程图可以另存为多种格式，这里重点介绍以下两种常用的保存格式。

(1) 另存为 PDF 格式。

PDF 格式文件(Adobe Portable Document Format，可移植文档格式文件)的应用非常普遍，因此 SolidWorks 也提供了将工程图文件保存为 PDF 文件的功能。用户可以将工程图文件另存为 PDF 格式进行交流、存档或打印。另外，另存为 PDF 格式文件后，工程图可以在完全脱离开 SolidWorks 环境下进行浏览和打印，因此 PDF 格式越来越多地成为 SolidWorks 工程图远程交流的最常用格式。

打开工程图文件，选择【文件】|【另存为】命令，如图 8-143 所示，从【保存类型】下拉列表框中选择 Adobe Portable Document Format (*.pdf)选项，系统将默认使用工程图文件名称进行保存。

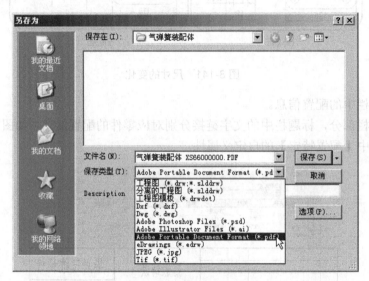

图 8-143　保存为 PDF 格式文件

单击【选项】按钮，用户可以设置保存为 PDF 格式文件时的必要选项，如图 8-144所示。

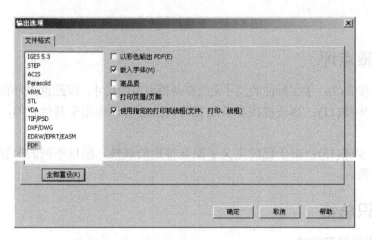

图 8-144　保存为 PDF 格式文件时的选项

(2)　另存为 eDrawings 格式。

eDrawings 是 SolidWorks 的一个插件，是在当今 Internet 时代第一个用电子邮件通过网络交流产品设计、开发过程的工具，是专为分享和理解 3D 模型和 2D 工程图设计的。

eDrawings 能够使用户无论有无 SolidWorks 系统，都可以动画的形式查看模型和工程图文件，并且允许用户测量和观看截面、操纵视图、标注模型和工程图文件。

打开工程图文件，选择【文件】|【另存为】命令，打开【另存为】对话框，如图 8-145 所示，从【保存类型】下拉列表框中选择 eDrawings 选项，系统将默认使用工程图文件名称进行保存。

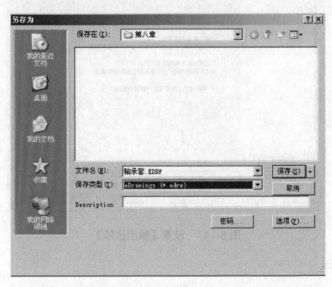

图 8-145　另存为 eDrawings 格式

若想以密码保护 eDrawings 文件，可单击【密码】按钮，然后在弹出的【密码】对话框中输入密码并确认，如图 8-146 所示。

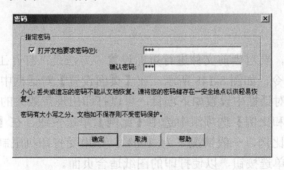

图 8-146　设定密码

在【另存为】对话框中单击【选项】按钮，弹出【输出选项】对话框，如图 8-147 所示。根据需要可以设置以下选项。

- 【确定可测量此 eDrawings 文件】：在 eDrawings 文件中激活【测量】命令，如果此选项被激活，任何人打开 eDrawings 文件时都可以测量几何体；反之，测量被禁用。该选项默认没有被激活。
- 【在工程图中保存上色数据】：用上色信息出版 eDrawings 工程图文件。

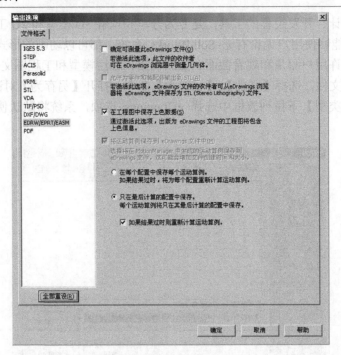

图 8-147　设置【输出选项】

2. 工程图打印

在 SolidWorks 中可以打印整个工程图纸，也可以打印图纸中所选的区域。如果使用彩色打印机，能够打印彩色的工程图。

在打印图纸时，要求用户正确安装并设置打印机，并且注意如下事项。

- 页面设置。
- 线粗设置。

(1) 页面设置。

在打印工程图前，要对当前文件进行页面设置。方法是：打开工程图文件，选择【文件】|【页面设置】命令，如图 8-148 所示，在【页面设置】对话框中进行设置。

在【页面设置】对话框中设置如下项目，可以打印出理想效果的工程图纸。

- 在【分辨率和比例】选项组中选中【比例】单选按钮，在【比例】文本框中设置图纸打印的比例，一般情况下为 100%。如果受打印机限制，可以选中【调整比例以套合】单选按钮，以使打印的图纸适合页面。
- 在【纸张】和【方向】选项组中根据图纸格式文件设置纸张方向。
- 在【工程图颜色】选项组中选中【黑白】单选按钮，可不使用彩色打印工程图。如果选中【颜色/灰度级】单选按钮，可以打印彩色工程图或具有灰度级的工程图。

选择【文件】|【打印预览】命令，或单击【打印预览】按钮，可查看工程图的打印效果。

(2) 打印。

选择【文件】|【打印】命令，打开【打印】对话框，如图 8-149 所示，在其中选择打印机并设置打印选项。

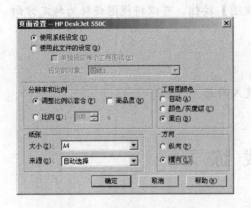

图 8-148　工程图打印页面设置

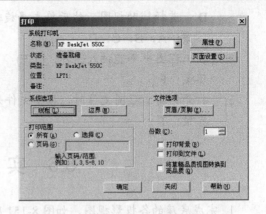

图 8-149　打印工程图

在【打印】对话框中单击【线粗】按钮，可设定打印时的线粗，如图 8-150 所示。

图 8-150　设置打印线粗

8.5　理　论　练　习

1.　SolidWorks 是一款参数化的软件，在模型中可以通过修改尺寸数值来改变模型的大小。现在有一个零件和它的工程图，若在模型中修改尺寸，图纸中的相应尺寸会_____；如果工程图的尺寸是插入的模型尺寸，那么在图纸中修改尺寸，模型中相应的尺寸会_____。

  A.　改变，不变　　　　　　　　B.　改变，改变

  C.　不变，不变　　　　　　　　D.　不变，改变

  答案：B

2.　如果工程图文件中已有一个视图，要建立其左视图，可通过_____命令实现。

  A.　【模型视图】　　　　　　　　B.　【投影视图】

  C.　【剖面视图】　　　　　　　　D.　【局部视图】

  答案：B

3.　以下关于辅助视图的说法正确的是_____。

  A.　选择模型中的一条边线，然后单击【辅助视图】按钮，可确定视图投影方向

  B.　在【辅助视图】属性管理器对话框中选中【反转方向】复选框，可以改变视图的方向。另外，也可以通过双击视图箭头来改变视图方向

  C.　可以绘制一条草图直线作为辅助视图的参考边线，但必须先激活父视图才能生成辅助视图

D. 选择辅助视图，然后单击【旋转视图】按钮，可以将视图旋转为特定方向

答案：A、B、C、D

4. 在工程图中不能插入图片。(T/F)

答案：F

5. 打开分离工程图文件时，模型文件未装入内存。(T/F)

答案：T

8.6 实 战 练 习

1. 完成底座的各投影视图，如图 8-151 所示。

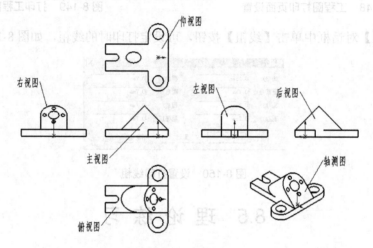

图 8-151 习题 1 图

2. 完成法兰盘的工程图，如图 8-152 所示。

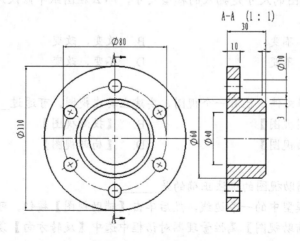

图 8-152 习题 2 图

3. 完成小轴的工程图，如图 8-153 所示。

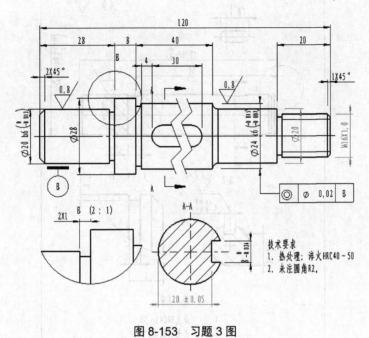

图 8-153 习题 3 图

4. 完成轴承端盖的工程图，如图 8-154 所示。

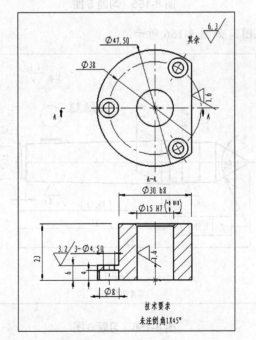

图 8-154 习题 4 图

5. 完成轴工程图，如图 8-155 所示。

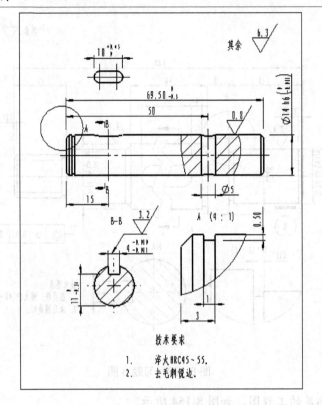

图 8-155　习题 5 图

6. 完成顶尖的工程图，如图 8-156 所示。

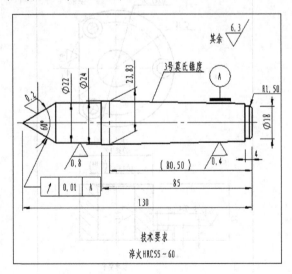

图 8-156　习题 6 图

7. 自定义并保存图纸格式。要求按图 8-157 所示国家标准 GB/T10609.1-1989 规定的标题栏绘制 A2 图纸格式，A2 图纸幅面尺寸分别为 420×594。

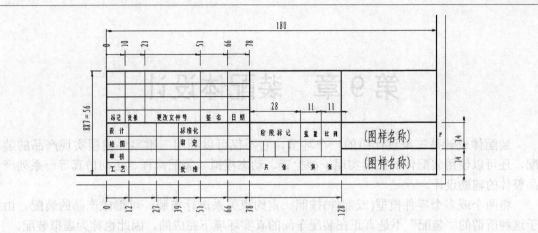

图 8-157　习题 7 图

8. 完成指南盘的工程图，如图 8-158 所示。

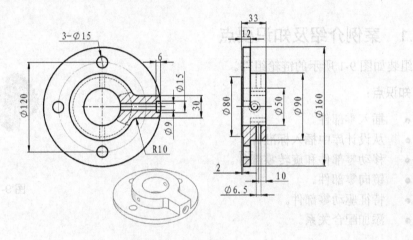

图 8-158　习题 8 图

第9章 装配体设计

装配体设计是三维设计中的一个环节，它不仅可以利用三维零件模型实现产品的装配，还可以使用装配体的工具实现干涉检查、动态模拟、装配流程、运动仿真等一系列产品整体的辅助设计。

将两个或多个零件模型(或部件)按照一定约束关系进行安装，可形成产品的装配。由于这种所谓的"装配"不是真正在装配车间的真实环境下完成的，因此也称为虚拟装配。

9.1 插入零部件及配合

9.1.1 案例介绍及知识要点

组装如图 9-1 所示的链轮组件。

知识点：

- 插入零部件。
- 从设计库中插入标准件。
- 移动零部件和旋转零部件。
- 镜向零部件。
- 特征驱动零部件。
- 添加配合关系。

图 9-1 链轮组件

9.1.2 操作步骤

(1) 新建零件。

单击【标准】工具栏中的【新建】按钮，系统自动激活【新建 SolidWorks 文件】对话框，选择【装配体】模板，如图 9-2 所示，然后单击【确定】按钮。

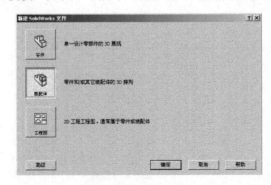

图 9-2 文件模板

(2) 插入基体零件。

在激活的【装配体】属性管理器对话框中单击【浏览】按钮，在弹出的【打开】对话框中【查找范围】下拉列表框中选择本书配套光盘中的"第 9 章\模型\插入零部件及配合\链轮组件\支撑架"零件文件，单击【打开】按钮，如图 9-3 所示。然后再单击【确定】按钮。

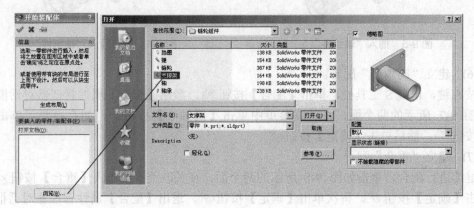

图 9-3　插入基体零件

(3) 保存文件。

按 Ctrl+S 组合键保存文件，如图 9-4 所示，并将其命名为"链轮组件"，单击【保存】按钮，系统将自动添加文件后缀".sldasm"，再单击【保存】按钮。

图 9-4　保存文件

(4) 插入"轴组件"子装配体。

按 S 键，出现 S 工具栏，单击【插入零部件】按钮，激活【插入零部件】属性管理器对话框。单击【浏览】按钮，选择子装配体【轴组件】，单击【打开】按钮，然后在视图区域的任意位置单击，如图 9-5 所示。

(5) 旋转插入"轴组件"。

为了便于进行配合约束，旋转轴组件。单击【移动零部件】下拉按钮，从其下拉菜单中选择【旋转零部件】命令，激活【旋转零部件】属性管理器对话框，此时鼠标变为图标。旋转至合适位置后，单击【确定】按钮，如图 9-6 所示。

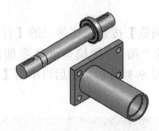

图 9-5 插入"轴组件"   图 9-6 旋转插入"轴组件"

（6）建立"同轴心"配合。

按 S 键，出现 S 工具栏，单击【配合】按钮，激活【配合】属性管理器对话框。单击如图 9-7 所示的两个面，在关联菜单中单击【同轴心】按钮，如有必要，单击【反向】按钮，然后单击【确定】按钮。

（7）建立"重合"配合。

继续进行配合，单击如图 9-8 所示的两个面，在关联菜单中单击【重合】按钮，然后单击【确定】按钮。再次单击【确定】按钮，退出【配合】属性管理器对话框。

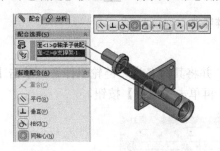

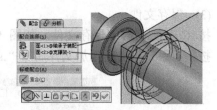

图 9-7 建立"同轴心"配合   图 9-8 建立"重合"配合

（8）插入重复"轴承"。

在 FeatureManager 设计树中展开轴组件，按住 Ctrl 键拖动"轴承"到便于装配的位置，如图 9-9 所示。

（9）对"轴承"进行约束。

按 S 键，出现 S 工具栏，单击【配合】按钮，激活【配合】属性管理器对话框。单击如图 9-10 所示的两面，再单击【同轴心】按钮，最后单击【确定】按钮。

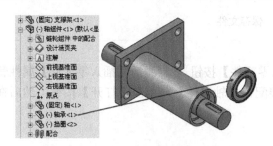

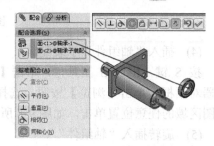

图 9-9 插入重复"轴承"   图 9-10 建立"同轴心"配合

继续进行配合，单击【重合】按钮，选中如图 9-11 所示的两个面，然后单击【确定】按钮✅。

（10）从设计库插入"挡圈"。

单击图形区域右侧的任务窗格标签【设计库】🔣，定位设计库到"Toolbox/GB/垫圈和挡圈/挡圈"，查看"轴用弹性挡圈-B 型 GB/T894.2-1986"并拖动零件到相应的圆形边线上，如图 9-12 所示。

图 9-11　建立"重合"配合

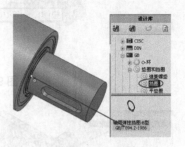

图 9-12　插入"挡圈"

（11）选择配置。

释放鼠标，在弹出的对话框中单击【是】按钮，激活【挡圈】属性管理器对话框。选择大小为 36 配置，如图 9-13 所示，然后单击【确定】按钮✅。

（12）插入"键"。

按 S 键，出现 S 工具栏，单击【插入零部件】按钮🖱，激活【插入零部件】属性管理器对话框。单击【浏览】按钮，选择零件【键】，单击【打开】按钮，然后在视图区域合适位置单击，如图 9-14 所示。

图 9-13　选择配置

图 9-14　插入"键"

（13）设定键配合。

按住 Alt 键，拖动键的底面到键槽的底面，如图 9-15(a)所示，当光标出现🔁反馈时释放鼠标，弹出【配合】关联菜单。单击【确定】按钮✅，建立如图 9-15(b)所示的"同心"配合和如图 9-15(c)所示的"重合"配合。

（14）随配合复制。

选择【插入】|【零部件】|【随配合复制】命令🖱，激活【随配合复制】属性管理器对话框，选中【键-1@链轮组件】，激活【重合 7】下的【要配合到的新实体】列表框🔁，系统提示配合实体表面，参考提示的配合面进行配合。同理配合同心和重合，如图 9-16 所示。单击【确定】按钮✅，再次单击【确定】按钮✅退出【随配合复制】属性管理器对话框。

（15）插入"链轮"子装配体。

按 S 键，出现 S 工具栏，单击【插入零部件】按钮🖱，激活【插入零部件】属性管理器对话框。单击【浏览】按钮，选择【链轮】子装配体，单击【打开】按钮，然后在视图区域合适位置单击，如图 9-17 所示。

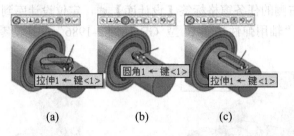

(a) (b) (c)

图 9-15　设定"键"配合

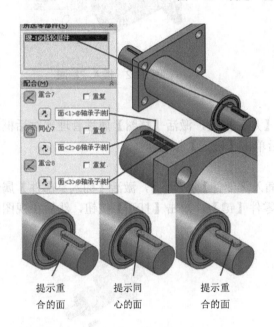

提示重　　提示同　　提示重
合的面　　心的面　　合的面

图 9-16　随配合复制

图 9-17　插入"链轮"

(16) 建立"同轴心"配合。

按 S 键，出现 S 工具栏，单击【配合】按钮，激活【配合】属性管理器对话框。单击如图 9-18 所示的两个面，在关联菜单中单击【同轴心】按钮，如有必要，单击【反向】按钮，然后单击【确定】按钮。

(17) 建立"平行"配合。

继续进行配合，单击如图 9-19 所示的两个面，在关联菜单中单击【平行】按钮。如有必要，单击【反向】按钮，再单击【确定】按钮。

(18) 建立"距离"配合。

继续进行配合，单击如图 9-20 所示的两个面，在关联菜单中单击【距离】按钮，在【距离】微调框中输入"5.00mm"，如有必要，选中【反转尺寸】复选框，然后单击【确定】按钮。

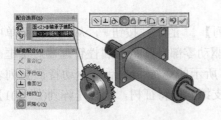

图 9-18 建立"同轴心"配合

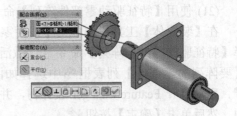

图 9-19 建立【平行】配合

(19) 镜向"链轮"子装配体。

在 FeatureManager 设计树中展开轴组件特征树,选中【前视基准面】选项◇,单击【线性零部件阵列】▦ 的下拉按钮▾,从其下拉菜单中选择【镜像零部件】命令▦。在激活的【镜向零部件】属性管理器对话框中单击如图 9-21 所示的链轮,在【要镜向的零部件】列表框中选择【链轮-1】选项,并选中该复选框。单击【下一步】按钮❂,其他保持默认设置,然后单击【确定】按钮✓。

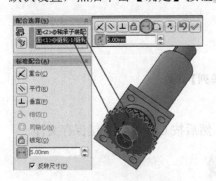

图 9-20 建立【距离】配合

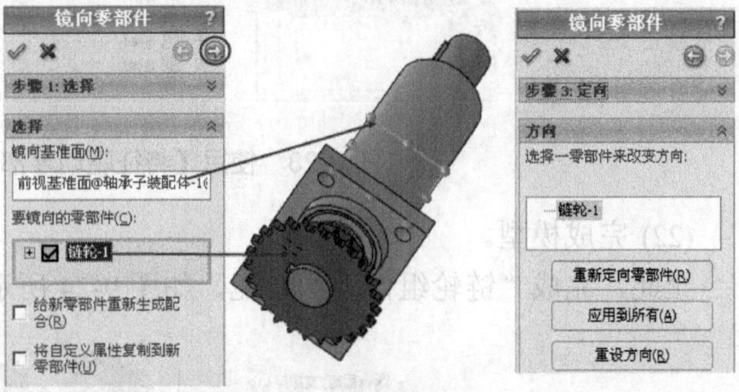

图 9-21 镜向"链轮"

(20) 插入"螺栓"。

单击图形区域右侧的任务窗格标签【设计库】▦,定位设计库到"Toolbox/GB/螺栓和螺钉/六角头螺栓",拖动"六角头螺栓 全螺纹 C 级 GB/T5781-2000"零件到孔边线上,如图 9-22 所示。释放鼠标,激活【螺栓】属性管理器对话框,选择大小为 M16 配置,长度保持默认,然后单击【确定】按钮✓。激活【插入零部件】属性管理器对话框,单击【取消】按钮✗,退出【插入零部件】属性管理器对话框。

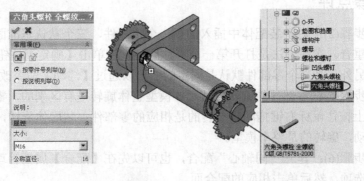

图 9-22 插入"螺栓"

(21) 使用【特征驱动零部件阵列】命令。

在【装配体】工具栏中单击【线性零部件阵列】 的下拉按钮 ，从其下拉菜单中选择【特征驱动零部件阵列】命令 ，激活【特征驱动零部件阵列】属性管理器对话框。在【要阵列的零部件】列表框 中选择如图 9-23 所示的螺栓，激活【驱动特征】列表框 ，手动打开 FeatureManager 设计树，并展开"支撑架"特征树，选择【阵列(线性)1】选项，然后单击【确定】按钮 。

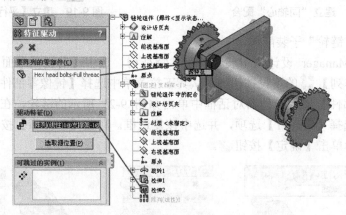

图 9-23　使用【特征驱动零部件阵列】命令

(22) 完成模型。

至此，完成"链轮组件"的装配，如图 9-24 所示，然后按 Ctrl+S 组合键保存文件。

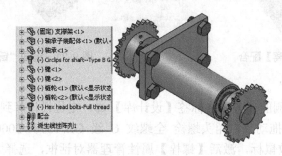

图 9-24　完成模型

9.1.3　步骤点评

(1) 对于步骤(2)：对于装配体中插入的第一个零部件，三个默认基准面最好与装配体的三个基准面重合。实现方法是打开第一个零件后，直接单击【确定】按钮 ，不要在图形区域单击。另外，第一个零部件默认是固定的，可以通过【浮动】命令改变其状态。

(2) 对于步骤(5)：零部件的旋转与装配体模型整体旋转是有区别的，零部件旋转，在相应的零部件上按住鼠标右键拖动，旋转的是相应的零部件；装配体旋转，在图形区域按住鼠标中键拖动，旋转的是整个模型。

(3) 对于步骤(6)：建立"同轴心"配合，也可以先在【配合】属性管理器对话框中选择【同轴心】选项，然后单击相应的配合面。

(4) 对于步骤(8)：对于插入重复的零部件，简单的实现方法是按住 Ctrl 键，并在图形区域或 FeatureManager 设计树中拖动相应零部件至图形区域合适位置。

(5) 对于步骤(10)：对于装配体中需要插入的标准件，可以使用设计库中的 Toolbox，里面保存了许多国家的标准件。

(6) 对于步骤(11)：根据需要的标准件型号，在管理器中选择相应的配置。

(7) 对于步骤(13)：按住 Alt 键并拖动相应的配合体至另一配合体上，是快速实现两个配合体装配的一种方法。

(8) 对于步骤(14)：随配合复制工具，可以快速地装配重复的零部件。

(9) 对于步骤(19)：镜向零部件分为两种方式，一种是镜向的零部件与源零件具有左右手对称关系；另一种是实例化镜向，镜向面两侧的零部件方位相同，如图 9-25 所示。

(10) 对于步骤(20)：按 Tab 键，可以改变螺栓的插入方向。

(11) 对于步骤(21)：使用【特征驱动零部件阵列】命令，阵列后形成的零部件与源零部件相关，当修改源零件或阵列孔时，阵列实例零部件也随之进行变化。需要注意的是在插入第一个零部件时，必须使零件与阵列特征的源特征建立配合关系。

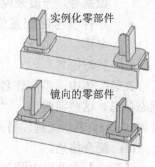

图 9-25　镜向零部件

9.1.4　知识总结

1. 装配体概述

1) 装配体 FeatureManager 设计树

装配体中的零部件信息可以通过查看 FeatureManager 设计树来获知，如图 9-26 所示。

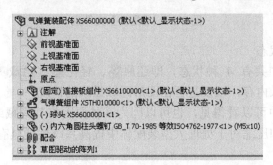

图 9-26　装配体 FeatureManager 设计树

(1) 装配体的模型空间。

- 顶层装配体(第一项)：总装配体的名称。
- 各种文件夹，如注解 🅰 和配合 🗍🗍。
- 装配体基准面和原点。
- 零部件(子装配体和单个零件)。
- 装配体特征(切除或孔)或零部件阵列。

(2) 零部件图标。

● 零件图标：单独的零件。

● 装配体图标：相对于本层装配体，设计树中显示的装配体图标称为子装配体。

● 灵活子装配体图标：子装配体是灵活的。

(3) 数量信息。

● 在装配体中，每个零部件名称都有个后缀"<*n*>"，这是系统自动给出的零部件
识别号，一般来说不允许用户更改。

● 零件参考的配置信息：零部件名称后面的"( )"内表示使用中的零部件配置
名称。

(4) 状态信息。

在装配体中，零部件名称有个前缀，此前缀提供了有关该零部件与其他零部件关系的
状态信息。这些前缀为："(-)"表示欠定义；"(+)"表示过定义；"(固定)"表示零部件
被固定; (?) 表示无解。另外，零部件名称前无前缀表示零部件完全定义。

(5) 配合信息。

【配合】文件夹中列出了当前装配体中建立的所有配合关系，如图 9-27 所示。

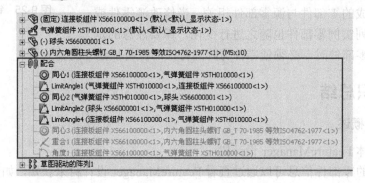

图 9-27 【配合】文件夹

2) 零部件 4 种状态

零部件在装配体中共有 4 种状态，即还原、轻化、隐藏、压缩，分别表示
零部件以何种形式装入内存，以及是否在图形区域显示的情况。

零部件在装配体中可以看得见，也可以因为某种原因将其隐藏或压缩，从而达到不同
的目的。其中，轻化和压缩对于处理大型装配体中提高系统性能具有一定的好处。

(1) 还原状态。

当零部件完全还原时，其所有模型数据将装入内存，如图 9-28 所示。

(2) 轻化状态。

在轻化状态下，零件的信息只有部分装入内存，从而可以提高系统对装配体的处理性
能。轻化的零件在图形区域显示，在 FeatureManager 设计树的图标上显示一个"羽毛"符
号，如图 9-29 所示，并且不能展开零件查看其内部特征。

在 FeatureManager 设计树中或图形区域右击零件，从弹出的快捷菜单选择【设定为轻
化】命令，可以设置零部件为轻化状态。

当零部件为轻化状态时，只有部分模型数据装入内存，其余的模型数据将根据需要进

行载入。

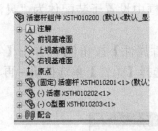
图 9-28 还原状态

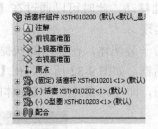
图 9-29 轻化状态

(3) 隐藏状态。

零件处于隐藏状态时，在图形区域不显示，但零件仍然以全部信息装入内存。

在 FeatureManager 设计树中或图形区域右击零件，从弹出的快捷菜单中单击【隐藏零部件】按钮，可以设置零部件为隐藏状态。

如图 9-30 所示，"O 型圈"零件已经被隐藏。被隐藏的零件在 FeatureManager 设计树中显示为线框形式的零件图标。

(4) 压缩状态。

压缩状态的零件不参与装配体中的任何计算，就好像零件不存在一样。在打开具有压缩状态零件的装配体时，零件的所有信息均不装入内存，也不在图形区域显示，因此系统性能更高。

在 FeatureManager 设计树中或图形区域单击零件，从关联工具栏中单击【压缩】按钮，可以设置零部件为压缩状态。如图 9-31 所示，被压缩的零件在 FeatureManager 设计树中显示为灰色的上色零件图标。

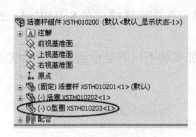
图 9-30 隐藏状态

图 9-31 压缩状态

在压缩状态下，零件的任何信息都不存在，因此如果该零件与其他零件建立了配合关系，这些配合关系也同时被压缩。在这种情况下，其他零件的位置根据现有还原的配合关系而定。

3) 子装配体

当某装配体包含在另一个装配体中作为部件时，则该装配体称为子装配体。可以多层嵌套子装配体，以反映设计的层次关系。

子装配体在主装配体中是作为一个整体来对待的。例如，如果使用【移动零部件】命令来移动子装配体，那么子装配体的所有零件均同时移动。

某些情况下，虽然形成了子装配体，但仍然希望子装配体中能够运动的零件在主装配体中单独移动，此时可以通过在【零部件属性】对话框中设置子装配体为"灵活子装配体"来实现。

右击子装配体，在弹出的快捷菜单中单击【零部件属性】按钮 🗂，弹出【零部件属性】对话框，如图 9-32 所示。在【求解为】选项组下选择【柔性】单选按钮，再单击【确定】按钮，即可完成灵活子装配体的设置。

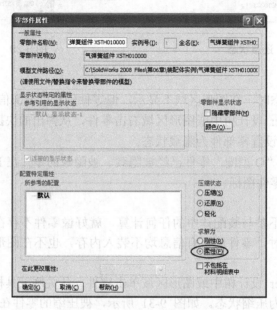

图 9-32　灵活子装配体

4)　零部件的显示状态

零部件的显示状态是指以何种形式显示或是否显示在图形区域。在 SolidWorks 的装配体中，用户可以对单独的零件显示为不同的状态。

如图 9-33 所示，用户可以对同一配置的零件添加多种不同的显示状态，显示状态可以控制。

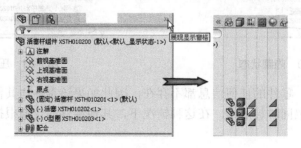

图 9-33　零部件显示状态

- 显示/隐藏：是否显示零件。
- 显示模式：零件以上色、线框等形式显示。
- 颜色：设定零件不同的显示颜色。

- 纹理：设定零件具有的纹理属性。
- 透明度：设定零件的透明度。
- RealView：可添加外观和布景来显示逼真的模型和环境，但需要专业的图形卡/驱动程序。

一般说来，零件的颜色、表面纹理和材料设置最好在零件设计阶段完成，这也符合常规的设计方法。用户在装配体中设置零件的颜色和表面纹理，不影响零件的其他材料属性，如密度。

有时候为了在装配体中更加容易观察和区分零件，可以在装配体中设置零件特有的颜色。

5）编辑颜色

如图 9-34 所示，在 FeatureManager 设计树中选择"活塞杆"零件，单击【编辑颜色】按钮，可在 PropertyManager 中设定零件的颜色和光学属性。

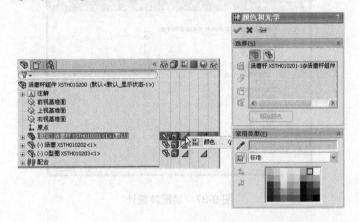

图 9-34 编辑颜色

如需消除零件在装配体中设定的颜色，可以再次选择零件并单击【编辑颜色】按钮，在 PropertyManager 中单击【移除颜色】按钮即可。

6）设置纹理

在 FeatureManager 设计树中选择"活塞杆"零件，单击【编辑纹理】按钮，从系统提供的纹理中选择一种纹理，可设置零件的纹理，如图 9-35 所示。

7）零件的透明度

右击某零件，从弹出的快捷菜单中选择【更改透明度】命令，可以修改该零件的透明状态，如图 9-36 所示。

8）装配体信息和相关文件

在一个装配体中，用户可以利用多种工具查看和使用装配体中的零部件相关信息，这些工具包括装配体统计、查找相关文件、装配体文件打包。

（1）装配体统计。

选择【工具】| AssemblyXpert 命令，打开 AssemblyXpert 对话框，如图 9-37 所示，在该对话框中显示了零件或子装配的统计信息等。

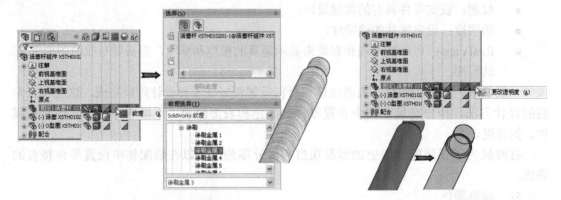

图 9-35　编辑纹理　　　　　　　　图 9-36　编辑透明度

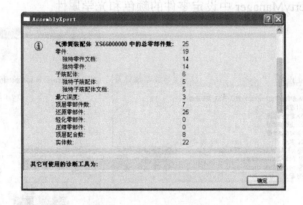

图 9-37　装配体统计

(2)　查找相关文件。

【查找相关文件】命令用于显示装配体中零件的位置，并进行相关的操作。

选择【文件】|【查找相关文件】命令，弹出【查找参考引用】对话框，如图 9-38 所示，在该对话框中显示了装配体文件所使用的零件文件以及装配体文件的文件详细位置和名称。

图 9-38　查找相关文件

通过此对话框，用户还可以进行如下操作。

- 打印：将查找结果通过打印机输出。
- 复制列表：将查找结果清单复制到 Windows 粘贴板上。

- 复制文件：将查找结果中的文件复制到其他位置。

(3) 装配体文件打包。

装配体在管理零件时，是根据零件的打开位置进行查找的。很多情况下，装配体参考的零部件不可能保存在单一的文件夹中，因此如果需要把整个装配体文件发送给其他设计人员或客户，人工整理文件是非常麻烦的。

在 SolidWorks 中，使用"打包"工具可以将装配体和相关的文件复制到单独目录或打包为压缩文件(Zip 文件)。

选择【文件】|【打包】命令，弹出【打包】对话框，如图 9-39 所示，在【保存到文件夹】文本框中指定要保存文件的目录，也可以单击【浏览】按钮查找目录位置。

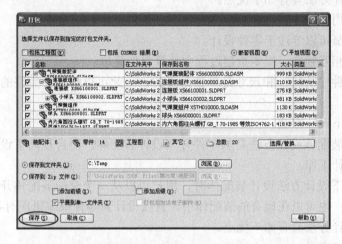

图 9-39 装配体文件打包

如果用户希望将打包的文件直接保存为压缩文件(*.Zip)，选择【保存到 Zip 文件】单选按钮，并指定压缩文件的名称和目录即可。

单击【保存】按钮，即可将装配体的参考文件以及相关文件保存到指定的目录中。

如果同时需要包含工程图文件，在【打包】对话框中，可选中【包括工程图】复选框。

SolidWorks 可将选择的文件保存到指定的目录中，如图 9-40 所示，这里共保存了 20 个文件，包括装配体文件、装配体的参考零部件。

图 9-40 保存的文件

9) 装配体设计方法

在 SolidWorks 中，用户可以使用两种不同的方法对装配体进行建模，即自底向上设计方法和自顶向下设计方法。

这两种设计方法各有优点和缺点，在实际设计中，大部分的装配体设计是这两种方法的结合。

(1) 自底向上设计方法。

自底向上设计方法是传统的设计方法，即先完成零件的建模，然后在装配体中通过插入零部件和添加配合关系完成装配体设计。

自底向上设计方法具有如下优点。

- 方便利用现有零件进行装配体设计。
- 设计人员可以专注于零件设计。
- 零部件相互独立，模型重建过程中计算更加简单。
- 单个零件中的特征和尺寸是单独定义的，因此可以将零件完整的尺寸插入到工程图中。

(2) 自顶向下设计方法。

自底向上的装配体设计方法是从零件开始设计装配体，而自顶向下设计法则是从装配体环境下开始设计工作。

利用自顶向下设计方法设计装配体时，用户可以从一个空的装配体开始，依次完成各个需要的零部件；也可以在现有的装配体中，直接设计新零件或编辑现有零件。

自顶向下设计方法具有如下优点。

- 设计快速高效。
- 更加专注于产品整体的设计，而不是独立的零件细节。
- 减少由于人为的疏忽造成的设计错误。
- 零件之间具有参考，参考的实体变化时将自动完成其他零件的修改。

10) SolidWorks 装配体工具

常用的装配体工具位于【装配体】工具栏中以及命令管理器的【装配体】分组和【插入】主菜单中，如图 9-41 所示。

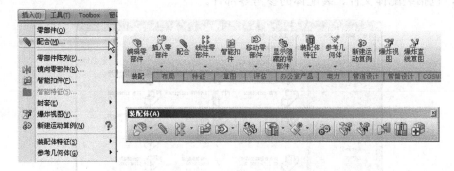

图 9-41 【装配体】工具栏

在相应的下拉工具栏中，用户也可以找到相关的其他工具。

2. 配合和自由度

在装配体环境下，用户可以把各个零部件进行配合约束以限定其自由度，并同时完成产品的组装过程。在自底向上的装配体建模过程中，用户主要的操作包括两大部分：添加零部件和添加配合关系。

1) 零件在装配体中的自由度

零件在三维空间中具有以下 6 个自由度，如图 9-42 所示。

- X 轴向的移动和绕 X 轴的旋转。
- Y 轴向的移动和绕 Y 轴的旋转。
- Z 轴向的移动和绕 Z 轴的旋转。

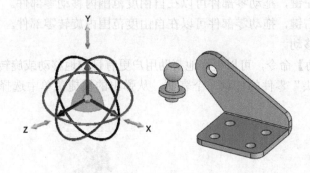

图 9-42 零件在装配体中的自由度

因此，零件在装配体中是否可以运动以及如何运动，取决于零件在装配体中自由度被约束的情况。

2) 固定的零件

默认情况下，在装配体中的第一个零件为固定状态，即该零件在空间上不允许移动。一般说来，第一个零件在装配体中的固定位置应该是"零件的原点和装配体的原点重合，使三个对应的基准面相互重合"，这对于处理其他零件和配合关系带来方便，如图 9-43 所示。

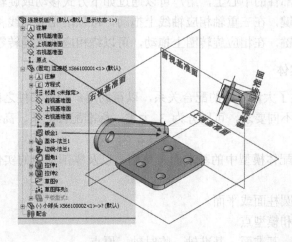

图 9-43 固定的零件

其他的零件与被"固定"的零件添加配合关系，从而约束了其他零件的自由度。

3） 移动或旋转零部件

插入到装配体中的零件只能在未限定自由度的方向上移动或旋转。如果零件没有添加任何配合关系，也没有被设定为"固定"状态，零件在空间中就可以被自由移动或旋转。

零件插入到装配体后对零件进行简单的移动或旋转具有如下好处。

● 使零件看起来在更接近的位置。

● 在添加配合时可以减少不必要的操作。

(1) 自由移动或旋转。

默认情况下，用户可以直接拖动图形区域的零部件进行移动或旋转。

● 按住鼠标左键，拖动零部件可以在自由度范围内移动零部件。

● 按住鼠标右键，拖动零部件可以在自由度范围内旋转零部件。

(2) 以三重轴移动。

【以三重轴移动】命令，可以更好地帮助用户更有目的地移动或旋转零部件。如图 9-44 所示，右击"小球头"零件的任意一个表面，从弹出的快捷菜单中选择【以三重轴移动】命令。

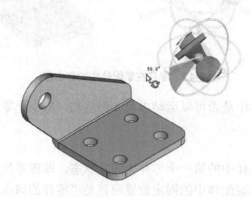

图 9-44　以三重轴移动零件

三重轴出现在零部件的中心上，用户可以通过如下方式移动或旋转零部件。

● 按住鼠标左键，在三重轴相应轴线上拖动，可以沿相应轴线移动零部件。

● 按住鼠标左键，在相应旋转圈上拖动，可以绕相应轴线旋转零部件。

3. 配合和配合实体

SolidWorks 提供了大量使用的配合关系，以帮助用户确定零件之间的位置关系。这些配合关系根据用户的不同要求，可以分为 3 大类：标准配合关系、高级配合关系和机械配合关系。

用户可以使用装配体模型中的基准面、草图，以及零部件中的实体建立配合关系，主要包括以下内容。

● 模型的面：圆柱面或平面。

● 模型的边线和模型点。

● 参考几何体：基准面、基准轴、临时轴、原点。

● 草图实体：点、线段或圆弧。

用户选择的实体不同，可以建立的配合关系类型也不一定相同。如图 9-45 所示，用户选择两个模型平面建立配合关系时，系统默认根据"重合"配合关系建立预览。同时，用户可以建立平行、距离、角度等配合关系，而不能建立相切配合关系。

1) 标准配合关系

如图 9-46 所示，用户可以建立多种形式的标准配合关系，这些关系也是机械设计中常用的配合关系类型。

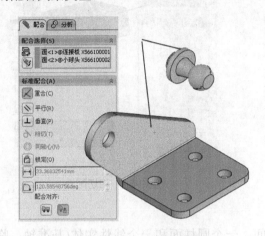

图 9-45　选择的实体和配合关系

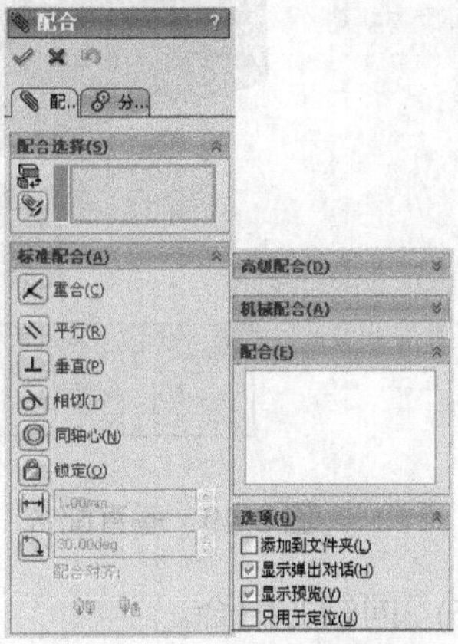

图 9-46　标准配合的 PropertyManager

(1) 重合配合。

多种情况下，选择两个平面、基准面、平面或点建立重合配合关系。重合配合关系表示所选择的实体相重叠。

重合配合关系有同向对齐和反向对齐两种对齐方式，如图 9-47 所示。

(2) 平行配合。

平行配合使所选的两个平面相互平行，但距离不确定，如图 9-48 所示。

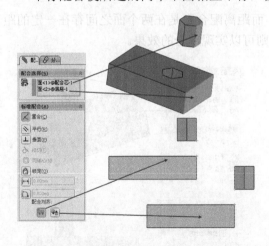

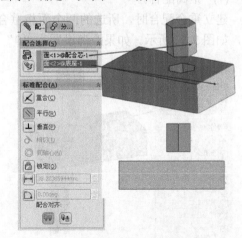

图 9-47　重合配合

图 9-48　平行配合

(3) 垂直配合。

垂直配合使两个所选的面保持垂直关系，如图 9-49 所示。

(4) 相切配合。

相切配合一般用于线性实体和圆柱面、曲面建立的配合关系。如图 9-50 所示，选择一个平面和一个圆柱面建立相切配合关系。

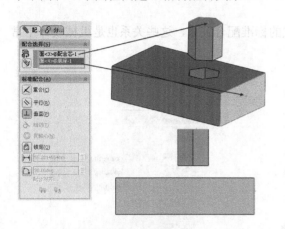

图 9-49　垂直配合

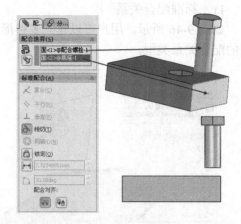

图 9-50　相切配合

(5) 同轴心配合。

同轴心配合一般建立在两个圆柱面之间、一个圆柱面和一个线性实体(基准轴、临时轴、边线或草图线段)之间。

选择两个圆柱面建立同轴心配合时，所选的两个圆柱面的中心线重合。如图 9-51 所示，同轴心配合也存在同向对齐和反向对齐两种对齐方式。

(6) 锁定配合。

锁定配合保持两个零部件之间的相对位置和方向，零部件相对于对方被完全约束。配合是在两个零部件之间形成子装配体并使子装配体固定的效果完全相同。

(7) 距离配合。

建立重合配合时，所选的两个面相重合；而距离配合则是在两个面之间存在一定的距离，如图 9-52 所示。如果距离设置为"0"，则可以实现重合的效果。

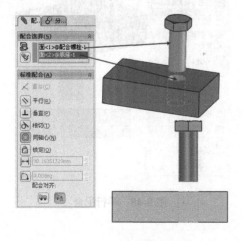

图 9-51　同轴心配合

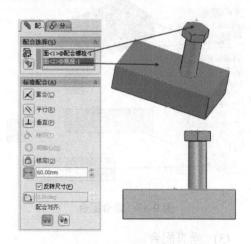

图 9-52　距离配合

(8) 角度配合。

建立角度配合时，所选择的两个面之间并不平行，而是具有一定角度，如图 9-53 所示。

2) 高级配合关系

高级配合关系用于建立特定需求的配合关系，例如对称配合、宽度配合、限制配合等，如图 9-54 所示。

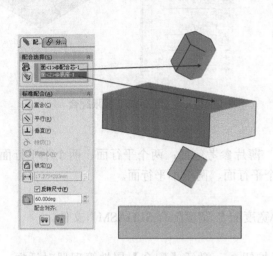

图 9-53　角度配合　　　　　　　　　图 9-54　高级配合的 PropertyManager

(1) 对称、极限配合。

对称配合强制使两个相似的实体相对于零部件的基准面、平面或装配体的基准面对称。极限配合可以让零件在距离和角度配合的数值范围内移动。

① 打开装配体。

打开本书配套光盘中的"第 9 章\模型\对称及极限配合\对称极限配合.SLDASM"文件。

② 对称配合。

单击【装配体】工具栏上的【配合】按钮 ，激活【配合】属性管理器对话框。在【高级配合】选项组中单击【对称】按钮 ，激活【要配合的实体】列表框，在图形区域中选择两个滚柱端面，激活【对称基准面】列表框，在 FeatureManager 设计树中选择【右视基准面】选项，然后单击【确定】按钮 ，如图 9-55 所示，完成对称配合。

③ 极限配合。

单击【装配体】工具栏上的【配合】按钮 ，激活【配合】属性管理器对话框。在【高级配合】选项组中单击【距离】按钮，激活【要配合的实体】列表框，在图形区域选择两个滚柱端面，在【最大值】微调框内输入"65.00mm"，在【最小值】微调框内输入"5.00mm"，完成极限配合，如图 9-56 所示。单击【确定】按钮 ，完成操作。

④ 测试。

单击【装配体】工具栏上的【移动零部件】按钮 ，激活【移动零部件】属性管理器对话框。选择【自由拖动】选项，在【选项】选项组中选中【标准拖动】单选按钮，按住鼠标左键进行拖动，观察移动情况。

图 9-55　对称配合

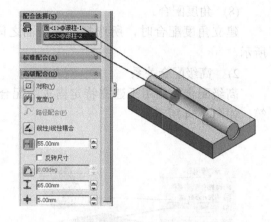

图 9-56　极限配合

（2）宽度配合。

宽度配合使薄片处于凹槽宽度的中心。薄片参考包括：两个平行面、两个不平行面、一个圆柱面或轴。凹槽宽度参考包括：两个平行面、两个不平行面。

① 打开装配体。

打开本书配套光盘中的"第 9 章\模型\宽度配合\宽度配合.SLDASM"文件。

② 宽度配合。

单击【装配体】工具栏上的【配合】按钮，激活【配合】属性管理器对话框。在【高级配合】选项组中单击【宽度】按钮，激活【要配合的实体】列表框，在图形区选择"底座"绞配合面，激活【薄片选择】列表框，在图形区域选择"杆"绞配合面，完成宽度配合，如图 9-57 所示。单击【确定】按钮，完成操作。

③ 同轴心配合。

对"底座"绞孔、"杆"绞孔添加同轴心配合。

④ 测试。

单击【装配体】工具栏上的【旋转零部件】按钮，激活【旋转零部件】属性管理器对话框。选择【自由拖动】选项，在【选项】选项组中选中【标准拖动】单选按钮，按住鼠标左键进行拖动，观察移动情况。

（3）路径配合。

路径配合是将零部件上所选的点约束到路径，零件将沿着路径纵倾、偏转和摇摆。

① 打开装配体。

打开本书配套光盘中的"第 9 章\模型\路径配合\路径配合.SLDASM"文件。

② 路径配合。

单击【装配体】工具栏上的【配合】按钮，激活【配合】属性管理器对话框。在【高级配合】选项组中单击【路径】按钮，激活【零部件顶点】列表框，在图形中选择零件的一个点，激活【路径选择】列表框，在图形中选择路径的一条边线，完成路径配合，如图 9-58 所示。单击【确定】按钮，完成操作。

③ 测试。

单击【装配体】工具栏上的【旋转零部件】按钮，激活【旋转零部件】属性管理器对话框。选择【自由拖动】选项，在【选项】选项组中选中【标准拖动】单选按钮，按住鼠标左键进行拖动，观察移动情况。

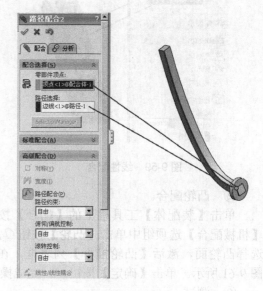

图 9-57 宽度配合   图 9-58 路径配合

（4）线性配合。

线性配合是在一个零部件的平移和另一个零部件的平移之间建立几何关系。

① 打开装配体。

打开本书配套光盘中的"第 9 章\模型\线性配合\线性配合.SLDASM"文件。

② 线性配合。

单击【装配体】工具栏上的【配合】按钮 ，激活【配合】属性管理器对话框。在【高级配合】选项组中单击【线性/线性耦合】按钮 ，激活【零部件顶点】列表框，在图形区域选择要配合的实体的两条边线，选中【反转】复选框，在【比率】文本框内输入线性比，完成线性配合，如图 9-59 所示。单击【确定】按钮 ，完成操作。

单击【装配体】工具栏上的【旋转零部件】按钮 ，激活【旋转零部件】属性管理器对话框。选择【自由拖动】选项，在【选项】选项组中选中【标准拖动】单选按钮，按住鼠标左键进行拖动，观察移动情况。

3）机械配合关系

使用机械配合关系可完成特定需求，如凸轮配合、齿轮配合、齿条小齿轮配合、螺旋配合、万向节配合，如图 9-60 所示。

（1）凸轮配合。

凸轮配合是一种相切或重合配合类型，允许将圆柱、基准面或点与一系列相切的拉伸曲面相配合。凸轮轮廓可以采用直线、圆弧以及样条曲线制作，只需与推杆保持相切并形成一个闭合的环。

① 打开装配体。

打开本书配套光盘中的"第 9 章\模型\凸轮配合\凸轮配合.SLDASM"文件。

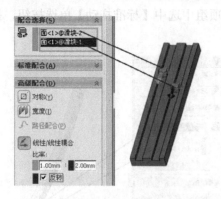

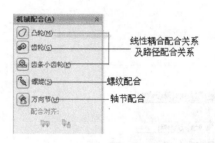

图 9-59　线性配合　　　　　　　　　　　　图 9-60　机械配合

② 凸轮配合。

单击【装配体】工具栏上的【配合】按钮，激活【配合】属性管理器对话框。在【机械配合】选项组中单击【凸轮】按钮，激活【要配合的实体】列表框，在图形区域选择凸轮面，激活【凸轮推杆】列表框，在图形区域选择推杆前端，完成凸轮配合，如图 9-61 所示。单击【确定】按钮，完成操作。

③ 测试。

单击【装配体】工具栏上的【旋转零部件】按钮，激活【旋转零部件】属性管理器对话框。选择【自由拖动】选项，在【选项】选项组中选择【标准拖动】单选按钮，按住鼠标左键进行拖动，观察移动情况。

(2) 齿轮配合。

齿轮配合会强迫两个零部件绕所选轴相对旋转。齿轮配合的有效旋转轴包括圆柱面、圆锥面、轴和线性边线。

① 打开装配体。

打开本书配套光盘中的"第 9 章\模型\齿轮配合\齿轮配合.SLDASM"文件。

② 齿轮配合。

单击【装配体】工具栏上的【配合】按钮，激活【配合】属性管理器对话框。在【机械配合】选项组中单击【齿轮】按钮，激活【要配合的实体】列表框，在图形区域选择两个"齿轮"的分度圆，在【比率】文本框内输入"17.4mm：13.8mm"，完成齿轮配合，如图 9-62 所示。单击【确定】按钮，完成操作。

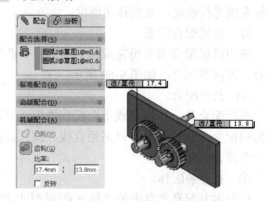

图 9-61　凸轮配合　　　　　　　　　　　　图 9-62　齿轮配合

③ 测试。

单击【装配体】工具栏上的【旋转零部件】按钮 ⑤，激活【旋转零部件】属性管理器对话框。选择【自由拖动】选项，在【选项】选项组中选中【标准拖动】单选按钮，按住鼠标左键进行拖动，观察移动情况。

(3) 齿条和小齿轮配合。

通过齿条和小齿轮配合，某个零部件(齿条)的线性平移会引起另一个零部件(小齿轮)做圆周旋转；反之亦然。用户可以配合任何两个零部件以进行此类相对运动。这些零部件不需要齿轮，在配合选择下，为齿条选择线性边线、草图直线、中心线、轴或圆柱；为小齿轮/齿轮选择圆柱面、圆弧或圆弧边线、草图圆或圆弧、轴或旋转曲面，如图 9-63 所示。

① 打开装配体。

打开本书配套光盘中的"第 9 章\模型\齿条小齿轮配合\齿条小齿轮配合.SLDASM"文件。

② 齿条小齿轮配合。

单击【装配体】工具栏上的【配合】按钮 ◎，激活【配合】属性管理器对话框。在【机械配合】选项组中单击【齿条小齿轮】按钮 ◎，选中【齿条行程/转数】单选按钮。在【齿条行程/转数】文本框中输入"50mm"，激活【要配合的实体】列表框，在图形区域选择齿条实体的边线和小齿轮分度圆，完成齿条小齿轮配合，如图 9-64 所示。

图 9-63　齿条和小齿轮配合　　　　图 9-64　齿条小齿轮配合

(4) 螺旋配合。

螺旋配合将两个零部件约束为同心，并在一个零部件的旋转和另一个零部件的平移之间添加纵倾几何关系。一个零部件沿轴方向的平移会根据纵倾几何关系引起另一个零部件的旋转，同样，一个零部件的旋转可以引起另一个零部件的平移。如图 9-65 所示为【螺旋配合】属性管理器对话框。

① 打开装配体。

打开本书配套光盘中的"第 9 章\模型\螺旋配合\螺旋配合.SLDASM"文件。

② 螺旋配合。

单击【装配体】工具栏上的【配合】按钮 🖉，激活【配合】属性管理器对话框。在
【机械配合】选项组中单击【螺旋】按钮 🖉，激活【要配合的实体】列表框，在图形区域
选择丝杠和移动体，完成螺旋配合，如图 9-66 所示。单击【确定】按钮 ✅，完成操作。

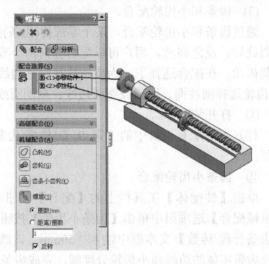

图 9-65　【螺旋配合】属性管理器对话框　　　　　　　图 9-66　螺旋配合

③ 测试。

单击【装配体】工具栏上的【旋转零部件】按钮 🔄，激活【旋转零部件】属性管理
器对话框。选择【自由拖动】选项，在【选项】选项组中选择【标准拖动】单选按钮，按
住鼠标左键进行拖动，观察移动情况。

(5) 万向节配合。

在万向节配合中，一个零部件(输出轴)绕自身轴的旋转是由另一个零部件(输入轴)绕其
轴的旋转驱动的。如图 9-67 所示为【万向节配合】属性管理器对话框。

单击【装配体】工具栏上的【配合】按钮 🖉，激活【配合】属性管理器对话框。在
【机械配合】选项组中单击【万向节】按钮 🖉，激活【要配合的实体】列表框，在图形区
选择要配合的实体，并选中【定义连接点】复选框，在图形区域内输入万向节点，完成万
向节配合，如图 9-68 所示。单击【确定】按钮 ✅，完成操作。

4) 多配合模式

SolidWorks 有一个多配合模式，在此模式下，用户可以一次与同一参考建立多个零部
件的配合关系。很多零件需要与轴建立同心配合关系，这种情况下使用多配合模式比较方
便。同时，由于可以建立多配合文件夹，用户可以对这一组配合关系进行统一的管理。如
图 9-69 所示，在【配合选择】选项组中单击【多配合模式】按钮 🖉，即可使添加配合关
系工作在多配合模式下。

4. 配合和配合文件夹

1) 配合文件夹

在 FeatureManager 设计树中的【配合】文件夹中，列出了装配体的所有配合关系，用
户可以把每一个配合关系看作装配体中的一个"特征"。针对每一个配合关系，用户可以

进行编辑、压缩、解除压缩、删除等操作，如图 9-70 所示。

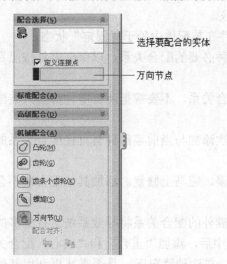

图 9-67　【万向节配合】属性管理器对话框

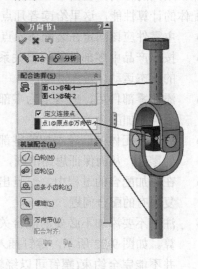

图 9-68　万向节配合

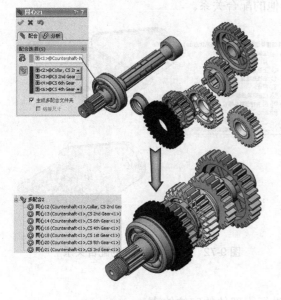

图 9-69　多配合模式

图 9-70　【配合】文件夹和配合特征

在 FeatureManager 设计树中，零部件有先后顺序，同时装配体中的配合关系也有先后之分，但这并不影响装配体零部件的位置关系。因为装配体在进行解算时，是对配合关系进行整体解算的。

为了便于管理和操作，用户可以将相关的配合关系利用文件夹进行组织，即在【配合】文件夹中建立子文件夹，从而对文件夹中的多个配合关系进行同一操作，如图 9-71 所示。

2)　关于配合的几点建议

在一个装配体中，用户可以按照任意先后顺序添加零部件和配合关系，对装配体基本没有什么太大的影响。但由于 SolidWorks 的一些默认设置，并考虑到后续的装配体操作和对装配体的计算性能，这里给读者几点有利的建议。

- 主零件应该固定在装配体原点上，该零件在装配体中处于"固定"状态。
- 按照产品中零部件的位置关系，添加各种必要的配合关系，以保证零件按照真实的状态运动。
- 添加零部件后，应马上为零部件添加配合关系，不要等把所有零件都插入装配体后再添加配合关系。
- 针对装配体中已经添加的零部件，应依次添加与当前零部件有直接配合关系的其他零件，从而保证思路清晰，不宜出错。
- 在添加配合的过程中，一旦出现配合错误，应马上修复。添加其他配合决不会修复现有的配合问题。
- 注意不要添加不必要的配合关系，添加额外的配合关系将导致系统进行更多的计算。如图 9-72 所示，螺钉插入到装配体中后，添加"重合"和"同心"配合关系并不能完全约束(螺钉可以绕轴心转动)。在这种情况下，是否需要再利用其他配合关系确保螺钉完全约束呢？本书建议读者，针对这种情况，除非特殊需要(如出图纸的需要)，否则没有必要添加其他的配合关系。

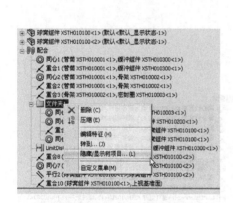

图 9-71 【配合】文件夹的组织

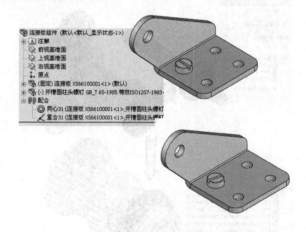

图 9-72 避免添加额外的配合关系

- 避免生成环形配合。
- 必要时，可以借用草图布局的方法进行零部件的定位约束。

5. 添加零部件

建立装配体文件以后，就可以向装配体中添加零件或部件，并确定零部件间的配合关系。

SolidWorks 提供了多种插入零部件的方法，主要包括如下几种。

- 新建装配体文件后自动激活【插入零部件】命令。
- 【从零件/装配体制作工程图】，此工具首先建立一个装配体文件，默认使用当前激活窗口中的零件或装配体添加零部件。
- 在【装配体】工具栏中单击【插入零部件】按钮，并选择需要插入的零件或装配体文件。

- 从零件窗口的 FeatureManager 设计树中拖动文件名称或在 ConfigurationManager 中拖动配置名称到装配体文件窗口中。
- 从设计库中拖动零件或装配体到装配体文件窗口中。
- 从 Windows 资源管理器中拖动模型文件图标到 SolidWorks 装配体窗口中，这样可以一次插入多个零部件。
- 从零件窗口中拖动零件的边线、顶点或面到装配体文件相应的边线、顶点或面上，可以自动添加适当的配合关系。
- 在装配体文件中采用复制/粘贴的方法插入相同的零部件。
- 利用 ToolBox 工具插入标准件。

在这里向读者介绍几种最常用的在装配体中添加零部件的方法。

1) 新建装配体文件

新建装配体文件的方法与新建零件文件基本一样。单击【新建 SolidWorks 文件】按钮 ，出现【新建 SolidWorks 文件】对话框，如图 9-73 所示，选择装配体模板即可建立新的装配体文件。

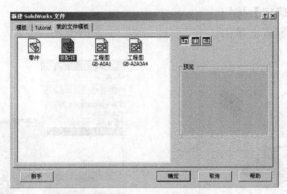

图 9-73　新建装配体文件

装配体文件建立以后，系统自动激活【插入零部件】命令。如图 9-74 所示，在【开始装配体】的 PropertyManager，当前进程中的所有零件和装配体文件均列出在【打开文档】列表框中，用户可以直接选择使用。

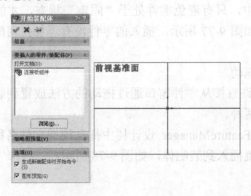

图 9-74　插入零部件

单击【浏览】按钮，可以打开其他没有打开的模型文件。

在文档列表中选择一个模型文件，直接单击【确定】按钮 ✓，则插入的零件自动与装配体原点重合，并且三个对应的基准面也相互重合，零件默认设置为"固定"位置，如图 9-75 所示。

2) 插入零部件

在装配体中，用户可以使用【插入零部件】命令添加其他零件或装配体文件。可以通过如下途径实现【插入零部件】命令。

- 新建装配体或使用从零件/装配体制作工程图工具建立装配体后自动激活【插入零部件】命令。
- 选择【插入】|【零部件】|【现有零件/装配体】命令。
- 单击【插入零部件】按钮 🐾。

这里需要提醒读者注意，与在装配体中插入第一个零件正相反，用户在添加第一个零件以后，再次添加零件时，应避免使零件"固定"。如图 9-76 所示，最好的操作方式是选中要添加的零件后，直接在图形区域的空白位置单击。避免如下两个操作。

- 直接单击【确定】按钮。
- 在装配体的原点上单击。

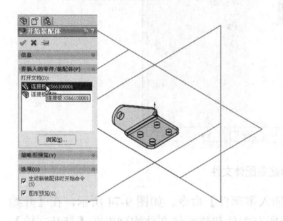

图 9-75　固定装配体中的零件　　　　　图 9-76　插入已有零部件

在后续添加的零件中，只有避免零件处于"固定"状态，才能在后面的操作中为零件添加正确的配合关系。如图 9-77 所示，插入的零件没有添加任何配合关系，可以进行任意移动和选装。

3) 从零件窗口中拖动

SolidWorks 装配允许直接从零件窗口通过拖动的方法放置到装配体文件窗口中。常用的操作方法主要有如下两种。

- 从打开零件的 FeatureManager 设计树中拖动顶端文件名称到装配体窗口中，使用零件激活的配置插入到装配体，如图 9-78 所示。

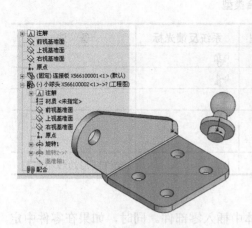

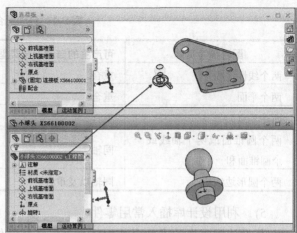

图 9-77　"自由"的零件　　　　　　　　　图 9-78　从零件窗口中拖动

● 从打开零件的配置管理器中拖动配置名称到装配体窗口中，使用选择的配置插入到装配体，如图 9-79 所示。

4）智能配合技术

SolidWorks 提供了非常方便的智能装配技术，即在向装配体中插入零件的过程中可以同时建立配合关系。

利用智能装配技术，在窗口中拖动零部件模型的线性或圆形边线、临时轴、顶点、平面、圆锥面或圆柱面，可以自动添加约束关系。

利用从窗口拖动，可以很快地插入并配合零部件，大大提高了装配体设计的速度。在使用这种操作时，用户应该注意 SolidWorks 的系统反馈，以明确 SolidWorks 准备建立的约束关系，如图 9-80 所示。

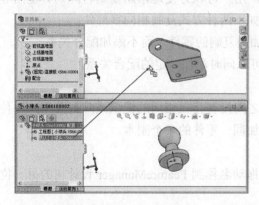

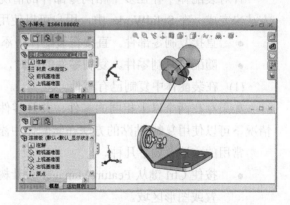

图 9-79　插入其他配置零件　　　　　　　　图 9-80　智能配合

由于建立的配合关系存在"同向对齐"或"反向对齐"的问题，因此当方向不正确时可按 Tab 键切换对齐方向。

支持自动配合的类型如表 9-1 所示。

表 9-1　自动配合类型

配合参考实体	可产生的自动配合类型	系统反馈光标	备　注
两个线性边线	重合		
两个平面	重合		
两个顶点	重合		
两个圆锥面或两个轴线或一个圆锥面和一个轴	同轴		
两个圆形边线	同轴以及重合		允许圆形边线不完整

5)　利用设计库插入常用零件

从设计库中拖动零件至装配体，可以在装配体中插入零部件。同时，如果在零件中定义了零件的配合参考，拖放到装配体相应的边线或面上时还可以实现自动装配，如图 9-81 所示。

利用设计库插入零件的优点是无须在零件窗口中激活相应的配置，而是在插入到装配体的过程中选择所需的配置。因此，利用设计库插入零部件常用于对标准件的处理。

在利用设计库拖放零件插入到装配体时，用户应注意如下几点。

- 零件中应建立合理的配合参考。
- 装配体中的目标零件(与被插入零件配合的零件)应处于还原状态。
- 拖动零件时应注意查看光标反馈，以便添加正确的配合关系。
- 必要情况下，指明自定义设计库的位置。

6)　零部件复制

针对装配体中存在多个相同零部件的情况，用户可以方便地采用复制、阵列、镜向等方法来完成。在 SolidWorks 中，用户可以使用如下两种方式复制相同零部件。

- 直接复制零部件。直接在装配体中添加被复制的零件，而不添加配合关系。
- 随配合复制零件。复制零件的同时，可以同时添加一定的配合关系。

(1)　在装配体中复制已有零件。

如果存在两个以上相同的零件，并且零件之间没有存在相同的镜像或阵列关系，这种情况下可以使用复制/粘贴的方法在装配体中添加同一零件的多个副本。

常用的方法有如下几种。

- 按住 Ctrl 键从 FeatureManager 设计树拖动名称到 FeatureManager 设计树的另一位置或图形区域。
- 按住 Ctrl 键在图形区域拖动零件的一个面到另一空白位置。
- 使用复制(Ctrl+C 组合键)和粘贴(Ctrl+V 组合键)复制多个零件。

如图 9-82 所示，按住 Ctrl 键在图形区域拖动零件的一个面到另一空白位置，复制的零件即显示在图形区域并列出在 FeatureManager 设计树中。FeatureManager 设计树中零件名称后面的序号("<2>")表明了零件在装配体中的实例号。

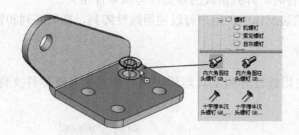

图 9-81　利用设计库插入零件

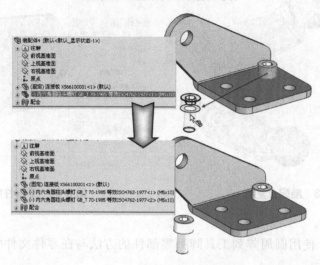

图 9-82　零部件复制

(2) 随配合复制。

随配合复制是 SolidWorks 2008 的新增功能，其突出的特点就是可以复制其配合约束，避免了相同约束的重复添加，充分体现了 SolidWorks 版本的升级不但功能逐步强大，而且朝着智能化的领域发展，从而让更多工程师专注于设计而不是软件本身。

随配合复制主要应用于相同标准件的插入，尤其复制标准件到零部件的不同表面时，更显得快速高效。

在 FeatureManager 设计树中或图形区域选中零件，选择【插入】|【零部件】|【随配合复制】命令，或单击【随配合复制】按钮，即可激活【随配合复制】属性管理器对话框，如图 9-83 所示。

- 【所选零部件】：在 FeatureManager 设计树中或图形区域选择想要复制的实体。
- 单击【同心】按钮◎和【重合】按钮✕，表示复制此配合关系。
- 在【要配合到的新实体】的文本框内给定图形区域选择的新实体，如果配合方向相反，则单击【反转配合对齐】按钮✿。
- 【重复】：选中此复选框，表示与上一次配合所选择的实体和约束相同。

7)　零部件阵列

利用零部件的阵列，可以在装配体中对零件进行阵列，从而插入多个相同的零件。使用阵列方法插入零部件时，阵列形成的零部件与源零件相关。

在 SolidWorks 的装配体中，用户可以使用线性阵列、圆周阵列和特征驱动的阵列建立零部件阵列。

(1) 线性阵列。

在装配体中，使用线性阵列工具阵列零部件的方法与在零件文件中阵列特征大致一样，如图 9-84 所示。

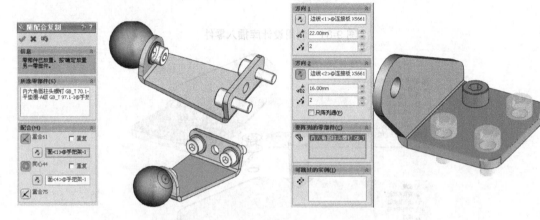

图 9-83　随配合复制　　　　　　　　图 9-84　零部件线性阵列

(2) 圆周阵列。

在装配体中，使用圆周阵列工具阵列零部件的方法与在零件文件中阵列特征大致一样，如图 9-85 所示。

(3) 特征驱动的阵列。

所谓特征驱动的阵列是指参考现有零件的阵列特征对某个零件进行阵列，因此利用特征驱动即本例的方法可以非常方便地应用在标准件的装配中。

选择【插入】|【零部件阵列】|【特征驱动】命令，或单击【特征驱动零部件阵列】按钮，弹出【特征驱动】属性管理器对话框，如图 9-86 所示。

- 【要阵列的零部件】：在 FeatureManager 设计树中或图形区域选择想要阵列的源零部件。
- 【驱动特征】：激活此列表框，然后在 FeatureManager 设计树中选择阵列特征或在图形区域中选择一阵列实例的面。
- 【选取源位置】：若想更改源位置，可单击【选取源位置】按钮，然后选取一不同的阵列实例作为图形区域中的源特征。

在使用该方法时，用户应注意如下事项。

- 零部件阵列的参考阵列为零件中的阵列特征，因此在零件中应合理地建立阵列特征。
- 零部件阵列时参考阵列特征的位置，因此在插入源零件时应注意和源特征建立配合关系，这样操作起来更加方便和快捷。

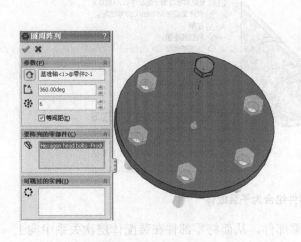

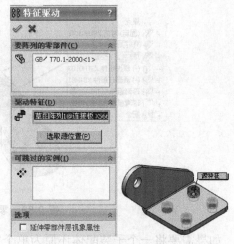

图 9-85　零部件圆周阵列　　　　图 9-86　零部件特征阵列

8)　零部件镜向

零部件的镜向可以在装配中按照镜向的关系装配指定零件的另一实例(复制)，如图 9-87 所示，也可以产生关于指定零件在某一平面位置的镜向零件(即形成新的"左右手"零件)。利用镜向的零部件进行装配，可以保持源零件与镜向零件的镜向对称关系。

选择【插入】|【镜向零部件】命令，或单击【镜向零部件】按钮，可建立零部件的镜像，如图9-87 所示。

零部件的镜向具有以下特点。

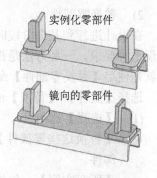

图 9-87　镜向的零部件

- 如果源零部件更改，所复制或镜向的零部件也将随之更改。
- 源零部件之间的配合可保存在复制或镜向的零部件中。
- 源零部件中的配置出现在复制或镜向的零部件中。
- 可以在生成镜向零部件时从原始零部件复制自定义属性。

6. 装配体管理

在装配体设计的过程中，添加零部件和配合关系也可以看作是装配体管理的一部分。另外，用户还可以对装配体进行有效的管理，这里介绍如下几个方面的内容。

1)　零件组合为子装配体

SolidWorks 可以用已经存在于装配体中的零部件生成一个子装配体，从而将该零部件在装配体层次关系中向下移动一个层次。

一般生成子装配体之前先定位并至少配合一个零部件，然后选择该零部件。将要生成子装配体的零部件必须位于父装配体中的同一层。

如图 9-88 所示，在 FeatureManager 设计树中选中需要组合为子装配体的零件，从弹出的快捷菜单中选择【在此生成新子装配体】命令，选择模板并给定装配体文件的名称，即可将选择的文件组合为一个新的装配体文件。

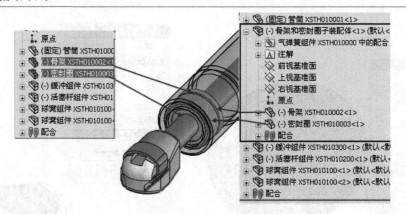

图 9-88　零件组合为子装配体

如果需要将一个子装配体还原为单个零部件，从而将零部件在装配体层次关系中向上移动一个层次，在 FeatureManager 设计树右击该子装配体，从弹出的快捷菜单中选择【解散子装配体】命令即可。

2)　替换零部件

在设计进行到某个阶段时，用户可能希望将装配体的某个零件替换成其他的零件。要实现这种要求，一种方法是把原来的零件删除，然后再添加另外的零件；另一种更好的方法就是使用【替换零部件】命令。

选择【文件】|【替换】命令，出现【替换】的 PropertyManager，如图 9-89 所示。

(1)　【选择】选项组。

- 【替换这些零部件】：在 FeatureManager 设计树中或图形区域选择要替换的零部件。

- 【所有实例】：如果选中【所有实例】复选框，表示替换所选零部件在当前装配体的所有实例。

- 【使用此项替换】：单击【浏览】按钮，可找到并打开替换零部件。

(2)　【选项】选项组。

- 【匹配名称】：激活此单选按钮，SolidWorks 会自动将旧零部件的配置名称与替换零部件的配置进行匹配。

- 【手工选择】：选中此单选按钮，需手工在替换零部件中选取匹配的配置。

- 【重新附加配合】：选中该复选框，SolidWorks 会自动将现有配合重新附加到替换零部件上。

3)　编辑零件

在装配体环境下，有时需要修改零部件的尺寸或其他内容，此时有以下两种方法可以实现。

- 在 FeatureManager 设计树中或图形区域右击零件，从弹出的快捷菜单中单击【打开零件】按钮，可以在新打开的零件窗口中进行零件的编辑。

- 在 FeatureManager 设计树中或图形区域单击零件，此时装配体工具栏上【编辑零部件】按钮被激活。单击命令按钮，FeatureManager 设计树中的零件名称及其特征树颜色发生变化，并且图形区域的其他零件显示为默认设置的透明状态，如

图 9-90 所示，这时可以在零件的特征树上进行编辑。

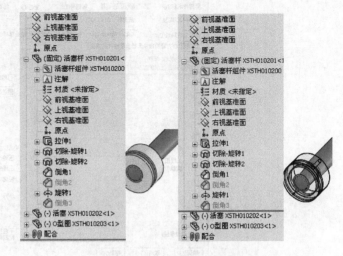

图 9-89　替换零部件　　　　　　　　图 9-90　在装配体中编辑零部件

4)　零部件与配合的顺序

装配体中包含的所有配合关系都显示在【配合】文件夹中，装配体中的配合关系是整体解算的，因此不存在先后顺序问题。

零件插入到装配体的先后顺序，不影响零件的配合关系。一般说来，零件在 FeatureManager 设计树中显示的先后顺序，与工程图中默认的材料明细表中的零件排列顺序有关。

在 FeatureManager 设计树中可以拖放零部件图标以重新排序。排序后的零部件位于拖动并放置到高亮显示的图标之下，如图 9-91 所示。

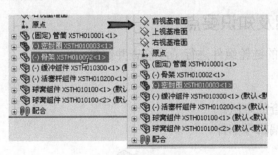

图 9-91　在装配体中调整零部件顺序

5)　零部件属性

通过对零部件属性的控制，可以查看或设定装配体中零部件的大部分属性，如零部件的显示状态、零件的显示颜色、零件的透明度、零件在装配体中使用的配置，或者设置某个零件在工程图中是否显示在材料明细表中。

在 FeatureManager 设计树中或图形区域右击零件，从弹出的快捷菜单中单击【零部件属性】按钮，出现【零部件属性】对话框，在此可以对零部件的属性进行设置，如图 9-92 所示。

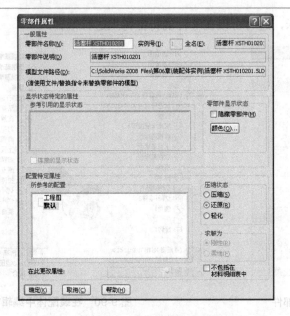

图 9-92 编辑零部件属性

- 在【配置特定属性】选项组中可设定零件的显示状态或颜色。
- 在【压缩状态】选项组中可设定零件的压缩、轻化或还原状态。
- 在【所参考的配置】选项组中可设定零件在装配体使用的配置。
- 如果零件不包括在材料明细表中，则选中【不包括在材料明细表中】复选框。

9.2 装配体检查

9.2.1 案例介绍及知识要点

对如图 9-93 所示的链轮组件进行干涉检查并修复。

知识点：

- 掌握干涉检查的方法。
- 在装配体中编辑零部件。

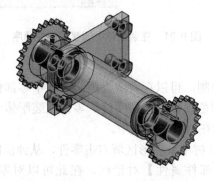

图 9-93 干涉检查

9.2.2 操作步骤

(1) 打开装配体。

打开本书配套光盘中的"第 9 章\模型\装配体检查\干涉检查\链轮组件.SLDASM"文件。

(2) 干涉检查。

切换到【评估】工具栏,单击【干涉检查】按钮,激活【干涉检查】属性管理器对话框,单击【计算】按钮,如图 9-94 所示。

(3) 查看干涉位置。

单击【结果】列表框中的目录,可以显示干涉的零件,如图 9-95 所示,干涉 1 为轴承和轴干涉。

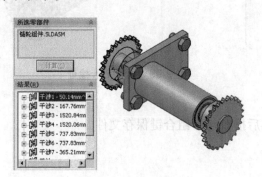

图 9-94 干涉检查   图 9-95 检查干涉位置

(4) 忽略干涉。

在【结果】列表框中选中螺栓和连接板的 4 个干涉、顶丝和链轮的 2 个干涉,单击【忽略】按钮,然后单击【确定】按钮,如图 9-96 所示。

(5) 打开干涉零件。

在 FeatureManager 设计树中展开"轴组件"特征树,单击【(固定)轴<1>】选项,在关联菜单中单击【打开零件】按钮,如图 9-97 所示。

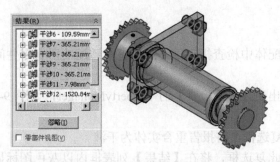

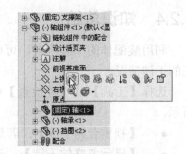

图 9-96 忽略干涉   图 9-97 查看干涉零件

(6) 修改干涉问题。

双击轴,显示轴的直径为"36",的确与直径为"35"的孔干涉,所以要修改轴的直径为"35",如图 9-98 所示。单击【重新建模】按钮以修改模型,单击【保存】按钮,退出【修改】对话框,保存零件修改,结束并关闭此零件。

(7) 再次干涉检查。

在【评估】工具栏中单击【干涉检查】按钮，激活【干涉检查】属性管理器对话框，如图 9-99 所示。单击【计算】按钮，在【结果】列表框中显示"无干涉"，说明修改成功，单击【确定】按钮 ✅，然后在打开的对话框中单击【保存】按钮 💾。

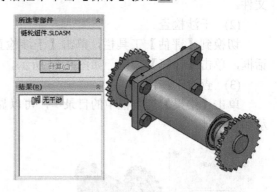

图 9-98　修改干涉问题　　　　　　　　　　图 9-99　再次干涉检查

(8) 保存文件。

至此，完成"链轮组件"的干涉修复，然后按 Ctrl+S 组合键保存文件。

9.2.3　步骤点评

(1) 对于步骤(3)：查看干涉位置，是为了找到零件的具体干涉位置，从而分析问题并找到解决办法。

(2) 对于步骤(4)：根据实际情况，螺栓和螺纹孔连接、链轮和顶丝连接的干涉都被允许，所以螺栓和连接板的 4 个干涉、顶丝和链轮的 2 个干涉都应该忽略。

(3) 对于步骤(6)：此实例仅有一处错误，但检查出了 6 处干涉，要想使修改一步到位，就要分析清楚干涉的原因。

(4) 对于步骤(7)：只有再次进行干涉检查才能确保修改正确。

9.2.4　知识总结

利用装配体的干涉检查，可以在装配体中检查指定零件间或整个装配的所有零件间存在的干涉情况。

选择【工具】|【干涉检查】命令，出现【干涉检查】的 PropertyManager，如图 9-100 所示。

- 【视重合为干涉】：若选中此复选框，将报告重合实体为干涉。
- 【显示忽略的干涉】：若选中此复选框，将在【结果】列表框内以灰色图标显示忽略的干涉。建议取消选中此复选框。
- 【视子装配体为零部件】：取消选中此复选框，子装配体将被看成单一零部件，这样子装配体的零部件之间的干涉将不报出。
- 【包括多体零件干涉】：若选中此复选框，将报告多实体零件中实体之间的干涉。
- 【使干涉零件透明】：若选中此复选框，将以透明模式显示所选干涉的零部件。

- 【生成扣件文件夹】：若选中此复选框，可将扣件(如螺母和螺栓)之间的干涉隔离在【结果】下的单独文件夹中。

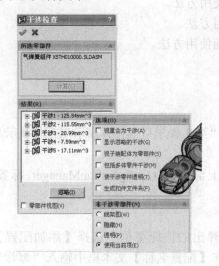

图 9-100 干涉检查

进行干涉检查时，只要装配体中零件存在实体重叠的现象，系统即会报告出现干涉问题。但在实际应用过程中，有些干涉可以忽略。例如，螺钉和螺孔的干涉，以及设计上某些弹性零件故意采取的干涉处理等。

用户可以设定被干涉检查忽略的干涉，被忽略后，下一次进行干涉检查时将不再显示被忽略的干涉的结果。

9.3 装配体演示

9.3.1 案例介绍及知识要点

对链轮组件进行爆炸，如图 9-101 所示，并对链轮装配体进行 1/4 剖切，如图 9-102 所示。

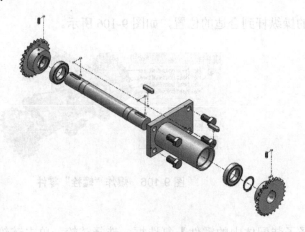

图 9-101 生成爆炸

图 9-102 生成等轴测剖切

知识点：

- 掌握装配体特征使用方法。
- 掌握爆炸视图使用方法。
- 掌握爆炸直线草图使用方法。

9.3.2　操作步骤

(1)　打开装配体。

打开本书配套光盘中的"第9章\模型\装配体演示\装配体演示\链轮组件.SLDASM"文件。

(2)　打开配置管理器。

在文件窗口左侧区域上部单击 ConfigurationManager 标签，切换到【配置】管理器，如图9-103所示。

(3)　添加配置。

右击装配体名称，从弹出的快捷菜单中选择【添加配置】命令，激活【添加配置】属性管理器对话框。在【配置名称】文本框中输入"爆炸"，然后单击【确定】按钮，如图9-104所示。

图9-103　打开【配置】管理器

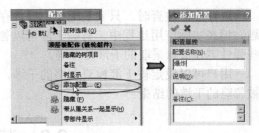

图9-104　添加配置

(4)　添加爆炸视图。

右击【爆炸】配置名称，从弹出的快捷菜单中选择【新爆炸视图】命令，添加爆炸视图，如图9-105所示。

(5)　爆炸【螺栓】零件。

单击4个螺栓，拖动螺栓X轴的操纵杆到合适的位置，如图9-106所示。

图9-105　添加爆炸视图

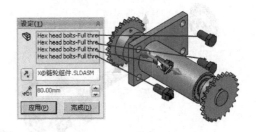

图9-106　爆炸"螺栓"零件

(6)　爆炸"链轮"子装配体。

在属性管理器中取消选中【选择子装配体中的零件】复选框，选择链轮，单击链轮 X

轴的操纵杆，在【爆炸距离】微调框中输入"100.00mm"，并单击【应用】按钮。如有必要，单击【反向】按钮后单击【应用】按钮，并单击【完成】按钮，如图 9-107 所示。

（7）爆炸"链轮子装配体"和"键"。

选择要爆炸的另一个链轮，在【爆炸距离】微调框中输入"200.00mm"，然后单击【完成】按钮，如图 9-108 所示。

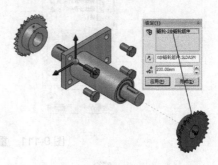

图 9-107　爆炸"链轮"零件　　　　　　　图 9-108　爆炸"链轮子装配体"

选择要爆炸的两个"键"，在【爆炸距离】微调框中输入"100.00mm"，然后单击【完成】按钮，如图 9-109 所示。

（8）爆炸"轴承"和"挡圈"。

选中【拖动后自动调整零部件间距】复选框，选择轴承和挡圈，在【爆炸距离】微调框中输入"110.00mm"，单击【应用】按钮，拖动滑块来调整轴承和挡圈的距离，使它们位于合适的位置。单击【完成】按钮，再单击【拖动后自动调整零部件间距】复选框以取消其选中状态，如图 9-110 所示。

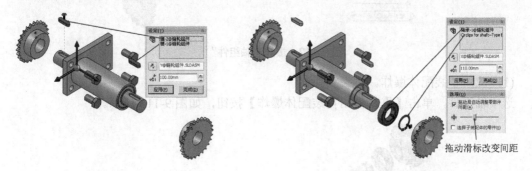

拖动滑标改变间距

图 9-109　爆炸"键"　　　　　　　　　　图 9-110　爆炸轴承和挡圈

（9）重新编辑链轮的爆炸距离。

双击如图 9-111 所示的爆炸距离，进入编辑爆炸步骤 2，在【爆炸距离】微调框中输入"420.00mm"，单击【应用】按钮，然后再单击【完成】按钮。

（10）爆炸"轴组件"。

选中轴组件，单击 X 轴的操纵杆，在【爆炸距离】微调框中输入"280.00mm"，取消选中【选择子装配体的零件】复选框，再单击【应用】按钮。如有必要，单击【反向】按钮，然后单击【完成】按钮，如图 9-112 所示。

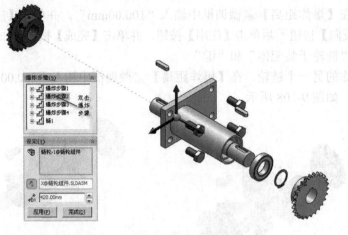

图 9-111　重新编辑链轮的爆炸距离

图 9-112　爆炸"轴组件"

(11) 应用子装配体爆炸。

选中轴组件，单击【重新使用自装配体爆炸】按钮，如图 9-113 所示。

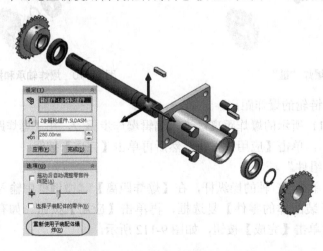

图 9-113　应用子装配体爆炸

(12) 爆炸"链轮"子装配体。

选中如图 9-114 所示两个链轮上的顶丝,单击顶丝操纵杆的 Y 轴,在【爆炸距离】 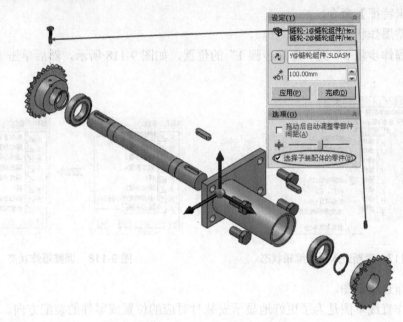 微调框中输入"100.00mm",单击【应用】按钮,再单击【完成】按钮。单击【确定】按钮,退出爆炸视图编辑。

图 9-114 爆炸"链轮"子装配体

(13) 装配动画。

在【配置】管理器中,展开爆炸配置,右击【爆炸视图 1】选项,从弹出的快捷菜单中命令【动画解除爆炸】命令,激活【动画控制器】属性管理器对话框,装配动画开始演示,如图 9-115 所示。单击【开始】按钮,可重新观看,看装配体是否符合装配规律,然后单击【退出】按钮,此时装配体处于装配状态。本实例顶丝不符合实际情况,需要修改。

(14) 恢复爆炸状态。

在【配装】管理器中右击【爆炸视图 1】选项,如图 9-116 所示,从弹出的快捷菜单中选择【爆炸】命令,即可恢复爆炸状态。单击【动画爆炸】命令可以进行爆炸动画。

图 9-115 爆炸动画　　　　　　　　　　　　**图 9-116 恢复爆炸状态**

(15) 重新进入爆炸编辑状态。

由于顶丝不符合实际情况，需要修改，所以要重新进入爆炸编辑状态来修改爆炸顺序。

在【配置】管理器中右击【爆炸视图 1】选项，如图 9-117 所示，从弹出的快捷菜单中选择【编辑特征】命令。

(16) 调整爆炸状态。

拖动"爆炸步骤 6"到"爆炸步骤 1"的位置，如图 9-118 所示，然后单击【确定】按钮✔。

图 9-117　重新进入爆炸编辑状态　　　　图 9-118　调整爆炸状态

(17) 爆炸直线草图。

使用爆炸直线草图是为了更好地显示安装时对应的位置或零件的装配方向。

切换到【装配体】工具栏，单击【爆炸直线草图】按钮，激活【爆炸直线草图】属性管理器对话框，在【要连接的项目】列表框中选中如图 9-119 所示的边线，然后单击【确定】按钮✔。

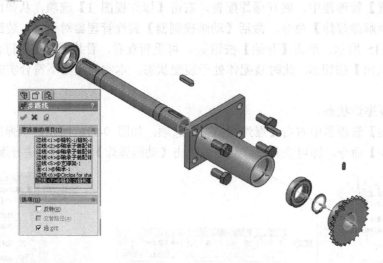

图 9-119　爆炸直线草图

(18) 继续进行爆炸直线草图。

此时【步路线】仍然处于激活状态，可以继续绘制其他的步路线。绘制如图 9-120 所示的步路线，然后单击【取消】按钮✖。

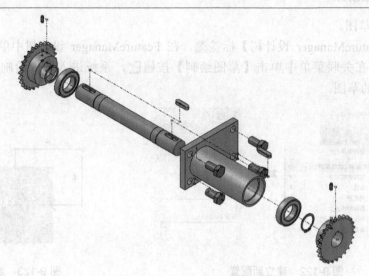

图 9-120　继续进行爆炸直线草图

(19) 完成模型。

至此，完成"链轮装配体爆炸图"的爆炸，如图 9-121 所示，然后按 Ctrl+S 组合键保存文件。

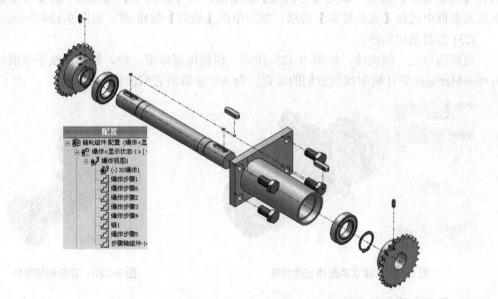

图 9-121　完成"链轮装配体爆炸图"的爆炸

(20) 建立新配置。

由于在装配状态下不能很好地表达装配体中的零件及装配方式，所以建立 1/4 剖视很有必要的。

右击装配体，从弹出的快捷菜单中选择【添加配置】命令，激活【添加配置】属性管理器对话框。在【配置名称】文本框中输入"四分之一剖"，然后单击【确定】按钮，如图 9-122 所示。

(21) 绘制草图。

单击【FeatureManager 设计树】标签，在 FeatureManager 设计树中单击【右视基准面】选项，在关联菜单中单击【草图绘制】按钮，系统进入草图绘制状态，绘制如图 9-123 所示的草图。

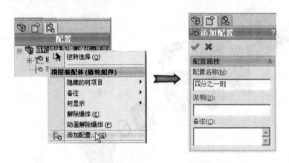

图 9-122　建立新配置　　　　　　　　图 9-123　绘制草图

(22) 建立装配体切除特征。

切换到【装配体】工具栏，激活草图，单击【装配体特征】下拉按钮，从其下拉菜单中选择【拉伸切除】按钮，在【方向 1】选项组下的【终止条件】下拉列表框中选择【完全贯穿】选项。单击【方向 2】选项组，在【方向 2】选项组下的【终止条件】下拉列表框中选择【完全贯穿】选项，然后单击【确定】按钮，如图 9-124 所示。

(23) 查看剖切零件。

观察四分之一剖实体，如图 9-125 所示。根据国家标准，轴、键和顶丝不必剖切，在 FeatureManager 设计树中找到它们的位置，为下一步取消它们提供方便。

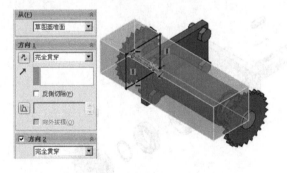

图 9-124　建立装配体切除特征　　　　图 9-125　查看剖切零件

(24) 取消不用剖的零件。

在 FeatureManager 设计树中右击【拉伸-切除 1】特征，在弹出的快捷菜单中单击【编辑特征】按钮，激活【拉伸-切除】属性管理器，在【配置】选项组下选择【此配置】单选按钮。手工展开 FeatureManager 设计树，激活【影响到的零部件】列表框，在 FeatureManager 设计树中单击如图 9-126 所示框选的零件，以取消选中这些零部件，然后单击【确定】按钮。

(25) 完成模型。

至此，完成配置"四分之一剖"的建立，如图 9-127 所示，然后按 Ctrl+S 组合键保存文件。

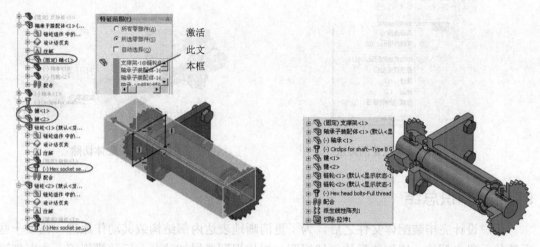

图 9-126 取消不剖的零件   图 9-127 完成模型

9.3.3 步骤点评

(1) 对于步骤(3)：【添加配置】命令与【添加派生的配置】命令不同，【添加配置】命令是右击零件名称形成的，而【添加派生的配置】命令是右击配置名称形成的，如图 9-128 所示。

(2) 对于步骤(5)：爆炸零部件时，可以手工将其拖动到大致位置，也可以在文本框中输入具体数值以确定精确的爆炸距离。

(3) 对于步骤(6)：如果选中【选择子装配体中的零件】复选框，表示可以选择子装配体中的单个零件；否则只能选择子装配体，无法选择单个零件。

(4) 对于步骤(8)：当一次性选择多个零件时，为了更好地调整零件间的合适距离，需要拖动 ✦━━━┃━━━ 。

(5) 对于步骤(9)：对于不合适的爆炸步骤，可以再次进入爆炸编辑状态进行编辑。

(6) 对于步骤(11)：如果想使用【重新使用子装配体爆炸】选项，相应的子装配体需要建立爆炸配置并激活。

(7) 对于步骤(13)：建立好装配体爆炸步骤后，可以查看装配动画以确定爆炸顺序是否正确。

(8) 对于步骤(14)：爆炸与解除爆炸是互逆操作。

(9) 对于步骤(16)：如果爆炸顺序不合适，可以进入爆炸编辑状态再次调整顺序。

(10) 对于步骤(17)：爆炸直线草图实际是 3D 草图，可以编辑草图实体。

(11) 对于步骤(22)：零件的拉伸切除特征只在装配体环境下显示切除状态，被切除的零件，在零件状态下无任何切除操作，如图 9-129 所示，所以与零件的切除特征不同。

(12) 对于步骤(24)：取消被切除的装配体特征，最好的操作方法是：先查看被切除的零部件名称，然后进入编辑状态，从设计树中单击相应的零部件以取消。

图 9-128　添加配置的方法

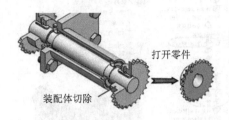

打开零件

装配体切除

图 9-129　装配体切除

9.3.4　知识总结

用户设计完毕装配体文件之后，为了更清晰地表达内部结构或其动作原理，需要一些后续的手段去解决，比如装配体剖切视图、爆炸视图或爆炸动画、运动模拟等，本书把这些后续的表达装配体的方法称为装配体的演示工具。

通过本节，读者可以学习和应用以下知识点。

- 装配体配置。
- 装配体剖切视图。
- 爆炸视图及爆炸动画、爆炸直线草图。
- 装配体运动模拟。

1．装配体配置

要表达装配体的各种不同版本、不同位置和状态，用户可以使用装配体配置来实现。

与零件中的配置相同，在装配体中同样可以使用手工的方法或利用装配体设计表添加、管理装配体的配置，并且同样可以利用装配体配置实现零部件的显示/压缩状态、装配体特征、装配体布局草图的尺寸、零部件所参考的配置、配合的状态与配合尺寸等。

如图 9-130 所示，"气弹簧"装配体通过装配体配置可以建立不同的运动极限位置，此配置可以在工程图中生成交替视图，不但如此，还可以建立装配体剖切视图、爆炸视图等。

2．装配体特征

一般说来，装配体特征是在装配体中建立的切除特征。装配体特征是一种在装配完成后而使用的一种命令，用在表达组件内部结构等场合。

装配体特征只存在于装配体中，并不延伸至零件。

装配体特征具有如下应用。

- 表现产品装配后的加工特征，如配合打孔。
- 针对特定的应用。例如，利用装配体的方法完成的焊接零件设计，可以表达焊接后的加工工艺。
- 用于在工程图中建立 1/4 轴测剖视图，如图 9-131 所示。

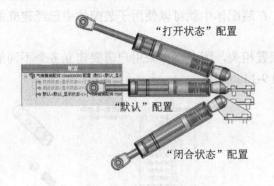

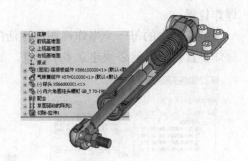

图 9-130　装配体配置　　　　　　　　　　图 9-131　装配体特征

3. 爆炸视图

所谓装配体爆炸视图是为了方便他人理解和查看设计而生成的特殊视图，利用爆炸视图，用户可以很方便地设计并制作产品的装配流程图、产品维修和安装手册等所有的图片。SolidWorks 软件具有丰富的爆炸图功能，利用 SolidWorks 用户可以很方便地建立爆炸视图。

单击【装配】工具栏上的【爆炸视图】按钮，出现【爆炸】的属性管理器对话框，如图 9-132 所示。

- 【爆炸步骤】：爆炸到单一位置的一个或多个所选零部件，可以编辑步骤或删除步骤。
- 【设定】选项组中各选项的说明如下。
  - ◆ 【爆炸步骤的零部件】：显示当前爆炸步骤所选的零部件。
  - ◆ 【爆炸方向】：显示当前爆炸步骤所选的方向。如果方向相反，则单击【反向】按钮。
  - ◆ 【爆炸距离】：显示当前爆炸步骤零部件移动的距离。
  - ◆ 【应用】：单击以预览对爆炸步骤的更改。
  - ◆ 【完成】：单击以完成新的或已更改的爆炸步骤。
- 【选项】选项组中各选项的说明如下。
  - ◆ 【拖动后自动调整零部件间距】：选中此复选框，可沿轴心自动均匀地分布零部件组的间距。
  - ◆ 【调整零部件链之间的间距】：在使用【拖动后自动调整零部件间距】选项后，用于调整零部件之间的距离。
  - ◆ 【选择子装配体的零件】：选中此复选框，可以选择子装配体的单个零部件。
  - ◆ 【重新使用子装配体爆炸】：单击该按钮，可使用先前在所选子装配体中定义的爆炸步骤。

用户在建立爆炸视图的过程中，可以随时选择已完成的爆炸步骤进行修改；也可以在爆炸完成后，编辑"爆炸视图"特征或爆炸步骤重新修改或添加其他的爆炸步骤。

默认情况下，系统对子装配体作为一个独立的部件进行爆炸，但用户也可以在爆炸视图的 PropertyManager 中设定【选择子装配体的零件】选项，只爆炸某个单独的零件。

如果子装配体中已经建立了爆炸视图，在装配体中就可以使用子装配体中已经建立的爆炸位置。

装配体中的每一个爆炸视图与激活的配置相关，因此，如果用户需要建立多个不同的爆炸位置视图，就必须建立多个配置，如图 9-133 所示。

图 9-132　爆炸视图 　　　　　　　　　　　　　图 9-133　爆炸视图和配置

用户可以在爆炸和解除爆炸两种显示状态之间进行切换。如图 9-134 所示，在【配置】管理器中展开相应的爆炸视图，从弹出的快捷菜单中选择【爆炸】或【解除爆炸】命令，即可在爆炸和解除爆炸两种视图之间进行切换。

在【爆炸视图 1】图标上双击，也可以在爆炸和解除爆炸视图之间进行切换。

对于已经建立的爆炸视图，可以通过动画的形式观察爆炸和解除爆炸，从而为用户提供了更加直观的爆炸过程或解除爆炸过程的演示，如图 9-135 所示。

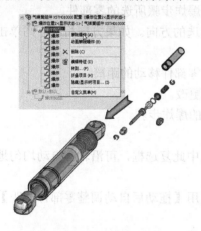
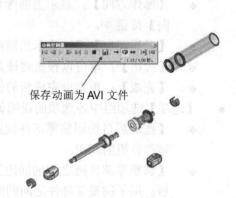

保存动画为 AVI 文件

图 9-134　爆炸和解除爆炸 　　　　　　　　　　　图 9-135　动画爆炸

SolidWorks 可以将爆炸动画和解除爆炸动画输出为影像文件(AVI)，从而使其更加方便地应用于特定场合。

4. 爆炸直线草图

在 SolidWorks 中，用户可以很方便地在爆炸视图中绘制零件的爆炸直线草图。当爆炸图用于工程图或说明书的图片时，可以很清楚地显示零件的爆炸方向或装配位置。

爆炸直线草图是爆炸状态下的 3D 草图，只有在装配体的爆炸状态下，用户才可以查看爆炸直线草图。

在打开 3D 草图时，用户可以利用【爆炸草图】工具栏中的步路线工具绘制连接零件实体之间的爆炸线。

单击【装配】工具栏中的【爆炸直线草图】按钮 ，出现【步路线】的 PropertyManager，如图 9-136 所示。

- 【要连接的项目】：显示要与管路线连接的面、圆形边线、直边线或平面。
- 【选项】选项组中各选项的说明如下。
    - 【反转】：反转管路线的方向。
    - 【交替路径】：为管路线显示另一可能的路径
    - 【沿 XYZ】：生成与 X、Y、及 Z 轴平行的路径。取消选中此复选框，将使用最短的路径

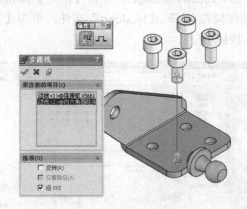

图 9-136　爆炸直线草图

9.4　装配体运动模拟

9.4.1　案例介绍及知识要点

设计如图 9-137 所示的引擎。

知识点：

- 理解相对运动装配方法。
- 了解装配体运动模拟。

图 9-137　引擎

9.4.2　操作步骤

(1) 新建零件。

启动 SolidWorks，单击菜单栏中的【新建】按钮 ，建立一个 SolidWorks 新文件。然后系统自动激活【新建 SolidWorks 文件】对话框，选择【装配体】模板，如图 9-138 所示，然后单击【确定】按钮。

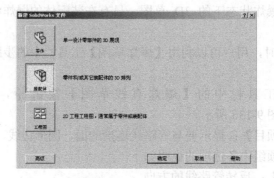

图 9-138　文件模板

（2）插入基体零件。

出现【开始装配体】的 PropertyManager，单击【浏览】按钮，选择本书配套光盘中的"第 9 章\模型\装配体动作模拟\引擎\缸体.sldprt"文件，单击【打开】按钮，如图 9-139 所示，然后单击【确定】按钮 ✅。

图 9-139　插入基体零件

（3）保存文件。

按 Ctrl+S 组合键保存文件，如图 9-140 所示，并命名为 piston，单击【保存】按钮，系统将自动添加文件后缀".sldasm"。然后单击【保存】按钮。

图 9-140　保存文件

(4) 插入"曲轴"。

按 S 键，出现 S 工具栏，单击【插入零部件】按钮，激活【插入零部件】属性管理器对话框，插入"曲轴"零件。

旋转零件至合适位置，如图 9-141 所示。

(5) 建立"同轴心"和"宽度"约束。

按 S 键，出现 S 工具栏，单击【配合】按钮，激活【配合】属性管理器对话框。单击如图 9-142 所示的两个面，在关联菜单中单击【同轴心】按钮，然后单击【确定】按钮。

单击此
两面

图 9-141 插入"曲轴"   图 9-142 建立"同轴心"约束

继续进行约束，单击【高级配合】按钮，再单击【宽度】按钮，在【宽度选择】列表框中选择如图 9-143 所示的两平面，在【薄片选择】列表框中选择两个面，单击【确定】按钮。再单击【确定】按钮，退出【配合】属性管理器对话框。

(6) 插入"连接杆"。

按 S 键，出现 S 工具栏，单击【插入零部件】按钮，激活【插入零部件】属性管理器对话框，插入"连接杆"零件，旋转至合适位置，如图 9-144 所示。

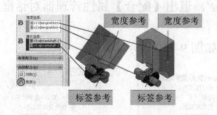

宽度参考 宽度参考

标签参考 标签参考

图 9-143 建立"宽度"约束   图 9-144 旋转插入组件

(7) 建立"同轴心"和"宽度"约束。

按 S 键，出现 S 工具栏，单击【配合】按钮，激活【配合】属性管理器对话框。单击如图 9-145 所示的两个面，在关联菜单中单击【同轴心】按钮，然后单击【确定】按钮。

继续进行约束，单击【高级配合】按钮，再单击【宽度】按钮，在【宽度选择】列表框中选择如图 9-146 所示的两平面，在【薄片选择】列表框中选择两个面，单击【确定】按钮。再单击【确定】按钮，退出【配合】属性管理器对话框。

(8) 插入"活塞"。

按 S 键，出现 S 工具栏，单击【插入零部件】按钮，激活【插入零部件】属性管理器对话框，插入"活塞"零件，如图 9-147 所示。

(9) 建立"同轴心"约束。

按 S 键,出现 S 工具栏,单击【配合】按钮🔗,激活【配合】属性管理器对话框。单击如图 9-148 所示的两个面,在关联菜单中单击【同轴心】按钮◎,再单击【确定】按钮✓。

图 9-145　建立"同轴心"约束

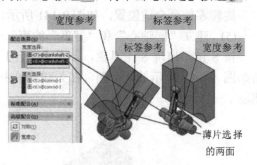

图 9-146　建立"宽度"约束

图 9-147　插入"活塞"

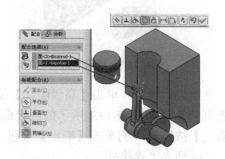

图 9-148　建立"同轴心"约束

继续进行约束,单击如图 9-149 所示的两个面,在关联菜单中单击【同轴心】按钮◎,单击【确定】按钮✓。再单击【确定】按钮✓,退出【配合】属性管理器对话框。

(10) 激活动画算例。

单击装配体特征树下部【运动算例 1】标签,如图 9-150 所示。

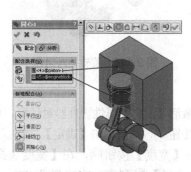

图 9-149　建立"同轴心"约束

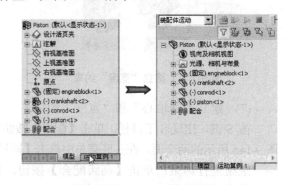

图 9-150　激活动画算例

(11) 设置马达参数。

在【运动算例】工具栏中单击【马达】按钮🔧,激活【马达】属性管理器对话框。在【马达类型】下选择【旋转马达】命令,在【马达方向】列表框中选择如图 9-151 所示的模型表面，在【等速马达】⊙列表框中输入"40RPM"，完成马达的参数设置，然后单击【确定】按钮✅。

(12) 激活动画算例。

单击播放按钮▷，如图 9-152 所示，实现装配体引擎的运动原理。

图 9-151　设置马达参数　　　　　　　　图 9-152　激活动画算例

(13) 保存动画。

单击【保存】按钮🖫，弹出【保存动画到文件】对话框，如图 9-153 所示，单击【保存】按钮。弹出【视频压缩】对话框，单击【确定】按钮。

(14) 完成模型。

至此，完成"引擎"的装配，如图 9-154 所示，然后按 Ctrl+S 组合键保存文件。

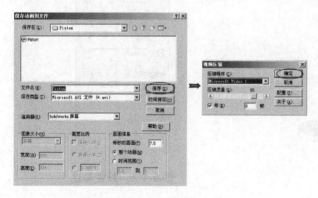

图 9-153　保存动画　　　　　　　　　　图 9-154　完成模型

9.4.3　步骤点评

(1) 对于步骤(11)：定义旋转马达，类似安装电动机以提供动力，并且可以定义旋转方向和旋转速度。

(2) 对于步骤(12)：只有正确地约束零部件的自由度，装配体才可以做虚拟运动。

(3) 对于步骤(13)：保存为视频文件，可以更好地让别人分享自己的设计成果。

9.4.4　知识总结

利用 SolidWorks 的物理模拟功能，用户可以通过定义旋转马达、线性马达、弹簧运动或者引力作用于装配体的效果，从而可以不借助其他运动模拟软件设计或录制装配体中零件的运动情况。

制作装配体运动模拟前，运动的零部件需要进行必要的配合约束，以满足机构的运动原理。

如图 9-155 所示，利用"旋转马达"提供动力带动相关的零部件运动。

1. 线性马达

特征：模拟线性作用力，零部件移动的速度与其质量特性无关。当有外部作用如零部件之间的碰撞，而使物体改变时，此线性作用力也会随之发生改变。其方向是根据零部件上的线、面或者基准辅助面而定。线性马达不仅可以添加在实体表面上，也可以添加在辅助面上。

添加方式：单击模拟工具栏上的【线性马达】按钮 ➡️，然后选择零部件上的线性或圆形边线、平面、圆柱或圆锥面、基准轴或基准面为方向参考。在添加时可以调整正反方向，如图 9-156 所示。

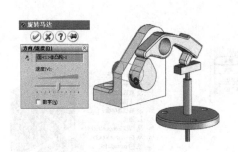

图 9-155　装配体运动模拟

图 9-156　线性马达

2. 旋转马达

特征：模拟旋转力矩的作用，零部件旋转的速度与其质量无关。

添加方式：单击模拟工具栏上的【旋转马达】按钮 🔄，选择零部件上的线性或圆形边线、平面、圆柱或圆锥面、基准轴或基准面为方向参考。SolidWorks 将绕质量中心移动零部件，并且考虑到零部件的配合关系和其他几何关系。

如果选择一线性边线或基准轴，运动方向将绕边线或基准轴旋转。如果选择平面，方向参考将绕面的法线旋转。选择圆形、圆柱或圆锥面为方向参考元素时，零部件将绕该圆形边线、圆柱或圆锥面的中心轴线旋转。

3. 线性弹簧

特征：模拟弹性力的作用。线性弹簧的一个端点必须位于零部件以外，另一个端点必须在零部件上。线性弹簧将使零部件向弹簧到达其自由长度的点移动，一旦弹簧到达其自由长度，零部件的运动将停止。如果零部件上有多个弹簧，则零部件将在多个弹簧到达平衡的点时停止运动。

马达的运动优先于弹簧的运动。零部件受弹簧控制，其移动速度与其质量特性有关。

添加方式：单击模拟工具栏上的【线性弹簧】按钮 ，选择两个弹簧端点将弹簧相连。注意端点可以是实体上的线性边线，顶点也可以是另做的草图点。选择边线时，弹簧端点将附加到边线的中点。在【自由长度】文本框中输入一数值来决定弹簧是否延展或压缩，在【弹簧常数】微调框中输入一数值来决定弹簧的强度，如图 9-157 所示。

4．引力

特征：所有零部件无论其质量如何，都在引力效果下以相同的速度移动。马达的运动优先于引力的运动。引力的作用可以用线性马达来代替。

添加方式：单击模拟工具栏上的【引力】按钮 ，选择一线性边线、平面、基准面或基准轴为方向参考。可以设定正方向。如果选择一基准面或平面，方向参考为所选面的法向。

图 9-157　旋转马达

9.5　自顶向下设计

9.5.1　案例介绍及知识要点

利用自顶向下设计方法设计如图 9-158 箭头所示的连接板。

图 9-158　连接板

知识点：

● 掌握自顶向下的设计方法。

● 掌握智能扣件的用法。

● 理解删除外部参考的用法。

9.5.2　操作步骤

(1)　打开装配体文件。

打开本书配套光盘中的"第9章\模型\自顶向下设计\自顶向下\链轮组件.SLDASM"文件。

(2)　建立新零件。

按 S 键，在 S 工具栏中单击【插入零部件】下拉按钮，从其下拉菜单中选择【新零件】命令，如图9-159所示。

(3)　选择草图绘制面。

单击如图9-160所示的面，即可进入草绘状态。

图9-159　建立新零件

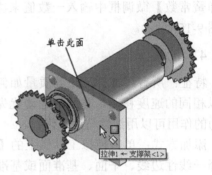

图9-160　进入草绘状态

(4)　草图绘制。

利用【转换实体应用】命令绘制如图9-161所示的草图。

(5)　建立拉伸特征。

切换到【特征】工具栏，单击【拉伸凸台/基体】按钮，激活【拉伸凸台/基体】属性管理器对话框。在【深度】微调框中输入"15.00mm"并回车，然后单击【确定】按钮，如图9-162所示。

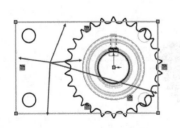

图9-161　绘制草图

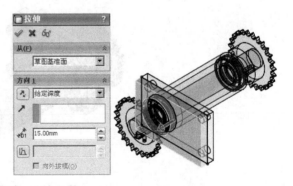

图9-162　建立拉伸特征

(6)　建立异型孔特征。

单击如图9-163所示的面，按 S 键，在 S 工具栏中单击【异型孔特征】按钮，激活【异性孔特征】属性管理器对话框。在【孔类型】选项组中选择【孔】命令，在【标准】

下拉列表框中选择 GB 标准，在【类型】下拉列表框中选择【钻孔大小】选项，在【孔规格】中的【大小】下拉列表框中选择 φ15 选项，单击【终止条件】⬜下拉按钮▼，从其下拉列表框中选择【完全贯穿】选项。单击【位置】标签，点与底板的 4 个孔同心，单击【确定】按钮✔。单击【编辑零部件】命令👆，退出新零件编辑状态。

(7) 打开建立的新零件。

单击如图 9-164 所示的面，在关联菜单中选择【打开零件】按钮📂，发现零件的特征树中包含外部参考符号->，说明此零件与其他零件具有关联关系。

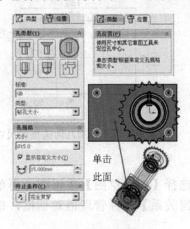

图 9-163　建立异型孔特征　　　　　　　　图 9-164　打开建立的新零件

(8) 另存为"连接板"。

单击【保存】💾下拉按钮▼，从其下拉菜单中单击【另存为】按钮，在弹出的提示框中单击【确定】按钮。激活【另存为】属性管理器对话框，在【文件名】文本框中输入"连接板"，单击【保存】按钮，关联中设计零件的名字已改为"连接板"。切换到装配体文件，在弹出的提示框中单击【是】按钮，新建的零件名称已改为"连接板"，如图 9-165 所示。

图 9-165　另存为"连接板"

(9) 删除几何关系。

下面删除外部参考。

重新切换到零件文件，在 FeatureManager 设计树中单击【拉伸】下的【草图】选项，在关联菜单中选择【编辑草图】按钮，单击【显示/删除几何关系】按钮，激活【显示/删除几何关系】属性管理器对话框，单击【删除所有】按钮，如图 9-166 所示。

(10) 添加几何关系和尺寸。

添加如图 9-167 所示的几何关系和尺寸，然后退出草图。

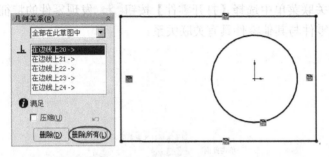

图 9-166　删除几何关系

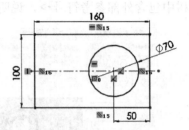

图 9-167　添加几何关系和尺寸

(11) 删除几何关系。

单击【异型孔】下的第一个草图，在关联菜单中选择【编辑草图】按钮，再单击【显示/删除几何关系】按钮，激活【显示/删除几何关系】属性管理器对话框，单击【删除所有】按钮，如图 9-168 所示。

(12) 添加几何关系和尺寸。

添加如图 9-169 所示的几何关系和尺寸，然后退出草图。单击【保存】按钮，退出零件编辑状态。

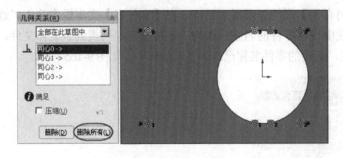

图 9-168　删除几何关系

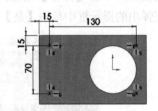

图 9-169　添加几何关系和尺寸

(13) 另存为备份。

目前已经完全删除了外部参考关系，保存修改结果。

单击【保存】下拉按钮，从其下拉菜单中单击【另存为】按钮，在弹出的提示框中单击【确定】按钮，激活【另存为】属性管理器对话框。选中【另存备份档】复选框，设置文件名为"通用连接板"，然后单击【保存】按钮，如图 9-170 所示。

(14) 建立智能扣件。

单击【关闭】按钮，切换到装配体环境下，单击【智能扣件】按钮。在弹出的对话框中单击【确定】按钮，激活【智能扣件】属性管理器对话框，单击如图 9-171 所示的面，再单击【添加】按钮。

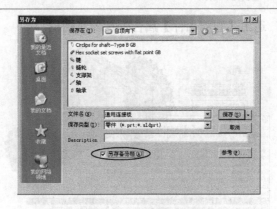

图 9-170 另存为备份

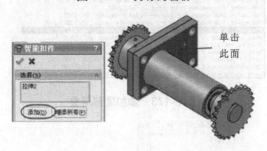

图 9-171 建立智能扣件特征

(15) 更改扣件类型。

在【扣件】 列表框中右击，在弹出的快捷菜单中选择【更改扣件类型】选项，激活【智能扣件】属性管理器对话框。在【标准】下拉列表框中选择 GB 选项，在【类型】下拉列表框中选择【六角头螺栓】选项，在【扣件】下拉列表框中选择【六角头螺栓 C 级 GB/TS780-2000】选项，然后单击【确定】按钮，如图 9-172 所示。

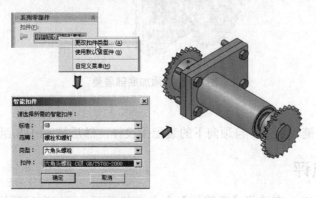

图 9-172 更改扣件类型

(16) 添加顶部层叠。

单击【顶部层叠】下拉按钮 ，从其下拉列表框中选择如图 9-173 所示的两个垫片。

(17) 添加底部层叠。

单击【底部层叠】 下拉按钮，从其下拉列表框中选择如图 9-174 所示的螺母，然后单击【确定】按钮 ✓，退出【智能扣件】属性管理器对话框。

图 9-173　添加顶部层叠

图 9-174　添加底部层叠

(18) 完成设计。

至此，完成"链轮组件"自顶向下的装配体设计，然后按 Ctrl+S 组合键保存文件。

9.5.3　步骤点评

(1) 对于步骤(2)：在选择【新零件】命令的前提下，可以在装配体文件中设计一个具有关联的零部件。

(2) 对于步骤(4)：如果用户希望设计的新零件不具备关联性，可以单击【无外部参考】按钮 。

(3) 对于步骤(7)：对具有外部参考的零件，可以查看和了解外部参考，也可以管理外部参考。方法是选择【文件】|【查找相关文件】命令，弹出【查找参考引用】对话框，在

该对话框中进行相应的设置即可，如图 9-175 所示。

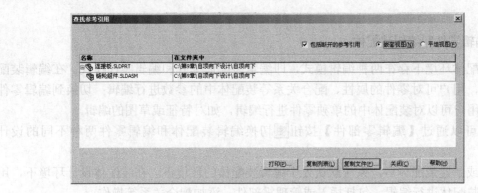

图 9-175 查看参考引用

(4) 对于步骤(8)：【另存为】命令可将当前内存中的文件使用一个新的文件名称代替，并在当前进程中打开新保存的文件。如果当前有参考该文件的文件打开，则参考的对象改为新保存的文件。

(5) 对于步骤(9)：由自顶向下设计方法完成的零件存在外部参考，由于外部参考存在着关联关系，从而使得设计变得轻松和高效。但有时候当前零件应用于其他产品，而其他产品与当前的零件恰恰无任何关系，这时删除外部参考是最好的解决方法。

删除外部参考是指将零件的外部参考符号 -> 从模型中删除。删除零件外部参考的方法如下。

- 编辑草图平面：编辑外部参考的草图平面为当前零件的平面。
- 编辑草图：编辑草图中具有外部参考的草图实体，将参考的约束关系删除。
- 查看/删除几何关系：使用【查看/删除几何关系】命令，可以一次删除草图中所有的具有外部关联定义的约束关系。
- 约束所有：使用【约束所有】命令，可以对当前草图中存在的"潜在的"几何关系添加约束。
- 编辑特征：某些特征的定义具有外部参考，例如"成形到一顶点"、"成形到一面"等终止条件的外部参考面。

(6) 对于步骤(13)：【另存为】命令将当前内存中的文件复制到新给定的文件，而当前进程中打开的仍然是原来的文件。如果当前有参考该文件的文件打开，则参考的对象仍然为原来的文件。

(7) 对于步骤(14)：使用智能扣件可以快速地设计标准件。

(8) 对于步骤(17)：如果插入的螺母没有很好地约束在螺栓位置，可以手工添加配合约束。

9.5.4 知识总结

自顶向下的装配体设计方法在实际工作中应用很普遍。

在自顶向下的设计环境下，用户可以参考装配体中零件的相互关系建立零件或特征，因此零件位置或轮廓与参考对象具有参考关系，这种参考关系保证了零件之间的相关，是自顶向下装配体设计的关键。当参考对象发生变化时，所建立的零件或特征也发生相应的变化。

1. 编辑零件和编辑装配体

在装配体环境下存在两种编辑模式，即编辑装配体模式和编辑零件模式。在编辑装配体模式下，用户可对零件的属性、配合关系等装配体中的参数进行编辑；切换到编辑零件模式时，用户可以对装配体中的单独零件进行编辑，如对特征或草图的编辑。

用户可以通过【编辑零部件】按钮 🗇 切换编辑装配体和编辑零件两种不同的设计环境。

打开或新建装配体后，系统默认处于编辑装配体的环境下。在装配体设计环境下，用户可以对装配体进行编辑，包括插入或管理零部件、添加配合关系等操作。

如图 9-176 所示，在编辑装配体环境下，未选择任何零件的情况下，【编辑零部件】按钮处于灰色；如果用户选择了某个零部件，而该按钮未被按下，则当前的操作是对装配体进行编辑。

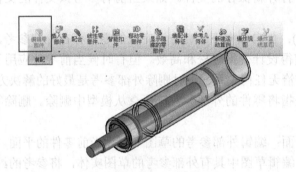

图 9-176 编辑装配体环境

在装配体中选择一个零件，然后单击【编辑零部件】按钮 🗇，可以使选择的零件处于编辑状态下，即可在装配体环境下编辑零件，如图 9-177 所示。

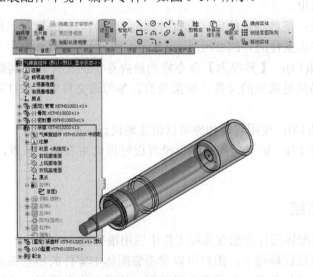

图 9-177 装配体环境下编辑零件

在装配体文件窗口的编辑零件模式下，操作环境和单独的零件窗口编辑有所不同，但针对零件操作的工具都是可用的。如图 9-177 所示，在装配体环境下编辑零件时：

- 文件窗口中显示零件名称和装配体名称。
- 【装配体】工具栏中的工具只有部分可用。
- 【特征】工具栏中的工具根据零件情况被激活。
- 在 FeatureManager 设计树中，被编辑的零件使用不同颜色显示。
- 根据用户设置情况，图形区域的零件显示、透明度、颜色区别于编辑装配体环境。

2. 关联零件和关联特征

在装配体中建立或编辑零件的特征时，用户可以很方便地利用其他零件的几何体进行投影、等距、建立几何关系或标注尺寸。由此方法建立的特征具有外部参考，另外，建立的特征与其他零件的几何体具有关联关系，因此也称为"关联特征"。

在装配体文件中，用户可以参考当前零件的位置和轮廓建立新零件。新零件与装配体和参考零件建立关联关系，并与关联的几何体相关。由于在装配体中建立的新零件与装配体其他零件或特征具有关联关系，因此可以称为"关联零件"。

在下面几种情况下可以考虑在装配体中设计新零件和添加新特征。

- 零件的形状需要由其他零件确定(如草图形状或定义拉伸特征的终止条件)。
- 零件的尺寸需要参考整个装配模型。
- 不容易对零件进行添加约束关系。
- 需要利用装配体中的布局草图完成零件。
- 需要其他零件定位的零件设计，如皮带或链轮之类的零件。

如图 9-178 所示，在装配体环境下设计"活塞"零件时，用户可以参考"活塞杆"和"管筒"两个零件实体的大小，从而使当被参考的零件实体变化时，引起"活塞"零件的变化。

3. 布局草图的设计方法

布局草图是在装配体环境下绘制的草图，利用此草图可以实现以下功能。

- 利用布局草图与零部件进行配合约束。
- 利用布局草图生成零部件，进而组装成产品。

利用布局草图自上而下地设计一个装配体，可以绘制一个或多个草图，也可以插入已绘制好的草图块，用草图显示每个装配体零部件的位置。然后，可以在生成零件之前建立和修改设计，并且可以随时使用布局草图在装配体中做出变更。

使用布局草图设计装配体最大的好处，就是如果更改了布局草图，则装配体及其零件都会自动随之更新。

启动 SolidWorks，单击【新建】按钮，弹出【新建 SolidWorks 文件】对话框，选择【装配体】文件模板，出现【开始装配体】的 PropertyManager，如图 9-179 所示。单击【生成布局】按钮，激活【布局】工具栏，如图 9-179 所示为设计连杆机构。

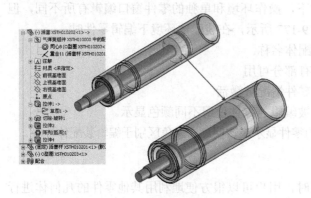

图 9-178 关联零件和关联特征

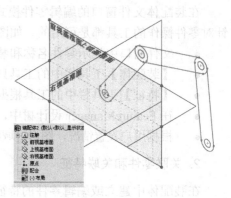

图 9-179 布局草图

9.6 装配体工程图

9.6.1 案例介绍及知识要点

建立如图 9-180 所示的装配体工程图。

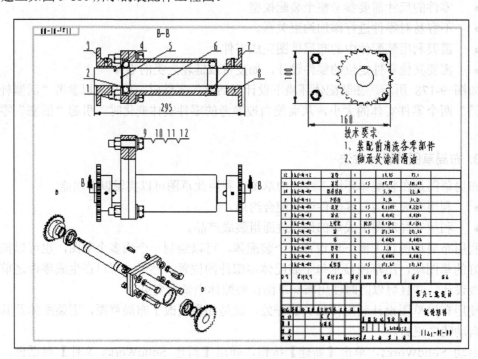

图 9-180 装配体工程图

知识点：

- 掌握零件序号的标注方法。

- 熟练掌握装配体材料明细表的使用方法。

9.6.2 操作步骤

(1) 打开零件。

打开本书配套光盘中的"第 9 章\模型\装配体工程图\工程图\链轮组件.SLDASM"文件。

(2) 选择工程图模板。

单击【新建】下拉按钮 ，从其下拉菜单选择【从零件/装配体制作工程图】命令，激活【新建 SolidWorks 文件】对话框。选择模板，单击【确定】按钮，从弹出的【图纸格式/大小】对话框中选择图纸大小，然后单击【确定】按钮，如图 9-181 所示。

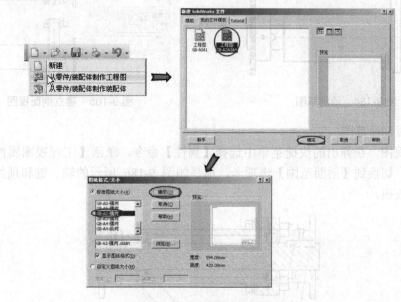

图 9-181 选择工程图模板

(3) 插入"我的材料明细表"。

选择【工具】|【选项】命令，在打开的【系统选项】对话框中下单击【文件位置】按钮，激活【文件位置】属性管理器对话框。单击【显示下项的文件夹】下拉按钮 ，从其下拉列表框中选择【材料明细表模板】，然后单击【添加】按钮，添加"公用文件\我的材料明细表"文件夹。单击【上移】按钮，把"公用文件\我的材料明细表"文件夹移到第一位，如图 9-182 所示，最后单击【确定】按钮。

(4) 建立模型视图。

将如图 9-183 所示的"上视图"拖到工程图图纸上。

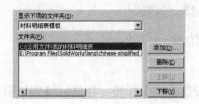

图 9-182 插入"我的材料明细表"

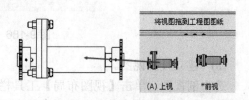

图 9-183 建立模型视图

（5）绘制草图。

过轴的中心绘制一条水平直线，如图 9-184 所示。

（6）建立剖面视图。

选中草图，单击【剖面视图】按钮，在弹出的提示框中单击【确定】按钮，激活【剖面视图】属性管理器对话框。如有必要，选中【反转方向】复选框，然后单击【确定】按钮，将"剖视图"拖到合适位置，如图 9-185 所示。

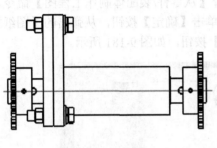

图 9-184　绘制草图

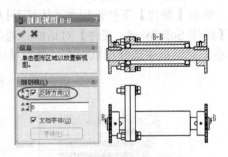

图 9-185　建立剖面视图

（7）设置剖面范围。

右击剖视图，在弹出的快捷菜单中选择【属性】命令，激活【工程视图属性】属性管理器对话框。切换到【剖面范围】选项卡，选择如图 9-186 所示的轴、键和顶丝，然后单击【确定】按钮。

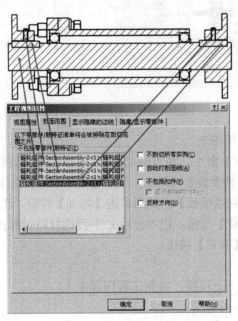

图 9-186　设置剖面范围

（8）建立投影视图。

选中剖视图，单击【视图布局】工具栏中的【投影视图】按钮，将鼠标移到如图 9-187 所示的位置单击，然后单击【确定】按钮。

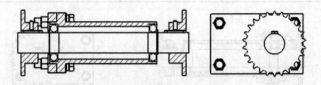

图 9-187　建立投影视图

(9)　建立断开的剖视图。

单击【断开的剖视图】按钮，绘制如图 9-188 所示的封闭曲线，在激活的【剖面视图】属性管理器对话框中选择螺栓、弹簧垫片、平垫片和螺母。单击【确定】按钮，激活【断开的剖视图】属性管理器对话框，在【深度参考】列表框中选中螺栓的圆形边线，然后单击【确定】按钮。

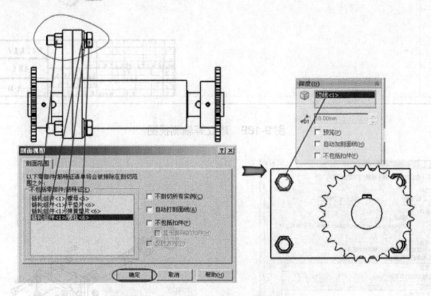

图 9-188　建立断开的剖视图

(10)　建立等轴测视图。

单击【模型视图】按钮，激活【模型视图】属性管理器对话框。单击【下一步】按钮，在【方向】选项组下选择【等轴测】视图，在合适位置单击，如图 9-189 所示的工程图图纸位置。

(11)　建立爆炸视图。

选中等轴测视图并右击，从弹出的快捷菜单中选择【属性】命令，激活【工程视图属性】属性管理器对话框。在【使用命名的配置】下拉列表框中选择【爆炸】配置，选中【在爆炸状态中显示】复选框，然后单击【确定】按钮，如图 9-190 所示。

(12)　修改视图比例。

单击【爆炸视图】，在【工程视图属性】属性管理器对话框中选中【使用自定义比例】单选按钮，并在其下拉列表框中选择【用户定义】选项，在下面的文本框中输入比例"1∶3"，单击【确定】按钮，如图 9-191 所示。

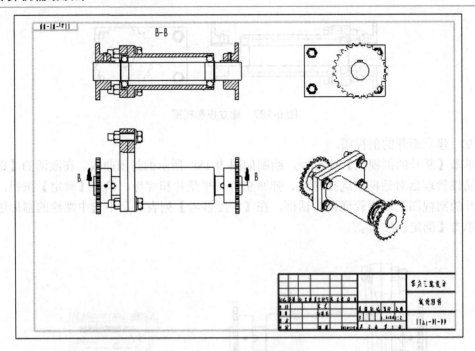

图 9-189　建立等轴测视图

图 9-190　建立爆炸视图

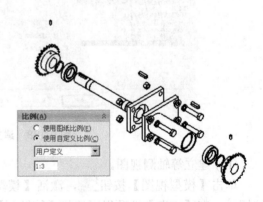

图 9-191　修改视图比例

(13) 添加尺寸。

切换到【注解】工具栏，单击【智能尺寸】按钮，添加如图 9-192 所示的尺寸。

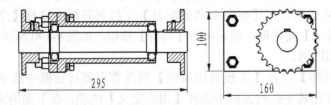

图 9-192　添加尺寸

(14) 添加注释。

单击【注解】工具栏中的【注释】按钮 **A**，在工程图图纸的合适位置单击，输入如图 9-193 所示的文字。

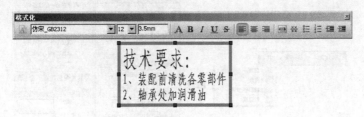

图 9-193　添加注释

(15) 添加成组的零件序号。

为了更好地表达螺栓组件，现使用成组的零件序号。

选择【插入】|【注解】|【成组的零件序号】命令，单击俯视图中局部剖视图的螺栓、弹簧垫片、平垫片和螺母，序号如图 9-194 所示。

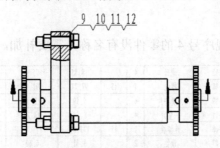

图 9-194　添加组成的零件序号

(16) 添加自动零件序号。

选中全剖视图，按 S 键，出现 S 工具栏，单击【注解】下的【自动零件序号】按钮 ，激活【自动零件序号】属性管理器对话框。选中【零件序号面】单选按钮，单击【确定】按钮 ，然后调整零件序号到合适的位置，如图 9-195 所示。

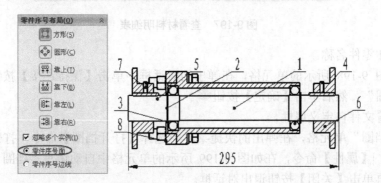

图 9-195　添加【自动零件序号】

(17) 插入材料明细表。

选中剖视图，按 S 键，出现 S 工具栏，单击【总表】下拉按钮 ，从下拉菜单中选择

【材料明细表】命令。单击剖视图，在激活的【材料明细表】属性管理器对话框中选中【附加到定位点】复选框，如图 9-196 所示。

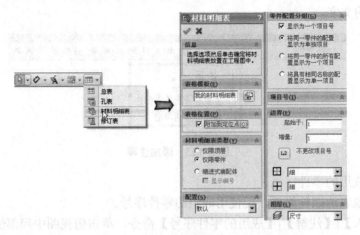

图 9-196　插入材料明细表

(18) 查看材料明细表。

查看材料明细表，发现序号 4 的零件没有名称，需要补加，如图 9-197 所示。

12	11zj-01-12	螺母	4		18.85	75.4	
11	11zj-01-08	螺栓	4	45	97.77	391.08	
10	11zj-01-09	弹簧垫片	4		5.59	22.36	
9	11zj-01-11	平垫片	4		8.56	34.24	
8	11zj-01-08	连接板	1	45	171.67	171.67	
7	11zj-01-07	顶丝	2		3.31	6.62	
6	11zj-01-06	链轮	2	45	0.1108	0.2216	
5	11zj-01-05	键	2		0.0028	0.0056	
4	11zj-01-03	轴承	2	45	0.0102	0.0204	
3	11zj-01-04		2		0.0006	0.0012	
2	11zj-01-02	轴	1	45	271.86	271.86	
1	11zj-01-01	支撑架	1	Q235	0.4261	0.4261	
序号	零件代号	零件名称	数量	材料	单重	总重	备注

图 9-197　查看材料明细表

(19) 添加零件名称。

双击如图 9-198 所示的单元格，在弹出的对话框中单击【保持连接】按钮，在单元格中输入"挡圈"，然后单击【确定】按钮 。

(20) 查看文件自定义属性。

右击"挡圈"单元格，在弹出的快捷菜单中选择【打开挡圈】命令，打开挡圈零件，选择【文件】|【属性】命令，在如图 9-199 所示的单元格中自动填写"挡圈"。单击【确定】按钮，再单击【关闭】按钮退出对话框。

(21) 调整零件序号顺序。

调整零件序号以顺时针方向递增。

单击剖视图中要修改的零件序号，激活【零件序号】属性管理器对话框，在如图 9-200

所示的【零件序号文字】下拉列表框中选择 1。以此类推，直至顺时针排列，然后单击
【确定】按钮。

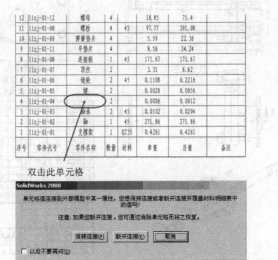

图 9-198 添加零件名称

图 9-199 查看文件自定义属性

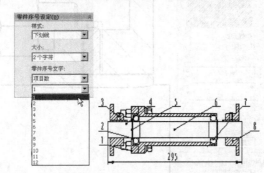

图 9-200 调整零件序号顺序

(22) 完成工程图。

调整爆炸视图的位置，如图 9-201 所示。至此，完成链轮组件的工程图设计，然后按
Ctrl+S 组合键保存文件。

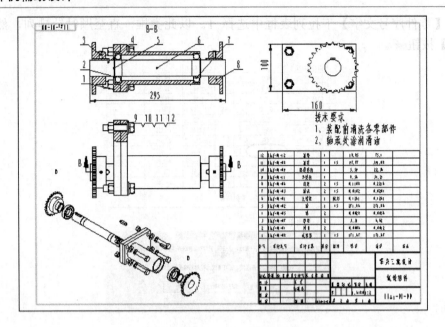

图 9-201　完成工程图

9.6.3　步骤点评

(1)　对于步骤(3)：系统提供了默认的材料明细表，但为了更好地符合企业的要求，需插入光盘附带的"我的材料明细表"。

(2)　对于步骤(6)：如果想修改相邻零部件的剖面线样式，可单击相应零部件的剖面线，弹出【区域剖面线/填充】对话框，如图 9-202 所示，在其中修改相应属性。

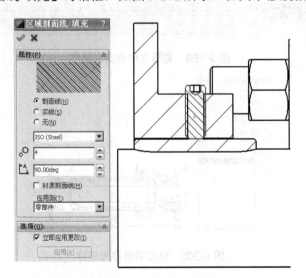

图 9-202　修改零部件剖面线

(3)　对于步骤(7)：在不清楚哪些零部件不需要剖切的情况下，应先建立剖面视图，后选择剖面范围。

(4) 对于步骤(11)：在选择爆炸配置后，一定要选中【在爆炸状态中显示】复选框，否则在工程图中爆炸不会成功。

(5) 对于步骤(12)：修改视图比例只能改变单个视图的比例大小，而修改图纸比例可以改变整个视图的大小，并且链接标题栏中的比例属性，如图 9-203 所示。

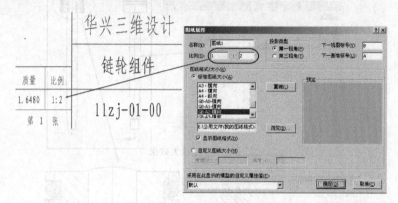

图 9-203　图纸比例

(6) 对于步骤(15)：对于标准件等，可以使用【成组的零件序号】命令。同样，对于成组的零件序号，也可以改变序号为某一方向递增或递减。

(7) 对于步骤(16)：在视图中插入自动零件序号时，有时会发生丢失个别零件序号的情况，说明对此缺少零件的视图表达不完整。

(8) 对于步骤(18)：材料明细表中的零件信息都来自相应的零件自定义属性。

(9) 对于步骤(19)：从 SolidWorks 2008 开始，软件对材料明细表的内容实现双向驱动，既可以修改零件自定义属性去驱动材料明细表的内容，也可以修改材料明细表的内容去驱动零件自定义属性。

(10) 对于步骤(21)：一般情况下，先插入零件序号，生成材料明细表后，再调整零件序号顺序。

9.6.4　知识总结

对于装配体工程图的操作，操作思路、操作工具与零件图有相同的地方，但在对装配图的操作上，还有一些专门的工具和方法。本节将专门介绍在装配图中处理视图、注解和表格的方法。

1. 剖切视图及其剖面线

装配体剖切视图不仅提供了可以指定某些不需要剖切的零部件的对话窗口，而且在剖面线方面，相邻的零部件可以交替显示剖面线。

如图 9-204 所示，活塞体组件通过轴心建立一个剖面视图，在【剖面范围】下选择活塞杆不被剖切，单击【确定】按钮，即可生成剖面视图 A-A。如果默认的剖面线的图样、比例、角度等不符合要求，可单击相应的剖面线，出现【区域剖面线/填充】的 PropertyManager，如图所示。取消选中【材质剖面线】复选框，在【剖面线图样】下拉列表框中可以选择各种需要的图样，在【剖面线图样比例】微调框中可以给定比例数值，在

【剖面线图样角度】微调框中可以给定角度数值，在【应用到】下拉列表框中下组可以选择剖面线的应用范围。

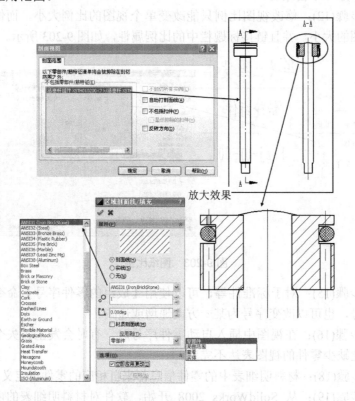

图 9-204　自动插入剖面线

2. 零部件的显示

在装配体的工程图中，有时候为了更好地表现内部零部件的装配关系，用户往往希望隐藏某个或某些零件，这样的表达方法类似于绘图中常用的"拆卸"表达方法。在SolidWorks 中，用户可以使用隐藏/显示零部件工具来实现。

如图 9-205 所示，右击装配体视图，从弹出的快捷菜单中选择【属性】命令，在打开的【工程视图属性】对话框中单击【隐藏/显示零部件】标签，切换到【隐藏/显示零部件】选项卡。在【下列清单中的零部件将会被隐藏】列表框激活时，在视图中单击不需要显示的零部件，则可以将零部件从视图中隐藏。

3. 零部件线型

在工程图中，如果用户想更清晰地区分装配体中的各个零部件或编辑某个零件视图线型，可以使用零部件线型工具来实现。

右击视图中的某一零部件，从弹出的快捷菜单中选择【零部件线型】命令，在弹出的【零部件线型】对话框中，取消选中【使用文档默认】复选框，如图 9-206 所示，可以设定边线类型、线条样式、线粗以及应用范围是从选择还是所有视图。

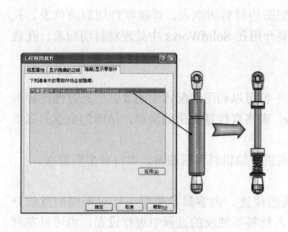

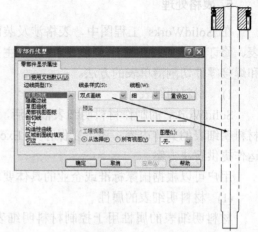

图 9-205　隐藏/显示零部件　　　　　　　　　　　图 9-206　零部件线型

4. 零件序号

零件序号在装配体的工程图中是个必不可少的内容，为了满足不同的使用需要，用户可以使用 3 种方式添加和组织零件序号。

1)　【零件序号】

手工标注每个零件，序号内容是 SolidWorks 根据装配体特征树中的零件先后顺序自动排列的。在【注释】工具栏单击【零件序号】按钮 ⟨1⟩，然后在视图中依次单击需要标注序号的零件，调整序号于合适的位置，最后单击【确定】按钮 ✓，如图 9-207 所示。

2)　【自动零件序号】

选中装配体视图，单击【自动零件序号】按钮，出现【自动零件序号】的 PropertyManager，同时在装配体视图中显示零件序号，如图 9-208 所示。在【零件序号布局】选项组下可以设定零件序号在视图中的显示布局。

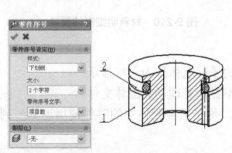

图 9-207　手工标注零件序号　　　　　　　　　　图 9-208　自动零件序号

3)　【成组的零件序号】

【成组的零件序号】可以使用一条引出线显示多个零件序号，并且显示的零件序号被自动列为一组，常用于标注一些标准件等，如图 9-209 所示。

5. 表格处理

在 SolidWorks 工程图中，表格涉及装配图的材料明细表、焊接零件切割清单表、孔表、修订表以及其他用户订制表格。本节主要介绍在 SolidWorks 中处理材料明细表、孔表和焊接零件切割清单表的方法。

1) 材料明细表

SolidWorks 的制作材料明细表很灵活，不但可以利用装配体中的数据信息方便地插入材料明细表的具体内容，还可以保存为 Excel 表格直接建立采购清单，从而为企业的高效运作提供解决方案。

用户可以根据国家标准或企业的具体要求进行编辑材料明细表，以符合个别需求。

(1) 材料明细表的属性。

材料明细表的属性用于控制材料明细表的位置、内容显示类型、针对不同配置的分组、表格的边界和线粗设置。用户可以在插入材料明细表的过程中进行设置，也可以在材料明细表插入后进行修改，如图 9-210 所示。

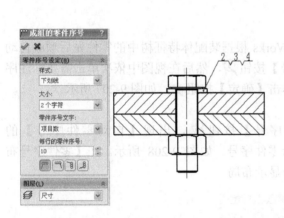

图 9-209　成组的零件序号　　　　图 9-210　材料明细表的属性

材料明细表类型分为以下几种。

- 仅限顶层：仅显示顶层装配体模型，其中的子装配体作为一行显示。
- 仅限零件：显示装配体中的所有零件，而不显示处理子装配体文件。
- 缩进式装配体：显示所有零件和子装配体，每个子装配体中的零件使用退后一列的形式显示。

(2) 材料明细表表格操作。

如图 9-211 所示，拖动指针可以移动表格位置；展开按钮可以显示零部件的扩展信息；格式化可以编辑表格或表格内容；行或列可以对整个行或列进行操作；右击任意行可以打开相应的零部件模型等。

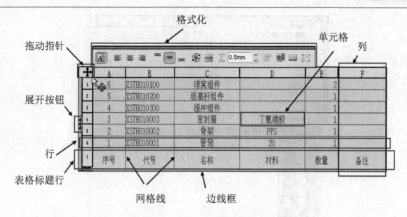

图 9-211 材料明细表表格操作

(3) 材料明细表表格的内容。

如图 9-212 所示,在零件或装配体的文件属性中建立的自定义属性可以直接应用于材料明细表。同时,从 SolidWorks 2008 开始,在修改材料明细表内容时可以直接修改模型的自定义属性值,真正实现了双向驱动,因此操作起来更加方便。

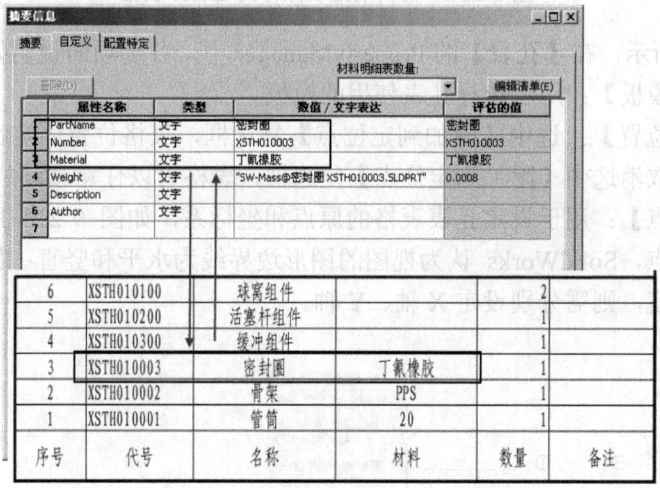

图 9-212 材料明细表内容和自定义属性

(4) 材料明细表保存为 Excel 表格。

用户可以将材料明细表保存为 Excel 表格,以供其他需要。

如图 9-213 所示,右击材料明细表,从弹出的快捷菜单中选择【另存为】命令,在弹出的【另存为】对话框中单击【保存类型】的下拉按钮,在其下拉列表中选择类型为 Excel(*.xls),给定文件名称,然后单击【保存】按钮。

2) 孔表

孔表是尺寸标注的一种替代形式,能够自动提取孔的形状尺寸和位置尺寸,并且按照用户指定的坐标系和一定的顺序把这些尺寸信息放在一个表格里。孔表主要应用于孔特征比较多的平板类、箱体类等一些工程图当中。

图 9-213　材料明细表保存为 Excel 表格

如图 9-213 所示，在【孔表】的 PropertyManager 中，各选项的说明如下。

- 【表格模板】：用于选择孔表使用的模板。
- 【表格位置】：选中【附加到定位点】复选框，表格位置固定在已经设定好的定位点；取消选中【附加到定位点】复选框，表格可以任意移动位置。
- 【基准点】：用于设定孔表表格的原点和坐标系，如图 9-214 所示。单独设定原点基准点，SolidWorks 认为视图的图形边界线为水平和竖直；如果图形边界线成一定角度，则需分别设定 X 轴、Y 轴。

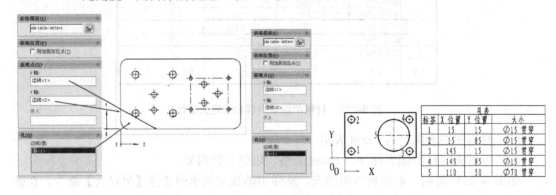

图 9-214　建立孔表

- 【孔】：在【边线/面】列表框中用户可以依次选择需要标注的孔，或者选择平面以选择平面内的所有孔。

3)　切割清单表

焊接零件的切割清单表，与装配图的材料明细表有类似的地方。切割清单表主要针对焊接零件使用，可以根据焊接零件中构件的情况自动计算焊件的长度、规格及规格相同的总数量、焊件两端切割的角度等，所以对于焊件的工程图表达来说，选择切割清单表(而不是选择材料明细表)是非常方便的。

　　如图 9-215 所示，在焊接零件中针对不同的清单项目设定名称、规格等数据，系统可根据构件的长度建立切割清单表。

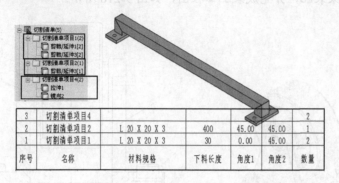

3	切割清单项目4					2
2	切割清单项目2	L 20 X 20 X 3	400	45.00	45.00	1
1	切割清单项目1	L 20 X 20 X 3	30	0.00	45.00	2
序号	名称	材料规格	下料长度	角度1	角度2	数量

图 9-215　建立切割清单表

9.7　理 论 练 习

　　1. 从 FeatureManager 设计树中可以了解一些关于装配体的信息，如果零部件是固定的，它的名称会前缀一个_____。

　　A. (固定)　　　　　　　　　B. (+)

　　C. (−)　　　　　　　　　　D. ?

　　答案：A

　　2. 在装配时，_____可把多个零件同时插入到一个空的装配体文件中。

　　A. 把所有零件打开，一起拖到装配体中

　　B. 选择【插入】|【零部件】|【已有零部件】命令，选择所有零件

　　C. 直接在资源管理器中找到文件，全部选中后拖到装配体中

　　D. 使用下拉菜单打开所有零部件

　　答案：C

　　3. 打开一个新的装配体，就可以向其中添加部件。完成该操作的方法有_____。

　　A. 从 Windows 资源管理器中拖放

　　B. 从打开的零件文件中拖放

　　C. 使用下拉菜单插入零部件

　　D. 使用下拉菜单打开零部件

　　答案：A、B、C

　　4. 无法在装配体的 FeatureManager 设计树中重新排序零部件。(T/F)

　　答案：F

　　5. 在一个装配体中，子装配体可以以不同的配置来显示该子装配体的不同实例。(T/F)

　　答案：T

9.8 实战练习

1. 完成轮架装配，并完成装配工程图，如图 9-216 所示。

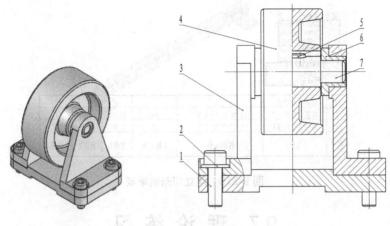

图 9-216 轮架

2. 完成推力球轴承装配，并完成装配爆炸图，如图 9-217 所示。
3. 完成轮架装配，并完成装配运动模拟，如图 9-218 所示。

图 9-217 推力球轴承

图 9-218 四连杆机构

4. 完成万向节装配，并完成装配运动模拟，如图 9-219 所示。
5. 完成螺杆装配，并完成装配运动模拟，如图 9-220 所示。
6. 制作小齿轮油泵装配体的装配图及其爆炸视图、装配工程图，如图 9-221 所示。
其工作原理如下。

小齿轮油泵是润滑油管路中的一个部件。动力传给主动轴 4，经过圆锥销 3 将动力传给齿轮 5，并经另一个齿轮及圆锥销传给从动轴 8。齿轮在旋转中造成两个压力不同的区域——高压区与低压区，润滑油便从低压区吸入，从高压区压出到需要润滑的部位。此齿轮泵负载较小，只在泵体 1 与泵盖 2 端面加垫片 6 及主动轴处加填料 9 进行密封。

图 9-219　万向节

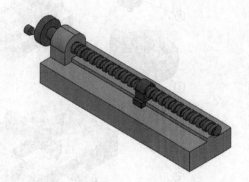

图 9-220　螺杆

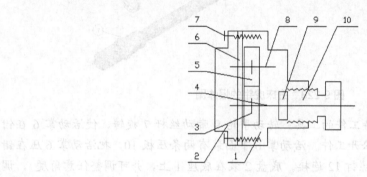

图 9-221　小齿轮油泵简图

1. 泵体　2. 泵盖　3. 销 3X20　4. 主动轴　5. 齿轮

6. 垫片　7. 螺栓 M6X18　8. 从动轴　9. 填料　10. 压盖螺母

7. 制作磨床虎钳装配体的装配图及其爆炸视图、轴测剖视图,如图 9-222 和图 9-223 所示。

其工作原理如下。

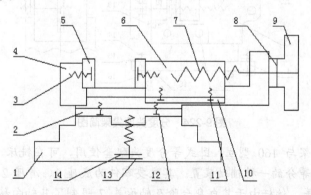

图 9-222　磨床虎钳简图

1.底座　2. 底盘　3. 螺钉 M8X32　4. 钳体　5. 钳口　6. 活动掌　7. 丝杆　8. 圆柱销 4X30

9. 手轮　10. 压板　11.螺钉 M6X18　12. 螺钉 M6X14　13.螺栓 M16X35　14. 垫圈

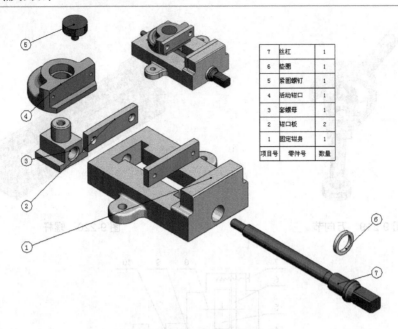

项目号	零件号	数量
7	丝杠	1
6	垫圈	1
5	紧固螺钉	1
4	活动钳口	1
3	套螺母	1
2	钳口板	2
1	固定钳身	1
项目号	零件号	数量

图 9-223　磨床虎钳的爆炸图

磨床虎钳是在磨床上夹持工件的工具。转动手轮 9 带动丝杆 7 旋转，使活动掌 6 在钳体 4 上左右移动，以夹紧或松开工件。活动掌 6 下面装有两条压板 10，把活动掌 6 压在钳体 4 上，钳体 4 与底盘 2 用螺钉 12 连接。底盘 2 装在底座 1 上，并可调整任意角度，调好角度后用螺栓 13 拧紧。

8. 制作分度头顶尖架装配体的装配图及其爆炸视图、轴测剖视图，如图 9-224 所示。

其工作原理如下。

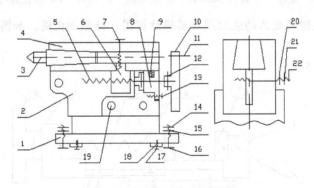

图 9-224　分度头顶尖架简图

此分度头顶尖架与 160 型立、卧式等分度头配套使用，可在铣床、钻床、磨床上用以支承较长零件进行等分的一种辅助装置。其主要零件为底座 1、滑座 2、丝杆 5、螺母 6、滑块 4 和顶尖 3 等。丝杆由于其自身台阶及轴承盖 7 限制了其轴向移动，故旋转手把 11 迫使螺母 6 沿轴向移动，从而带动滑块 4 及顶尖 3 随之移动，以将工件顶紧或松开。

滑座 2 上有开槽，顺时针拧动螺母 M16 便压紧开槽，使之夹紧顶尖。反时针拧动螺母，由于弹性作用，开槽回位，以便顶尖调位。

参 考 文 献

1. 邢启恩，宋成芳．从二维到三维：SolidWorks 2008 三维设计基准与典型范例．北京：电子工业出版社，2008

2. 魏峥，李腾训，宋成芳．SolidWorks 习题与上机指导．北京：清华大学出版社，2009

3. 魏峥，王一惠，宋晓明．SolidWorks 2008 基准教程与上机指导．北京：清华大学出版社，2008

4. 何煜琛，陈涉，陆利锋．SolidWorks 2005 中文版基础及应用教程．北京：电子工业出版社，2005

参考文献

1. 赵罘, 宋志勇等. 从零开始学·SolidWorks 2008 三维设计与运动仿真. 北京: 电子工业出版社, 2008.
2. 陈超, 王春梅. 精通 SolidWorks 零件与装配. 北京: 清华大学出版社, 2009.
3. 赵罘, 王一. 实战精通 SolidWorks 2008 建模基础与高级应用. 北京: 清华大学出版社, 2008.
4. 阳先波, 陈超. 精通 SolidWorks 2005 中文版建模篇及应用教程. 北京: 电子工业出版社, 2005.